深智數位
股份有限公司

深智數位
股份有限公司

前言
Preface

Rust 特點

Rust 程式語言受到國際 IT 大企業的強力推薦，包括【Google 投百萬美元給 Rust 基金會，要強化 C++ 與 Rust 互通性】、【微軟再組新團隊，欲將 C# 代碼改寫為 Rust！】、【Amazon AWS 大量投資 Rust 社群，開源 Tokio】，Linux 發明人 Linus Torvalds 說【Rust will go into Linux 6.1】，為什麼呢？因為 Rust 是一個年輕（2010 年誕生）、有活力（有 146,000 個註冊套件）的程式語言，既可以解決傳統 C 語言最令人詬病的缺陷，程式動不動就 crash，甚至整台電腦當掉，嚴重影響系統維運的穩定性，同時 Rust 又擁有現代化程式語言的優點，例如類似 Python 的套件管理、物件導向程式設計（OOP）、Function Programming…等等，顯然比 C++ 更吸引人，同時強調記憶體安全（Memory safety）與高效能（High Performance），也比 Python 效能更好，更可以編譯成二進位的執行檔，不必把原始碼交給客戶，因此筆者稱 Rust 是現代版的 C。

到 2024/1/11 為止，Rust 的生態系統已非常完整，套件註冊官網（crate.io）已登錄 133,524 個套件，涵蓋各類功能與應用，而且還在快速成長中，生態系統是 Python 躍居語言使用率第一名的主要原因，雖然 Rust 有些套件的完整性還不如 Python，但是規模與涵蓋廣度值得期待。

除了學習 Rust 程式語言及許多套件外，也可以學到【設計典範】（Design patterns），例如，Command Line Applications in Rust 線上書籍就透過一個簡單的應用程式，說明撰寫應用程式應該注意的事項，也提到相對應可立即應用的套件，本書第五章會有詳細解說。另外，還有許多官方線上書籍都有類似的典範說明，例如：Rust By Example、WebAssembly book、Embedded Rust book…。

與 Python 的整合

撰寫 Python 的生產力非常高，往往只要少量的程式碼就可以完成複雜的工作，但是因為 Python 屬於動態語言架構，錯誤檢查比較鬆散，因此，執行階段常會發生錯誤，並不適合佈署到正式環境（Production environment），但 Python 非常適合在開發階段進行研發，例如資料前置處理、資料分析、訓練模型、POC、測試、驗證…等，一旦資料與模型備妥，再利用高效能及安全的 Rust，開發面對客戶 / 使用者的應用系統，建置成執行檔，佈署到正式環境，兼顧快速與穩健，Rust 與 Python 整合並不困難，本書會有許多的案例，與讀者分享。

為何撰寫本書

Rust 也不是沒有缺點，它是筆者學過的近 20 種程式語言中最難入門的，主要原因是語法非常多樣化、要理解的設計理念很多、編程規定非常嚴謹，因此，如何找到捷徑輕鬆入門，是非常重要的關鍵，這也是筆者撰寫本書的主要目的，希望能協助讀者快速融會貫通，並開發出安全與高效能的應用系統。

本書主要的特點

Rust 語法非常多樣化，官網的文件也非常豐富，要循序漸進，把每一本線上書籍都看完，應該要花很多時間，讀者及公司老闆應該都沒這個耐性，因此，筆者希望以多年的編程經驗，考量 Rust 各項功能對於應用系統開發的重要性，分階段介紹 Rust 基本語法、應用實戰、進階設計理念，由淺入深，中間穿插練習與開發小程式，使學習歷程充滿樂趣及挑戰，因此，本書所附的範例程式特別多。

另外，這本書也強調應用，會介紹非常多套件，包括網頁、WebAssembly、桌面程式、機器學習、深度學習、區塊鏈…等應用程式開發，希望讀者即學即用，不光是讚嘆 Rust 之美，也能立即上手，為個人塑立專業形象，為公司帶來巨大貢獻，講的好像有點 Over 了，不過，這也是許多 Rustaceans 的夢想吧。

註：Rust developer 暱稱為 Rustaceans，Python developer 暱稱為 Pythonista。

目標對象

1. 熟悉 C 語言的學生或工程師：可學習到最新的程式語言設計理念，改寫或升級舊系統（Legacy system）。

2. 熟悉 Python 語言的學生或工程師：可學習到如何開發安全與高效能的應用系統。

3. 同時熟悉 C 與 Python 語言的學生或工程師：可學習到如何整合 Python 與 Rust，提升系統開發的生產力。

4. 機器學習工程師：可學習如何利用 Rust 建立高效系統，以提升模型訓練（Training）與推論（Inference）的速度。

閱讀重點

- 第一篇為 Rust 基礎介紹，含第一～五章。

- 第一章 Rust 入門，介紹 Rust 語言特點、環境建置、套件管理工具（Cargo）及學習資源。

- 第二章 Rust 火力展示，預先展示 Rust 與 Python/JavaScript 整合，引用 OpenCV 套件進行影像處理，引用 Polars 套件進行資料分析（Data analysis）、機器學習 / 深度學習及資料庫存取等功能。

- 第三章介紹 Rust 基礎的資料型別，學習任何程式語言，都是從變數資料型別及控制流程開始，Rust 也不例外，Rust 資料型別定義非常嚴謹，可以精準定義變數所需的記憶體空間，另外，必須掌握變數所有權才可以掌握記憶體管理。

◆ 第四章介紹 Rust 流程控制，除了一般的分叉（if/else）、迴圈外，也會介紹例外管理機制，這方面與大部分的程式語言（Try/Catch）大相逕庭，需特別注意。

◆ 第五章介紹命令行（CLI）應用程式實作，將之前學習的資料型別與控制流程的知識加以應用，開發一些簡單的命令行（Command Line Interface, CLI）應用程式，藉以熟悉命令行參數解析、多執行緒（Multi-threading）、工作日誌（Logging）、單元測試（Unit testing）及組態管理（configuration management）等程式技巧。

◆ 第二篇為 Rust 進階介紹，含第六～十一章。

◆ 第六章介紹所有權（Ownership），這是 Rust 語言較難理解的部分，Rust 為了確實做好記憶體管理，必須確實掌握變數的生命週期，才能在生命週期結束時，適時釋放記憶體。

◆ 第七章介紹泛型（Generics），它類似物件導向程式設計（OOP）的【多載】（Overload）、多型（Polymorphism）的概念，一個函數可以適用多種資料型別，不須為每一種型別各寫一個函數，另外，也介紹 Rust 內建的泛型資料結構。

◆ 第八章介紹特徵（Trait），Rust 不提供類別（Class），轉而提供 Trait 及結構（Struct）的整合，作為實踐【物件導向程式設計】（OOP）的基礎，這是 Rust 程式開發的重要基石。

◆ 第九章介紹巨集（Macro），巨集以特殊的語法形式擴展程式，類似程式產生器，也可以實作成【裝飾器】（Decorator），加註在結構（struct）、枚舉（enum）及函數前面。

◆ 第十章介紹閉包（Closure），Closure 是一種匿名函數，Python 稱為 Lambda function，是【函數程式設計】（Function Programming）的關鍵角色。

◆ 第十一章介紹並行處理（Concurrency），包括多個執行緒（Thread）及非同步（Asynchronous）處理，可解決 I/O bound 的瓶頸，提升執行效能。

◆ 第三篇 Rust 實戰，介紹開發應用程式常見的檔案系統、資料庫存取與使用者介面，還介紹網站開發、與其他程式語言溝通、資料科學、機器學習及深度學習…等，也包括最新的技術如 WebAssembly、區塊鏈（Blockchain）、Foreign Function Interface （FFI）。

◆ 第十二章介紹 WebAssembly，簡稱 wasm，是一種新形態的網頁運行方式，它類似 Assembly 的低階程式語言，以二進位格式（Binary format）在瀏覽器的 JavaScript 虛擬機內運行，執行效能直逼原生程式。

◆ 第十三章介紹各種檔案讀寫方式、資料夾檢視與搜尋與各式資料庫的新增 / 查詢 / 更新 / 刪除（CRUD）。

◆ 第十四章介紹資料庫存取，包括關聯式資料庫（Relational database）及 NoSQL 資料庫，也包括 ORM（Object Relational Mapping）操作。

◆ 第十五章介紹使用者介面（User Interface），包括圖形化使用者介面（Graphic User Interface, GUI）、Web based 的桌面程式及網站開發。

◆ 第十六章介紹 Foreign Function Interface （FFI）規格，透過此規格可與其他程式語言溝通，包括 C/C++、Python…等。

◆ 第十七章介紹以 Rust 開發機器學習 / 深度學習的方式。

◆ 第十八章介紹區塊鏈（Blockchain），越來越多的系統開發者使用 Rust 撰寫區塊鏈相關程式，我們介紹一個具體而微的區塊鏈程式，包括挖礦及 P2P 網路。

本書範例程式碼全部收錄在 https://github.com/mc6666/RUST_Book 。

致謝

因個人能力有限，還是有許多議題成為遺珠之憾，仍待後續的努力，過程中要感謝深智出版社的大力支援，使本書得以順利出版，最重要的是要謝謝家人的默默支持。

內容如有疏漏、謬誤或有其他建議，歡迎來信指教 (mkclearn@gmail.com)。

目錄
Contents

第一篇 Rust 基礎

第 1 章 Rust 入門

第 2 章 Rust 火力展示

第 3 章 Rust 資料型別

第 4 章　Rust 流程控制

第 5 章 命令行 (CLI) 應用程式實作

第二篇　Rust 進階

第 6 章 所有權 (Ownership)

第 7 章 泛型 (Generics)

第 8 章　特徵 (Trait)

第 9 章　巨集 (Macro)

第 10 章 閉包 (Closure)

第 11 章 並行處理 (Concurrency)

第三篇 Rust 實戰

第 12 章 WebAssembly

第 13 章 檔案系統

第 14 章 資料庫存取

第 15 章 使用者介面 (User Interface)

第 16 章　與其他程式語言溝通

第 17 章　深度學習 (Deep learning)

第 18 章　區塊鏈 (Blockchain)

第一篇

Rust 基礎

如前言所述，Rust 是一個功能非常強大的程式語言，強調記憶體安全（Memory safety）與高效能（High Performance），以解決傳統 C 語言不穩定、易出錯的缺陷，同時也具備現代化程式語言的優點，例如套件管理、物件導向程式設計（OOP）、Function Programming…等，也可以編譯成二進位的執行檔，但相對的 Rust 提供的語法與設計觀念也特別多，撰寫程式的限制也非常嚴謹，學習曲線有點陡峭，要一口氣熟悉 Rust 所有特性，壓力會很大，而且很無趣，因此，本書希望以分階段的方式，以漸進式的導引，不僅介紹語法，也能即學即用，不必看完整本書就可以進行不同程度的開發工作。

全書分為基礎篇、進階篇及實戰篇，基礎篇包含以下章節：

*   Rust 入門：包括程式編譯 / 建置、開發工具、套件管理…等。

*   Rust 火力展示：展示各種面向的應用程式，說明 Rust 的超能力。

*   Rust 資料型別、控制流程：這是學習任何程式語言的第一步，瞭解如何宣告變數型態，設計程式邏輯。

*   命令行（CLI）程式開發：利用以上知識，撰寫簡單而且有用的小程式，例如 grep、head、tail…等，藉以熟悉基本指令、例外處理、工作日誌…。

進階篇介紹所有權（Ownership）、泛型（Generics）、特徵（Trait）、巨集（Macro）、閉包（Closure）及並行處理（Concurrency），這是 Rust 的精華所在，實戰篇則包括開發應用程式常見的檔案系統、資料庫存取與使用者介面，還介紹網站開發、與其他程式語言溝通、資料科學、機器學習及深度學習…等，也包括最新的技術如 WebAssembly、區塊鏈（Blockchain）。

Rust 入門

Rust 連續多年都被 Stack Overflow 票選為最多人喜愛的程式語言，在 2023 年也榮獲最愛不釋手及最想學的語言（Admired and Desired）[1]，除了擁有 C 的高效能特點外，也結合許多程式語言的新觀念，對於 Python 開發者而言，會非常熟悉這些機制及觀念，因為 Python 本身就具備類似的機制與觀念，同時 Rust 可以建置成執行檔或函數庫（dll、lib），解決 Python 直譯器的痛點，需要將原始碼交付給客戶，對於 C 語言開發者而言，同時 Rust 也提供很棒的機制，防止記憶體區段錯誤（Segmentation fault）及記憶體洩漏（Memory leak），改善 C 程式動不動就當掉的問題。

▲ 圖一　Rust 在 2023 年榮獲最愛不釋手及最想學的語言（Admired and Desired）

1-1　Rust 簡介

根據維基百科[2]說明，Rust 由 Mozilla 公司主導開發，在 2010 年首度公開，至 2024/1/11 為止，已演進至 1.75.0 版，官方幾乎每隔一個月就會更新一個小版本，社群非常活躍，是一個正在快速成長的程式語言。

Rust 的優點如下：

1. 高效能：Rust 效能直追 C 語言，絕對比 Python 快很多。

2. 記憶體安全性：撰寫 C 程式時，使用指針（Pointer）一不小心就會越界，造成記憶體區段錯誤（Segmentation fault），程式會因而 crash，甚至整台電腦當掉，2019 年根據一位微軟工程師揭露 70% 安全漏洞源自於記憶體安全問題，2020 年 Google 團隊統計 Chrome 瀏覽器 70% 的嚴重漏洞，也源自於記憶體安全問題，可參閱【Everybody is talking about Rust】[3]，若由程式設計師自行決定記憶體配置與釋放時機，一旦忘記釋放或使用不當，程式品質就會無法掌控。

3. Rust 在編譯時就儘可能找出所有可能風險（Compile-time checks），並強制程式設計師在可能有風險的地方都必須進行例外處理。

4. 記憶體洩漏（Memory leak）：寫 C 程式需手動釋放（free）記憶體，若忘記釋放，程式佔據的記憶體就愈來愈多，即記憶體洩漏，程式執行久了，就逐漸把電腦的記憶體吃光了，常見於背景執行的程式、API Server 或系統程式，一旦發生，我們很難找到問題點，除非逐行仔細檢視程式碼，但通常程式碼過多，而放棄 trace。

5. 套件管理：可以像 Python 一樣使用指令加入套件，Python 使用 pip install，Rust 使用 cargo add，也可以打包程式，建立專屬的套件，像 Python 一樣，官方也擁有健全的生態系統（Ecosystem），到 2024/1/11 為止，Rust 套件註冊官網（crate.io）[4] 已登錄 133,524 個套件，涵蓋各類功能與應用，包括深度學習、網站開發、區塊鏈（Blockchain）[5]…，而且還在快速成長中。

6. 跨平台：像 Python 一樣，可在各種作業系統進行程式開發與佈署，包括 Windows、Linux、Mac 等。

7. 與各種程式語言相互呼叫：包括 Python、C、C#、Java…，相互呼叫，也就是說，應用系統開發不一定要全部使用 Rust，可利用混合編程，快速開發。

8. 使用現代化的開發理念：物件導向程式設計（OOP）、Function Programming、WebAssembly、並行處理都已在 Rust 實現。

Rust 缺點如下：

1. 學習曲線（Learning Curve）陡峭：Rust 涵蓋的語法及觀念太多，不容易入門，這也是筆者撰寫這本書的原因，希望以最簡單快速的方式，協助讀者輕鬆入門。

2. 編程容易發生錯誤：Rust 凡事以安全性為最高指導原則，只要程式撰寫不嚴謹，編譯器就會發出錯誤訊息，例如整數資料型態細分為 8/16/32/64/128 元，16 位元整數竟然不能與 32 位元整數相加，編譯器不會自動轉換，有時候會覺得很 OOXX，但是，Rust 語言就是要求程式設計必須很嚴謹，才能設計出高效且安全的程式碼，因此，如何透過模組化開發，建立可重複利用的程式碼，就變得很重要，逐步開發充分驗證過的模組，像積木一樣堆疊起來，才可以大幅降低除錯的時間。

1-2 Rust 安裝

Rust 安裝非常容易，可參考官網 Get started 網頁[6]，如果是 Windows 作業系統，先安裝 Microsoft Visual Studio[7] 或 Microsoft C++ Build Tools[8]，請參考【The rustup book】的【MSVC prerequisites】[9]，注意，安裝後請執行 Visual Studio Installer，確認以下事項：

1. 要勾選【使用 C++ 的桌面開發】（Desktop Development with C++）。

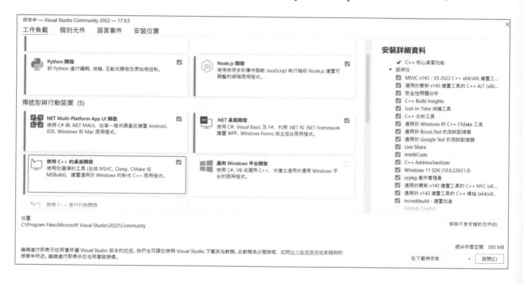

2. 展開右邊的【使用 C++ 的桌面開發】，至少須勾選以下選項，如下圖：

• MSVC v143 - VS 2022 C++ x64/x86 build tools。

• Windows 11 SDK(10.0.22621.0)、Windows 10 SDK(10.0.19041.0)。

• CMake 工具。

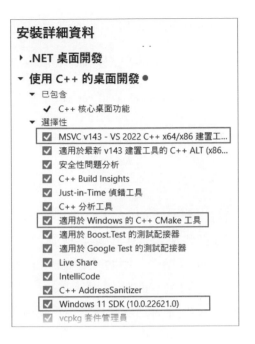

3. 語言套件一定要加選【英文】，如下圖：

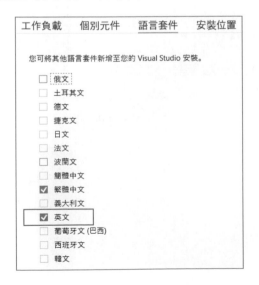

註：Rust 為什麼要安裝 MS C++ x64/x86 build tools? 因為 Rust 需要連結器（link. exe），結合目的碼（Object code）建置成執行檔（.exe）。

接著下載並執行 RUSTUP-INIT.EXE 即可。

其他作業系統包括 Linux、Mac、WSL，直接在終端機內執行以下指令：

```
curl --proto '=https' --tlsv1.2 -sSf https://sh.rustup.rs | sh
```

之後要更新 Rust 至最新版，只要執行以下指令即可：

```
rustup update
```

除了 Rust 編譯器外，同時也會安裝 Cargo 套件管理工具（package manager），類似 Python 的 pip，方便我們在專案中安裝各種套件，一般而言，我們編譯及建置程式會直接使用 Cargo 指令，不會使用編譯器指令（rustc）。注意，Python 的 pip 安裝指令會將套件放在共同的資料夾下，例如 C:\Users\< 使用者 >\anaconda3\Lib\site-packages，常會造成套件版本互相覆蓋的問題，致使某些引用套件的程式因新舊版本衝突的問題，造成執行錯誤，Rust 解決了這個問題，它將套件安裝在個別的專案中，每個專案間可以使用不同版本的套件，缺點是每個專案都需重新下載本身引用的套件，也較佔儲存空間，因為，同一套件會重複儲存在各個專案資料夾中。

撰寫程式可直接使用一般編輯器，例如記事本，不過，為方便除錯，筆者建議使用 VS code，可至微軟官網[10] 安裝，並在 VS code 內安裝 rust-analyzer 擴充程式（extension）即可，詳情可參考 VS code 官網文件[11]。擴充程式安裝程序如下：

▲ 圖二　VS code 工具列

1. 啟動 VS code，點選左方工具列 ⊞ 。

2. 在搜尋框輸入【rust-analyzer】，點選後再按【install】按鈕即可。

▲ 圖三 安裝【rust-analyzer】

3. 再安裝 Microsoft C++（Windows 作業系統）或 CodeLLDB（Mac/Linux）擴充程式。

1-3 撰寫第一支程式

先以較原始作法示範。

1. 使用記事本，輸入以下程式碼，並存成 main.rs。

```
fn main(){
    println!("Hello Rust !!");
}
```

2. 編譯及建置程式：執行 rustc main.rs，會產生 main.exe，另外還包括除錯輔助資訊檔 main.pdb，如果是其他環境，會產生 main，無附檔名。

3. 執行程式：在檔案總管輸入 cmd，輸入 main.exe，出現以下訊息：

```
Hello Rust !!
```

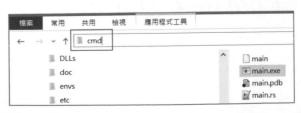

▲ 圖四 輸入 cmd，開啟 DOS 視窗

▲ 圖五 執行結果

4. 在其他環境執行，例如在 Mac、Linux 或 WSL，輸入 ./main，得到相同結果。

5. 以上程式存放在 src/ch01/01 中。

1-4 使用套件管理工具

使用套件管理工具 (Cargo) 開發，程序如下：

1. 建立一個新資料夾。

2. 在檔案總管點選該資料夾，並在路徑提示列輸入 cmd，開啟 DOS 視窗。

3. 產生新專案：輸入 cargo new hello_world，會產生以下檔案，src 子目錄會含 main.rs 程式檔。

```
> src > ch01 > 02 > hello_world >

   .git
   src
   .gitignore
   Cargo.toml
```

4. 建置專案：輸入以下指令，切換至 hello_world 資料夾，並建置專案，若建置成功會產生 target 子目錄，debug 或 release 資料夾內含執行檔。

```
cd hello_world   ( 切換目前目錄至 hello_world)
cargo build
```

5. 執行程式：輸入 cargo run，執行程式，或直接執行 target/debug 子目錄內的 hello_world.exe，出現【Hello, world!】。

```
F:\0_AI\Books\Rust 實戰\src\ch01\02\hello_world>cargo run
     Finished dev [unoptimized + debuginfo] target(s) in 0.01s
      Running `target\debug\hello_world.exe`
Hello, world!
```

6. 測試：可修改 main.rs 內容，再建置專案、執行程式，如果程式或專案組態檔有修改，cargo run 會自動執行 cargo build，重新建置。

7. 以上程式存放在 src/ch01/02 中。

Cargo 指令用法可參考官方的【Cargo book】[12]，尤其是【Build Commands】[13] 列出的指令。

1. cargo new <專案名稱>：建立新專案，常用參數如下：

• --bin：建置成執行檔（.exe），為預設值。

• --lib：生成 src/lib.rs，而非 main.rs，可建置成函數庫（.rlib 或 .so），例如：

```
cargo new test1 --lib
cd test1
cargo build
```

  會產生 target/debug/libtest1.rlib

• 如果要建置為動態函數庫（.dll），須在專案組態檔（Cargo.toml）中加一段：

```
[lib]
crate-type = ["cdylib"]
```

2. cargo build：根據專案組態檔編譯及建置程式，常用參數如下：

- --release：建置成不含除錯訊息的執行檔，資料夾名稱為 target/release，而非 target/debug。

- --lib：建置專案組態檔中的函數庫（.rlib、.dll 或 .so）。

- --bin < 執行檔名稱 >：若專案組態檔中有多個組態，可指定要建置特定執行檔。

- --bins：建置所有執行檔。

- --example < 範例名稱 >：建置特定範例。

- --examples：建置所有範例。

3. cargo clean：清除建置所產生的檔案，通常就是刪除 target 資料夾。

4. cargo run：執行程式，執行檔通常位於 target/debug 資料夾內，若之前未執行 cargo build，會先建置專案，如果程式或專案組態檔有修改，cargo run 會自動重新建置專案，常用參數與 cargo build 類似，額外的參數如下：

- --features < 特定成員 >：執行組態檔內定義的工作空間（workspace）成員。

- --all-features：執行工作空間（workspace）的所有成員。

- --no-default-features：不執行工作空間（workspace）的預設成員。

5. cargo test：執行單元測試（unit test）、整合測試（integration test）的所有案例。常用參數如下：

- --no-fail-fast：執行所有的測試，不論是否有失敗案例，如果無此參數，預設遇到第一個失敗案例就會停止。

6. cargo add < 套件 >：在專案中引用套件，會放在 target/debug/deps 資料夾，與 Python pip 不同，後者的套件是放在 Python 的安裝資料夾下的 Lib/site-packages，所有專案共享，因此會有版本衝突的問題，反之，Rust 是專案間安裝套件是各自獨立的，不會有衝突。

7. cargo install < 套件 >：安裝二進位執行檔，例如套件提供的命令行執行檔
（CLI），會存放在 Rust 安裝資料夾下的 bin 資料夾，Windows 作業系統通
常是位於 C:\Users\< 使用者 >\.cargo\bin。

8. 其他指令請參閱 Cargo book 線上文件說明。

另外，Rust toolchain 是負責管理套件的工具，它包括套件下載的來源與版本，
類似 Python 的 PyPi、Conda-forge，透過指令可以指定套件下載的來源。

1. rustup toolchain：列出 Rust toolchain 相關使用說明。

```
Usage: rustup toolchain <COMMAND>

Commands:
  list       List installed toolchains
  install    Install or update a given toolchain
  uninstall  Uninstall a toolchain
  link       Create a custom toolchain by symlinking to a directory
  help       Print this message or the help of the given subcommand(s)

Options:
  -h, --help  Print help
```

2. rustup toolchain list：列出目前安裝的 Rust toolchain。

3. rustup default < toolchain >：指定 toolchain，例如 stable-x86_64-pc-windows-
msvc、1.67-x86_64-pc-windows-msvc，根據【The rustup book】[15] 說明，建
議使用 table-x86_64-pc-windows-msvc，不過經過筆者實測，該 toolchain 並
不穩定，建議使用預設的選項，不需修改。

4. rustup toolchain install< toolchain >：安裝新的 toolchain。

1-5 使用 VS Code

1. 在【開始】選單中點選 VS Code，或者直接在檔案總管切換至 hello_world
資料夾，並在路徑提示列輸入 cmd，開啟 DOS 視窗，再輸入【code 】，VS
Code 會直接開啟 hello_world 資料夾。

▲ 圖六 啟動 VS Code

2. 確定 VS Code 開啟 hello_world 資料夾，開啟 src/main.rs。

3. 點選左方工具列的除錯按鈕 ，再點選【create a launch.json file】。

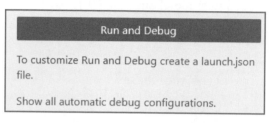

▲ 圖七 設定執行及除錯組態

4. 依作業系統選擇 C++(Windows 作業系統) 或 GDB/LLDB(Mac/Linux/WSL)。

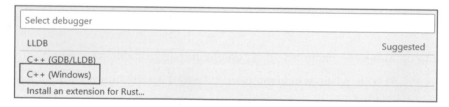

5. 點選 main.rs 頁籤，就會發現程式上方出現 Run/Debug，可直接點選，就會自動建置及執行程式，注意，請勿按圖七的【Run and Debug】按鈕，會出現錯誤訊息。

```
src > 🦀 main.rs > ...
     ▶ Run | Debug
   1  fn main() {
●  2      println!("Hello, world!");
   3  }
```

6. 可在程式中設定中斷點 (點選行號左方)，再點選 Debug，方便除錯。

```
        ▶ Run | Debug
    1   fn main() {
●   2       println!("Hello, world!");
    3   }
```

7. 點選 Debug 後，執行到中斷點後，可利用畫面右上方的工具列除錯。

8. 注意，如果專案已預先使用 Cargo 建置後可能無法除錯，可執行 cargo clean，或直接刪除 target 子目錄。

9. 以上程式存放在 src/ch01/03/hello_world 中。

1-6 程式碼說明

1. Rust 預設會執行 main 函數，以 fn 定義函數。

```
fn main() {…}
```

2. 顯示資訊：使用 println!，記得要加【!】，代表巨集 (Macro)，巨集是一種擴展式的語法，後續會有專章介紹。

3. 專案組態檔 Cargo.toml：定義專案資訊，[dependencies] 段落可添加要引用的套件，例如要添加 ndarray 及 rulinalg 套件：

```
[dependencies]
ndarray = "0.15.6"
rulinalg = "0.4.2"
```

等號右邊為版本號碼。

- 可直接編輯 Cargo.toml，也可以使用 cargo add < 套件 > 指令添加套件，同時 修改 Cargo.toml。

1-7 學習資源

環境建置完成後，可瀏覽 Rust 官方網站及相關教學網站，有許多文件可供進一 步學習：

1. Rust 官方文件首頁 (https://www.rust-lang.org/learn)[16]。

2. 中文 Rust 官方文件首頁 (https://www.rust-lang.org/zh-TW/learn)[17]

3. 首頁中有許多線上書籍，包括：

- 標準函數庫 (standard library)

- 套件管理與建置系統 (Cargo book)

- RUSTDOC book：自動產生技術文件框架，方便撰寫技術文件。

- 編譯錯誤索引 (Compiler error index)：方便檢索編譯錯誤的原因。

- 命令列手冊 (Command line book)：說明如何建立命令列程式，即在終端機或 DOS 下執行的文字介面程式，包括參數的接收、例外控制、測試、打包成套 件…等，是一本很棒的書籍。

- WebAssembly book：說明如何建立瀏覽器原生的 WebAssembly 函數庫。

- Embedded book：說明如何建立嵌入式系統函數庫。

4. Rust by Example(https://doc.rust-lang.org/rust-by-example/)[18]：含許多範例程式。

5. tutorialspoint Rust[19]：也是一個不錯的教學網站。

6. awesome-rust[20]：收集許多套件，並分門別類，可做進階學習或直接引用。

7. Rust crate registry 官網：官方套件註冊網站，分類不夠細，較難檢索。

1-8 本章小結

這一章我們介紹了 Rust 語言特點、環境建置、套件管理工具 (Cargo) 及各項學習資源，相信熟悉 Python 的讀者會有一種熟悉的感覺，因此有人說，學過 Python 的工程師比 C 語言工程師對 Rust 接受度更高，另外現代化的程式語言都非常重視生態環境的營造，並且嚴格規定套件上架，必須有標準格式的說明文件，讓 Rust 入門開發者能快速學習及熟悉套件。熟悉開發環境後，我們就可以到 Rust 套件官網，自由的引用所需套件，加速應用系統開發，因此，下一章我們就會介紹幾個威力強大的套件，展示 Rust 的火力。

參考資料 (References)

[1] Rust 在 2023 年榮獲最愛不釋手及最想學的語言 (https://survey.stackoverflow.co/2023/)

[2] Rust 維基百科 (https://zh.wikipedia.org/zh-tw/Rust)

[3] Everybody is talking about Rust (https://levelup.gitconnected.com/everybody-is-talking-about-rust-elon-musk-microsoft-even-javascript-ecosystem-whats-the-127230449219)

[4] Rust crate registry 官網 (https://crates.io)

[5] Awesome Blockchain Rust (https://github.com/rust-in-blockchain/awesome-blockchain-rust)

[6] 官網 Get started 網頁 (https://www.rust-lang.org/learn/get-started)

7   Microsoft Visual Studio (https://visualstudio.microsoft.com/zh-hant/downloads/)

8   Microsoft C++ Build Tools (https://visualstudio.microsoft.com/zh-hant/visual-cpp-build-tools/)

9   The rustup book 的 MSVC prerequisites (https://rust-lang.github.io/rustup/installation/windows-msvc.html)

10   VS code 官網 (https://code.visualstudio.com/)

11   VS code 官網文件 (https://code.visualstudio.com/docs/languages/rust)

12   Cargo book (https://doc.rust-lang.org/cargo/guide/index.html)

13   Cargo Build Commands (https://doc.rust-lang.org/cargo/commands/build-commands.html)

14   The rustup book (https://rust-lang.github.io/rustup/concepts/toolchains.html)

15   Rust 官方文件首頁 (https://www.rust-lang.org/learn)

16   Rust 官方文件首頁 (https://www.rust-lang.org/learn)

17   中文 Rust 官方文件首頁 (https://www.rust-lang.org/zh-TW/learn)

18   Rust by Example (https://doc.rust-lang.org/rust-by-example/)

19   tutorialspoint Rust (https://www.tutorialspoint.com/rust/index.htm)

20   awesome-rust (https://github.com/rust-unofficial/awesome-rust)

Rust 火力展示

在正式介紹 Rust 基本語法之前，我們先來觀看一些有趣的範例，以提高學習
Rust 的動力，本章著重在展示，程式細節會在後面詳細介紹，讀者只要了解如
何執行即可。範例包括：

1. Rust vs. Python 效能比較：了解兩者執行效能的差異。

2. Rust 與 Python 整合：將關鍵任務交給 Rust，以提高執行效能。

3. Rust 與 JavaScript 整合：建立類似 PowerPoint 的簡報應用程式。

4. 引用 OpenCV 套件：可進行影像處理及深度學習功能。

5. 資料分析 (Data analysis)：在進行資料分析時，常會使用 Python 著名的 Pandas 套件，它功能非常強大，只可惜效能不彰，讀取較大資料集常力有未逮，因此有人仿照 Pandas 規格，以 Rust 開發出更高效能的資料分析函數庫 Polars。

6. 建構機器學習模型：訓練模型，進行分類 (Classification)。

7. 進行深度學習辨識：可建立神經網路 (Neural network) 模型，進行影像辨識。

8. 資料庫存取：自資料庫新增 / 修改 / 刪除 / 查詢資料。

2-1 Rust vs. Python 效能比較

分別以 Python 及 Rust 開發斐波那契數列 (Fibonacci)，觀察兩者執行效能的差異，此程式修改自【What Happens If We Code the Same Algorithm in Python and Rust?】[1]，程式放在 src/ch02/Fibonacci 資料夾內。

1. Python 程式為 fibonacci_test.py，在檔案總管中切換至 src/ch02/Fibonacci 目錄，輸入 cmd 建立 DOS 視窗，執行下列指令：

```
python fibonacci_test.py
```

• 執行結果：約 1000 毫秒 (μs)。

2. Rust 程式：在檔案總管中切換至 src/ch02/Fibonacci/fibonacci_test 目錄，輸入 cmd 開啟 DOS 視窗，執行下列指令：

```
cargo build
target/debug/fibonacci_test
```

• 執行結果：約 250 毫秒 (μs)。

兩者程式邏輯相同，Rust 程式執行時間只有 Python 的 1/4。

2-2 Rust 與 Python 整合

使用 Python 撰寫程式，具高生產力，以少量程式碼即可完成應用程式，反之，使用 Rust 撰寫程式，可以節省記憶體，執行效能較佳，如果能混合編程，各取所長，可以兼顧生產力與執行效能。

接下來示範如何使用 Python 呼叫 Rust 函數庫 (Library)，此程式修改自【How to use Rust in Python】[2]，程式放在 src/ch02/python_call_rust 資料夾內。

1. 在 Cargo.toml 中定義如下，指定建置為動態函數庫 (dll)，而非預設的 exe。

```
[lib]
crate-type = ["dylib"]
```

2. 建置 rustypython.dll：切換至 src/ch02/python_call_rust 目錄，輸入 cmd，執行下列指令。

```
cargo build
```

3. Python 程式 rustyclient.py 如下：

```
14  # Import the stadard interface library between Python and C libraries.
15  import ctypes
16
17  # We load the dll using WinDLL (windows format). For Linux try to comment
18  # this line and then uncomment the next one.
19  lib = ctypes.WinDLL(".\\target\\debug\\rustypython.dll")
20  #lib = cdll.LoadLib(".\target\debug\rustypython.dll")
21
22  # We execute the Rust process() function we defined in src/lib.rs
23  print("Running process()")
24  lib.process()
25
26  lib.sum_list.argtypes = (ctypes.POINTER(ctypes.c_int32), ctypes.c_size_t)
27  print("Summing in Rust the list of first 1000 numbers.")
28  number_list = list(range(1001))
29  c_number_list = (ctypes.c_int32 * len(number_list))(*number_list)
30  result = lib.sum_list(c_number_list, len(number_list))
31  print("Result is {}. Expected 500500.".format(result))
32
33  # Congratulations!
34  print("done")
```

4. 在上述 DOS 視窗執行下列指令:

```
python rustyclient.py
```

5. 執行結果:

```
Running process()
Thread finished with count=5000000
Thread finished with count=5000000
Thread finished with count=5000000
Thread finished with count=5000000
Thread finished with count=5000000
Thread finished with count=5000000
Thread finished with count=5000000
Thread finished with count=5000000
Thread finished with count=5000000
Thread finished with count=5000000
Summing in Rust the list of first 1000 numbers.
Result is 500500. Expected 500500.
done
```

6. 使用記事本打開 rustyclient.py,可以觀察幾段程式碼:

• 第 19 行:呼叫以 Rust 撰寫的函數庫 rustypython.dll。

```
lib = ctypes.WinDLL(".\\target\\debug\\rustypython.dll")
```

• 第 24 行:呼叫函數庫 rustypython.dll 內的 process 函數,它計算 1 到 5,000,000,使用 10 個執行緒 (Thread)。

```
lib.process()
```

• 第 26~31 行:示範如何傳遞陣列 (list) 參數,呼叫函數庫 rustypython.dll 內的 sum_list 函數,計算 1 到 1000,並將答案顯示出來,最重要的程式碼如下:

```
result = lib.sum_list(c_number_list, len(number_list))
```

傳入的參數利用 ctypes 模組轉換成 Rust 相容的格式。

從這個簡單的例子可以感受到 Rust 的執行效能，也可以看到 Rust 與 Python 的無縫接軌。後續章節還會介紹更方便的方式，不僅 Python 可以呼叫 Rust，相反的，Rust 呼叫 Python 也沒問題。

2-3 Rust 與 JavaScript 整合

網頁是絕佳的使用者介面 (UI)，可以跨平台操作，有許多 Rust 套件提供網站架設功能，以下示範一個類似 PowerPoint 的簡報應用程式，程序如下：

1. 程式放在 src/ch02/html-presentation 資料夾內，在該資料夾輸入 cmd，開啟 DOS 視窗，並執行 cargo build，建置程式。

2. 筆者將 reveal.js 的網頁展示程式放在 static 資料夾內，它利用 HTML/CSS 製作類似 PowerPoint 的簡報網頁，首頁為 demo.html。

3. 執行：先輸入 cargo run，啟動網站。

4. 測試：開啟瀏覽器，輸入 http://localhost:8080/demo.html，即可看到如下畫面，可使用上 / 下 / 左 / 右鍵跳頁。

程式很簡單,只有 20 行,請看 src/ch02/html-presentation/src/main.rs。

```
1  use actix_files::NamedFile;
2  use actix_web::{HttpRequest, Result};
3  use std::path::PathBuf;
4
5  async fn index(req: HttpRequest) -> Result<NamedFile> {
6      let path: PathBuf = req.match_info().query("filename").parse().unwrap();
7      let mut full_path: PathBuf = PathBuf::from("static/");
8      full_path.push(path);
9      Ok(NamedFile::open(full_path)?)
10 }
11
12 #[actix_web::main]
13 async fn main() -> std::io::Result<()> {
14     use actix_web::{web, App, HttpServer};
15
16     HttpServer::new(|| App::new().route("/{filename:.*}", web::get().to(index)))
17         .bind(("127.0.0.1", 8080))?
18         .run()
19         .await
20 }
```

- 第 1~2 行:引用 actix 套件,它提供架設網站的功能。

- 第 16~19 行:啟動網站,並指定網址 http://localhost:8080。

- 第 7 行:相關網頁存放在 static 資料夾內,reveal.js 的 CSS/JavaScript 函數庫放在 static/dist 資料夾內,reveal.js 的擴充程式放在 static/plugin 資料夾內。

- 簡報製作及操作方式請參考 reveal.js 官網[3]。

再改良一下,利用內建 JavaScript 引擎,將上述網頁改建為桌面程式,筆者使用 Tauri 套件,它使用內建瀏覽器引擎 WebView2,結合 Hthl/CSS/JavaScript,可以建立全螢幕的簡報應用程式,畫面如下:

Tauri 安裝可參閱 Tauri 官網 [4] 及文件說明 [5]，環境安裝比較複雜，可參閱【Tauri Prerequisites】[6]。專案建置後佔 1.6GB，很難分享，筆者將執行程式複製到 src/ch02/Tauri 資料夾下，讀者可以先執行 run.bat 啟動網站，再執行 tauri-vue.exe 啟動桌面程式。操作指令如下：

1. 以鍵盤左右鍵操控上下頁，有時候依右下方指示可以按鍵盤上下鍵。

2. 按【空白鍵】會跳下一頁。

3. 以滑鼠點選右下方指示亦可。

4. 按【Alt+F4】會結束桌面程式。

5. 按滑鼠右鍵可顯示功能選單。

第十四章會詳細介紹 Tauri，不須人工啟動網站。

2-4 引用 OpenCV 套件

OpenCV 是知名的影像處理函數庫，並具備深度學習的推論 (Inference) 功能，例如臉部辨識、物件偵測…等，以下實作 Rust 如何呼叫 OpenCV 函數庫。

OpenCV 函數庫支援各種語言，我們要用 Rust 呼叫 C++ OpenCV 函數庫，故請至 OpenCV-Rust 安裝網址 [7]，依作業環境選擇安裝方式，若是 Windows 作業環境，程序如下：

1. 安裝 chocolatey[8]。

2. 安裝 Visual Studio 2022[9]。

3. 安裝 OpenCV，執行 choco install llvm opencv，OpenCV 預設會安裝在 c:\tools\opencv。

4. 設定環境變數如下，請注意 Visual Studio 及 OpenCV 版本，路徑及檔名會有所不同：

- OPENCV_LINK_LIBS = opencv_world481.dll

- OPENCV_LINK_PATHS = C:\tools\opencv\build\x64\vc16\bin

- OPENCV_INCLUDE_PATHS = C:\tools\opencv\build\include

- 在 Path 加入 C:\tools\opencv\build\x64\vc16\bin

安裝完成後，就可以開始執行程式了，程序如下：

1. 切換至 src\ch02\opencv_test 資料夾。

2. 輸入 cmd，開啟 DOS 視窗，執行：

- cargo run

- 注意，在 Windows 作業環境下建置程式時，若引用的套件較多時，常會出現【link.exe returned an unexpected error】，必須重複執行 cargo run，直至成功為止。

3. 執行結果：會播放 1.mp4 影片，按 q 可結束程式。

2-5 資料分析 (Data analysis)

在進行資料分析時，我們常會使用 Python 著名的 Pandas 套件，它功能非常強大，只可惜效能不彰，讀取較大資料集常力有未逮，因此有人依照 Pandas 套件規格，以 Rust 開發出更高效能的資料分析函數庫 Polars。

以下使用鳶尾花 (Iris) 資料集，利用 Polars 套件篩選資料並依品種小計 (group_by) 鳶尾花瓣 / 花萼的寬度及長度。

▲ 圖一 鳶尾花 (Iris) 三類品種

範例. 程式建構程序如下，完成品放在 src\ch02\polars_test 資料夾。

1. 在任意資料夾下新增專案。

```
cargo new polars_test
```

2. 加入套件：

```
cargo add polars -F lazy
```

3. 修改 src\main.rs 內容如 src\ch02\polars_test\src\main.rs。

4. copy 資料檔 src\ch02\polars_test\iris.csv 至專案資料夾。

5. 切換至專案資料夾，輸入 cmd，開啟 DOS 視窗，執行：

```
cargo run
```

6. 執行結果：每一品種的花辦、花萼寬度及長度平均值如下。

```
shape: (3, 5)
┌───────────┬──────────────┬─────────────┬──────────────┬─────────────┐
│ species   │ sepal_length │ sepal_width │ petal_length │ petal_width │
│ ---       │ ---          │ ---         │ ---          │ ---         │
│ str       │ f64          │ f64         │ f64          │ f64         │
╞═══════════╪══════════════╪═════════════╪══════════════╪═════════════╡
│ Virginica │ 6.622449     │ 2.983673    │ 5.573469     │ 2.032653    │
│ Setosa    │ 5.313636     │ 3.713636    │ 1.509091     │ 0.277273    │
│ Versicolor│ 5.997872     │ 2.804255    │ 4.317021     │ 1.346809    │
└───────────┴──────────────┴─────────────┴──────────────┴─────────────┘
```

檢視程式碼 main.rs，是不是跟 Python 很像呢？依據 Polars 官方數據，載入 Pandas 套件的時間約 520ms，載入 Polars 只要 70ms，Polars 利用【延遲載入】(Lazy load) 可加速處理資料，再使用 collect(streaming=True) 串流處理，可載入高達 250GB 的資料集。

2-6 建構機器學習模型

接著看看如何使用 Rust 建構機器學習模型，也非常簡單，Linfa 套件[10] 提供各種機器學習演算法，以下使用決策樹演算法，進行鳶尾花 (Iris) 品種的辨識，在專案內加入 Linfa 套件，同時引用鳶尾花資料集，建構模型並測試準確度。

範例. 程式建構程序如下，完成品放在 src\ch02\ml-project 資料夾。

1. 在任意資料夾下新增專案。

```
cargo new ml-project
```

2. 修改 Cargo.toml 內容如 src\ch02\ml-project\Cargo.toml。

3. 修改 src\main.rs 內容如 src\ch02\ml-project\src\main.rs。

4. 切換至專案資料夾，輸入 cmd，開啟 DOS 視窗，執行：

```
cargo run
```

5. 執行結果如下:

```
載入鳶尾花資料集
以決策樹演算法訓練模型
混淆矩陣
classes    | 0        | 2        | 1
0          | 11       | 0        | 0
2          | 0        | 10       | 1
1          | 0        | 1        | 7

準確率: 93.33%
特徵重要性排序 [0, 2, 1, 3]
```

2-7 進行深度學習辨識

要進行深度學習辨識,同樣的,只要引用適當的深度學習套件即可,以下專案建立神經網路 (Neural network) 模型,進行影像辨識。

筆者使用 tch-rs 套件[11],它是繫結 Rust 與 PyTorch API 的包覆層 (wrapper),是一個較簡單、輕薄的整合方式,另外有一些套件是徹頭徹尾 (from scratch) 以 Rust 開發,例如 Candle[12]、Burn[13]…等套件,後續會詳細介紹 tch-rs、Candle。

以 Windows 作業環境為例,安裝程序如下:

1. 安裝 Python:筆者建議直接安裝 Anaconda 套件[14]。

2. 安裝 PyTorch[15]:筆者安裝最新版,目前為 v2.1.2。

3. 下載 tch-rs 原始碼[11],並解壓縮。

4. 安裝 Visual Studio 2022[9]。

5. 從 Visual Studio 2022 選單中,開啟【Developer Command Prompt for VS 2022】。

6. 建置 tch-rs:在 tch-rs-main 資料夾,輸入 cmd,開啟 DOS 視窗。

   • set LIBTORCH_USE_PYTORCH=1

   • set LIBTORCH_BYPASS_VERSION_CHECK=1

- set PATH=C:\Users\< 使　用　者 >\anaconda3\Lib\site-packages\torch\lib;%PATH%。

- 以上假設 Anaconda 套件是安裝在 C:\Users\< 使用者 >\anaconda3，如果是直接安裝 Python，請直接將 C:\Users\< 使用者 >\anaconda3 改為 Python 路徑。

- 下載 resnet18.ot 預先訓練好的模型檔及 Tiger.jpg，筆者已放在 src\ch02\deep_learning 資料夾。

- 建置 tch-rs，並執行：

  cargo run --example pretrained-models -- resnet18.ot tiger.jpg

7. 測試結果如下：預測是【老虎】的機率為 61.70%。

```
Compiling tch v0.14.0 (F:\0_DataMining\Rust\00_deep_learning\0_library\PyTorch\tch-rs-main)
  Finished dev [unoptimized + debuginfo] target(s) in 3.54s
   Running `target\debug\examples\pretrained-models.exe resnet18.ot tiger.jpg`
tiger, Panthera tigris                        61.70%
tiger cat                                     38.13%
tabby, tabby cat                               0.05%
jaguar, panther, Panthera onca, Felis onca     0.04%
lynx, catamount                                0.04%
```

8. 筆者將執行檔直接複製到 src\ch02\deep_learning 資料夾，可以下列指令測試其他圖檔，resnet18.ot 可預測 1000 種物件，可參考 ImageNet classes[16]。

```
pretrained_models.exe resnet18.ot elephant.jpg
```

```
Indian elephant, Elephas maximus             95.14%
tusker                                        3.49%
African elephant, Loxodonta africana          1.34%
warthog                                       0.02%
triceratops                                   0.00%
```

2-8 資料庫存取

Rust 程式要自資料庫存取資料，也是很容易，可以引用 Diesel 套件，它是一個 ORM 函數庫，可透過物件操作資料庫，Diesel 支援各種資料庫，包括 MySQL、Postgres、SQLite…等，安裝較為複雜，需參閱多份文件，因為官方文件並不完整，後續第 13 章會有詳細介紹。

為求簡單，筆者只示範存取 SQLite 資料庫，因 SQLite 免安裝，每個資料庫是單一檔案。參閱文件包括：

1. Working With SQL Databases in Rust[17]：針對SQLite資料庫作說明，但不完整。

2. Getting Started with Diesel[18]：官方文件，但只針對 Postgres 資料庫作說明。

3. 【Rust 配置 diesel 庫 Windows 上安裝配置】[19]：說明 Diesel CLI 的安裝方式。在 Windows 作業系統下需安裝 Visual Studio[20]。

建置測試專案程序如下：

1. 新增一個專案：

```
cargo new diesel_demo
```

2. 修改 diesel_demo\Cargo.toml 檔案，增加 diesel 及 dotenv 如下，可參考 src\ch02\diesel_demo 資料夾：

```
[dependencies]
diesel = { version = "2.1.4", features = ["sqlite"] }
dotenv = "0.15.0"
```

　　或

```
cargo add diesel -F sqlite
cargo add dotenv
```

3. 複製 src\ch02\diesel_demo\sqlite 資料夾至專案資料夾下。

4. 安裝 Diesel CLI，注意 SQLite 要使用 sqlite-bundled 參數才對：

```
set SQLITE3_LIB_DIR=.\sqlite
cargo install diesel_cli --no-default-features --features sqlite-bundled --force
```

5. 建立資料庫路徑：

```
echo DATABASE_URL=database.db > .env
```

6. 建立 migrations 資料夾，以便後續產生資料表的 SQL：

```
diesel setup
```

7. 產生 up.sql、down.sql 兩個檔案，會產生在 migrations\<yyyy-mm-dd-xxxxxx> _create_humans 資料夾下：

```
diesel migration generate create_humans
```

8. 修改 up.sql、down.sql 兩個檔案內容，請參考

```
src\ch02\diesel_demo\migrations\2024-01-16-132600_create_humans。
```

9. 執行 migrations 任務，即執行 up.sql，產生資料表：

```
diesel migration run
```

10. 在 src\ch02\diesel_demo 資料下，產生資料表對應的 Rust 類別：

```
diesel print-schema > schema.rs
```

11. 修改 src\main.rs 檔案，內容參照 src\ch02\diesel_demo\src\main.rs。

12. main.rs 檔案示範以下工作：

- 刪除 human 資料表所有記錄。

- 新增兩筆資料，欄位包括【first_name】、【last_name】、【age】：

```
"John", "Doe", 25
"Michael", "Lin", 26
```

- 查詢符合 age=25 的第一筆資料。

13.建置：

```
set SQLITE3_LIB_DIR=.\sqlite
cargo build
```

14.執行：

```
cargo run
```

15.　　執行結果：

```
Compiling libsqlite3-sys v0.27.0
Compiling diesel v2.1.4
Compiling diesel_demo v0.1.0 (F:\0_AI\Books\Rust實戰\src\ch02\diesel_demo)
 Finished dev [unoptimized + debuginfo] target(s) in 14.87s
  Running `target\debug\diesel_demo.exe`
New human inserted with ID: 19 20
ID: 19
First Name: John
Last Name: Doe
Age: 25
```

2-9　本章小結

雖然 Rust 主要使用在系統程式 (Syetem programming)，但開發時難免會用到資料，並需要具備使用者介面 (GUI)，因此本章示範許多面向的應用程式，希望能激勵大家學習 Rust 的動力，同時也驗證 Rust 的生態系統日趨完善，要撰寫高效能的 Rust 程式會越來越容易，若要挖掘更多類型的套件可參考 awesome-rust[21] 或 Rust 套件註冊官網[22]，有較詳細的分門別類，想必可以激發讀者更多、更棒的想法。

參考資料 (References)

[1] What Happens If We Code the Same Algorithm in Python and Rust? (https://betterprogramming.pub/from-pythonic-to-rustacean-this-is-the-way-6ee46ee63033)

[2] What Happens If We Code the Same Algorithm in Python and Rust? (https://betterprogramming.pub/from-pythonic-to-rustacean-this-is-the-way-6ee46ee63033)

[3] reveal.js 官網 (https://revealjs.com/)

[4] Tauri 官網 (https://tauri.app/)

[5] Tauri 文件說明 (https://tauri.app/v1/guides/getting-started/setup)

[6] Tauri Prerequisites (https://tauri.app/v1/guides/getting-started/prerequisites)

[7] OpenCV-Rust 安裝網址 (https://github.com/twistedfall/opencv-rust/blob/master/INSTALL.md)

[8] chocolatey (https://chocolatey.org/)

[9] Visual Studio 2022 (https://visualstudio.microsoft.com/zh-hant/vs/whatsnew/)

[10] Linfa 套件 (https://github.com/rust-ml/linfa)

[11] tch-rs 套件 (https://github.com/LaurentMazare/tch-rs/tree/main)

[12] Candle 套件 (https://github.com/huggingface/candle)

[13] Burn (https://github.com/tracel-ai/burn)

[14] Anaconda 套件 (https://www.anaconda.com/download)

[15] PyTorch 套件 (https://pytorch.org/)

[16] ImageNet classes (https://deeplearning.cms.waikato.ac.nz/user-guide/class-maps/IMAGENET/)

[17] Working With SQL Databases in Rust (https://www.makeuseof.com/working-with-sql-databases-in-rust/)

[18] Getting Started with Diesel (https://diesel.rs/guides/getting-started)

[19] Rust 配置 diesel 庫 Windows 上安裝配置 (https://blog.51cto.com/u_15060533/4112387)

[20] Visual Studio 下載 (https://visualstudio.microsoft.com/vs/community/)

[21] awesome-rust (https://github.com/rust-unofficial/awesome-rust)

[22] Rust crate registry 官網 (https://crates.io)

MEMO

Rust 資料型別

學習任何程式語言，都是從變數資料型別及流程控制開始，Rust 也不例外，但是 Rust 變數資料型別非常多樣化，筆者只介紹常用的資料型別，其他可參閱官方文件或線上教學網站，筆者會引用幾個較棒的超連結。另外為避免枯燥，我們會搭配範例，即學即用，學習起來比較有成就感。

本章介紹 Rust 基礎的資料型別：

* 整數 (Integer)。

* 浮點數 (Floating point)。

* 布林值 (Boolean)。

* 字元 (Character)。

* 字串 (String)。

* 指標 (Pointer)。

* 複合資料型別：

◆ 元 (Tuple)。

◆ 陣列 (Array)。

◆ 枚舉型別 (Enum)

◆ 結構 (Struct)

* 特殊資料型別。

可參閱 The Rust Programming Language 的 3.2 Data Type[1]。

3-1 變數宣告

Rust 變數使用前都必須宣告資料型別，與 Python 不同，因為它強調安全性，希望能盡可能在編譯階段就找出所有錯誤，Python 比較強調易寫易用，變數不須宣告，單一變數在同一段程式碼中可以指定不同的資料型別。

Rust 變數宣告使用 let 指令，語法如下：

let < 變數名稱 >:< 資料型別 > = < 變數值 >;

例如：let x:i16 = 100;

* 與 C 程式相同，每個指令 (Statement) 都要以【;】結尾，變數名稱及關鍵字大小寫有區別 (Case sensitive)。

＊ i16：16 位元的整數。

＊ 資料型別可省略，Rust 會依變數值自動推演變數之資料型別。例如：【 let x = 100; 】，Rust 會預設 x 資料型別為 i32，即 32 位元的整數。

注意，以下進行簡單測試時，因變數未被使用 (unused)，專案建置或執行時常會出很多警告訊息，想隱藏這些警告訊息，可先執行

set RUSTFLAGS=-Awarnings 或在程式碼開頭加【 #![allow(unused)] 】。

範例 1. 變數宣告測試，程式放在 src/ch03/variable_declaration 資料夾。

1. 產生新專案：在檔案總管路徑提示列輸入 cmd，再輸入 cargo new variable_declaration。

2. 修改 src 子目錄的 main.rs 程式檔，如下：

```
1  fn main() {
2      let x1 = 100;
3      println!("{x1}");
4
5      let x2 = 200;
6      println!("{x2}");
7
8  }
```

3. 測試：

```
cargo run
```

4. 執行結果如下：

```
x1=100
x2=200
```

5. 如果使用 VS Code 撰寫程式，當我們輸入 let x2 = 200; 時，它會自動偵測資料型別如下，x2 資料型別為 i32：

```
            let x2: i32 = 200;
```

6. 還有一個更方便的測試工具【遊樂場】(Playground)[2]，免安裝，它可以直接輸入程式，執行及偵錯。

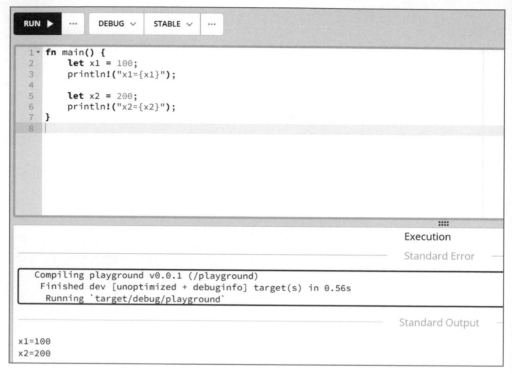

▲ 圖一 【遊樂場】(Playground)

7. println! 可顯示變數內容，以大括號 {} 包住變數名稱即可，若要顯示進一步的資訊，可以在變數名稱後加上 :< 功能選項 >，例如【:?】，可依變數資料型別顯示內容，修改 src 子目錄的 main.rs 程式檔，如下：

```
1  fn main() {
2      let x1 = 100;
3      println!("x1={x1}");
4
5      let x2 = 200;
6      println!("x2={x2:?}");
7
8      let x3 = "300";
9      println!("x2={x3:?}");
10 }
```

8. 測試：

```
cargo run
```

9. 執行結果：x3 的變數值輸出會有雙引號，x2 則沒有。

```
x1=100
x2=200
x3="300"
```

10. 更多的格式化資訊可參閱官方文件 std::fmt 中文說明 [3]， println! 是輸出至螢幕上，format! 是輸出至一個變數，格式化指令幾乎一樣，相關用法在後續章節再詳細測試。

範例 2. 實際要輸出變數資料型別，可參考【How do I print in Rust the type of a variable?】[4]，程式放在 src/ch03/print_type 資料夾。

1. 修改 src 子目錄的 main.rs 程式檔，如下：

```
1  fn print_type_of<T>(_: &T) {
2      println!("{}", std::any::type_name::<T>())
3  }
4
5  fn main() {
6      let s = "Hello";
7      let i = 42;
8
9      print_type_of(&s); // &str
10     print_type_of(&i); // i32
11     print_type_of(&main); // playground::main
12     print_type_of(&print_type_of::<i32>); // playground::print_type_of<i32>
13     print_type_of(&{ || "Hi!" }); // playground::main::{{closure}}
14 }
```

2. 測試：

```
cargo run
```

3. 執行結果：

```
&str
i32
print_type::main
print_type::print_type_of<i32>
print_type::main::{{closure}}
```

4. 程式細節後續再探討。

3-2 變數值指派

基於安全性考量，變數值預設是不可改變的 (immutable)，一旦指派後，就不能再變更，例如：

```
let x = 100;
x = 200;
```

編譯會發生錯誤，訊息如下：不可改變的變數不可重複指派變數值。

```
x = 200;
^^^^^^^ cannot assign twice to immutable variable
```

＊ 可直接使用 Playground 測試，比較方便。

＊ 允許變數宣告時可不指定變數值，之後再指定。

```
let x:i16;
x = 100;
```

＊ 想要再次指派變數值，有兩種方式：

1. 變數改為可變的 (mutable)：在變數名稱前面加【mut】。

```
let mut x = 100;
x = x + 1;
println!("{x}");
```

2. 第二行也加【let】，如下：

```
let x = 100;
let x = 200;
println!("{x}");
```

雖然會出現警告訊息【變數未被使用 (unused)】，但程式還是可以順利執行。與 Python 類似，第二行是宣告另一個變數，雖然名稱也是 x，但與第一行的 x 無關，這種作法稱為變數遮蔽 (Shadowing)，第一行 x 所佔的記憶體會被自動回收，因為生命週期已結束。

＊ 如果變數值是不會改變的，可以宣告為常數 (constant)：

```
    const X:i32 = 100;
let x2 = X + 1;
println!("{x2}");
```

常數以 const 取代 let，通常變數名稱會使用大寫 (Uppercase)，與 let 差別是常數會在編譯時，編譯器會將變數值取代程式碼中的變數名稱，好處是不佔記憶體。注意，const 一定要指定資料類別。

＊ 如果變數一開始宣告為不可改變的，後來要改為可改變的 (mutable)，寫法如下，第二行加【mut】：

```
    let x = 100;
    let mut x = x;
      x += 1;
    println!("{x}");
```

＊ 反之，變數一開始宣告為可改變的，後來要改為不可改變的，寫法如下，第三行不加【mut】：

```
    let mut x = 100;
      x += 1;
    let x = x;
    println!("{x}");
```

＊ 要刪除變數，可使用drop，但只限標準函數庫(std)定義的資料型別才能刪除。

```
use std;

let x = "1".to_string();
std::mem::drop(x);

let x = vec![1, 2, 3];
std::mem::drop(x);
```

但以下指令會發生錯誤，因為 &str、[] 是 Rust 原生的資料型別。

```
let x = "1";
std::mem::drop(x);

let x = [1, 2, 3];
std::mem::drop(x);
```

＊ 靜態(static)變數：為全局變數，使用let宣告的變數都是區域變數，函數結束，
即被銷毀：

1. 程式內容如下：

```
static PI:f32 = 3.14159;
static mut X:i32 = 10;
fn main() {
    println!("{PI}");
    unsafe {
        X=100;
            println!("{X}");
    }
}
```

2. 執行結果如下：

```
3.14159
100
```

3. 全局變數要能被修改，要加【mut】，修改及顯示時要以 unsafe {…} 包覆，
   若為多執行緒 (Multi-thread)，該變數值將不可預測，因此也要以 unsafe 標示。

* 多個變數一次指定變數值：可一次指定多個變數值，稱為 pattern
  destructure，與 Python 類似。

1. 程式內容如下：

```
let (x, y) = (1, 2);
println!("x={x}, y={y}");
```

2. 執行結果：

```
x=1, y=2
```

3. 如果 x, y 都要可改變的，每個變數都要加【mut】，程式內容如下：

```
let (mut x, mut y) = (1, 2);
```

* 忽略變數值指定：有時候接收多個數值，我們僅關心部分的數值，其他的可
  不命名變數名稱，以【_】表示。

1. 程式內容如下：

```
let (x, _, y) = (1, 2, 3);
println!("x={x}, y={y}");
```

2. 執行結果：忽略變數值第二個變數值。

```
x=1, y=3
```

3. type alias：資料型別可以取別名。程式碼如下，第一行先宣告 Age 資料型別，第二行指定 x 為 Age 資料型別。

```
type Age = u16;
let x:Age = 30;
println!("x={x:?}");
```

3-3　整數資料型別與運算

為開發高效能的程式，Rust 要求程式設計師用最精準的方式宣告變數精度或長度，以節省記憶體的使用，整數資料型別如下：

Length	Signed	Unsigned
8-bit	i8	u8
16-bit	i16	u16
32-bit	i32	u32
64-bit	i64	u64
128-bit	i128	u128
arch	isize	usize

▲ 圖二　整數資料型別

分為有正負號 (Signed) 及無正負號 (Unsigned)，再分為 8/16/32/64/128 位元，有正負號整數的最高位元儲存正負號，例如 8 位元整數，最大值為 2^7，最小值為 -2^7。，程式撰寫時依據應用系統需求，宣告最精準的長度，以節省應用系統的記憶體。

以 Playground 測試。

＊ 顯示各種進位。

1. 程式內容如下：

```
let a = 10;
println!("{a}");
```

```
println!("16 進位：{a:x}");
println!("16 進位大寫：{a:X}");
println!("8 進位：{a:o}");
println!("2 進位：{a:b}");
println!("科學符號：{a:e}");
println!("科學符號大寫：{a:E}");
```

2. 執行結果：

```
10
16 進位：a
16 進位大寫：A
8 進位：12
2 進位：1010
科學符號：1e1
科學符號大寫：1E1
```

＊ 也可以 2/8/16 進位指定變數值。

```
let x1 : i32 = 32;      // 十進位表示
let x2 : i32 = 0xFF;    // 0x：16 進位
let x3 : i32 = 0o55;    // 0o：8 進制
let x4 : i32 = 0b1001;  // 0b：2 進位
```

＊ 變數值可以任意加【 _ 】，方便閱讀，例如三位一撇。

```
let x5 : i32 = 1_000_000;
println!("{x5}");
```

執行結果：1000000。

＊ 整數運算。

```
    let a = 10;
    let b = 10;
    let c = a + b;
    println!("a+b={c}");
```

執行結果：a+b=20。

* 整數溢位 (overflow)：宣告 8 位元整數，最大值為 2^7，但指派為 2^8。Rust 不支援指數運算子，須以 pow 方法實現。

```
let b:i8 = 2;
let a:i8 = b.pow(8); // 2⁸
println!("a={a}");
```

執行出現錯誤，訊息如下：數值相乘造成溢位。

```
attempt to multiply with overflow
```

* 修正：a 改為 16 位元整數，另外，a 與 b 為不同資料型別，須將 b 轉型 (as i16) 才能運算。

```
let b:i8 = 2;
let a:i16 = (b as i16).pow(8);
println!("a={a}");
```

* 另外還有一種根據作業系統決定精度的整數資料型別，例如 isize(有正負號)、usize(無正負號)，如果是在 64 位元作業系統執行，精度就是 64 位元，兩種表示法如下：

```
let y : isize = 123;
let x = 123isize;
```

1. 驗證最大值：

```
// isize 最大值測試
println!("isize 最大值 ={}", isize::MAX);
let base : i128 = 2;
let exp : i128 = base.pow(63);
println!(" 2^(64-1)=  {exp}");

// usize 最大值測試
println!("usize 最大值 ={}", usize::MAX);
let base : u128 = 2;
let exp : u128 = base.pow(64);
println!("2^64=    {exp}");
```

2. 執行結果：isize 最大值 =2^(64-1)，usize 最大值 =2^64。

```
isize 最大值 =9223372036854775807
2^(64-1)=    9223372036854775808
usize 最大值 =18446744073709551615
2^64=        18446744073709551616
```

數值相關運算子 (Operators) 如下：

1. +：加。

2. -：減。

3. *：乘。

4. /：除。

5. +=：加法賦值 (Addition assignment)，也支援 -=、*=、/=，但不支援 x++。

更多的運算子介紹請參考【The Rust Programming Language】Appendix B: Operators and Symbols[5]。

3-4 浮點數資料型別與運算

浮點數 (Floating point) 可儲存帶有小數的數值，資料型別有 f32、f64，分別代表 32、64 位元，預設為 f64，浮點數運算與整數類似。

＊ 基本測試。

```
let f1 : f64 = 2.0; // 必須加 .0
println!("{f1}");
let f1_1 : f64 = 2 as f64; // 轉型
println!("{f1_1}");
let f2 : f64 = 1_000_000.0;
println!("{f2:0e}"); // 科學符號
```

執行結果：2、2、1e6。

＊ 浮點數運算。

```
let a = 10.0;
let b = 10.0;
let c = a + b;
println!("a+b={c}");
```

執行結果：a+b=20，沒有顯示【.0】。

＊ 最大值測試。

```
println!("f32 最大值 ={}", f32::MAX);
println!("f64 最大值 ={}", f64::MAX);
```

執行結果：可以儲存非常龐大的數值。

f32 最大值 =340282350000000000000000000000000000000

f64 最大值 = 1797693134862315700000000000000000000000000000000000000000000 000000000000000000000000000000000000000000000000000000000000000000000000000 000000000000000000000000000000000000000000000000000000000000000000000000000 000000000000000000000000000000000000000000000000000000000000000000000000000 00000000000000000000000000000000000000000000000000

3-4-1 Normal vs. Subnormal

浮點數內部儲存的方式為 $M * 2^e$，其中 M 是尾數，e 是指數。例如 $0.5 = 1 * 2^{-1}$，M 通常介於 (-10, 10) 之間，M、e 共用 32 或 64 個位元 (f32、f64)，這種表示法稱為 Normal，但如果要表示一個小數位很多的數值，e 可能會超過最大值，這時候可以把 M 的位元數調小，讓 e 佔有更大的位元數，這種表示法稱為 Subnormal，若小數位又超過 Subnormal 的 e 最大位元數，會轉換為零 (Zero)，以下是一個很有趣的範例可以觀察 Subnormal，詳細內容可參閱【麻煩的浮點數】[6]。

範例 . Normal vs. Subnormal 觀察:將一個很小的誤差值 (ε),以遞迴不斷的除以 2,浮點數內部儲存的方式就會由 Normal 逐漸轉換 Subnormal,最後 e 又超過 Subnormal 最大值,即會轉換為 Zero 表示法。程式放在 src\ch03\float_test 資料夾。

1. 程式:

```
fn main() {
    // 變數 small 初始化為一個非常小的浮點數
    let mut small = std::f32::EPSILON;
    // 不斷迴圈,讓 small 越來越趨近於 0,直到最後等於 0 的狀態
    while small > 0.0 {
        small = small / 2.0;
        println!("{} {:?}", small, small.classify());
    }
}
```

2. 執行結果如下,前面省略:

```
0.00000000000000000000000000000000006018531 Normal
0.000000000000000000000000000000000030092655 Normal
0.000000000000000000000000000000000015046328 Normal
0.0000000000000000000000000000000000007523164 Normal
0.0000000000000000000000000000000000003761582 Normal
0.0000000000000000000000000000000000001880791 Normal
0.00000000000000000000000000000000000009403955 Normal
0.000000000000000000000000000000000000047019774 Normal
0.000000000000000000000000000000000000023509887 Normal
0.0000000000000000000000000000000000000011754944 Normal
0.00000000000000000000000000000000000000005877472 Subnormal
0.00000000000000000000000000000000000000002938736 Subnormal
0.000000000000000000000000000000000000000001469368 Subnormal
0.0000000000000000000000000000000000000000000734684 Subnormal
0.0000000000000000000000000000000000000000000367342 Subnormal
0.00000000000000000000000000000000000000000000183671 Subnormal
0.00000000000000000000000000000000000000000000091835 Subnormal
0.000000000000000000000000000000000000000000000045918 Subnormal
0.000000000000000000000000000000000000000000000022959 Subnormal
0.0000000000000000000000000000000000000000000000001148 Subnormal
0.0000000000000000000000000000000000000000000000000574 Subnormal
0.00000000000000000000000000000000000000000000000000287 Subnormal
0.00000000000000000000000000000000000000000000000001435 Subnormal
0.000000000000000000000000000000000000000000000000000717 Subnormal
0.000000000000000000000000000000000000000000000000000359 Subnormal
0.0000000000000000000000000000000000000000000000000000018 Subnormal
0.0000000000000000000000000000000000000000000000000000009 Subnormal
0.00000000000000000000000000000000000000000000000000000045 Subnormal
0.00000000000000000000000000000000000000000000000000000022 Subnormal
0.000000000000000000000000000000000000000000000000000000011 Subnormal
0.0000000000000000000000000000000000000000000000000000000006 Subnormal
0.0000000000000000000000000000000000000000000000000000000003 Subnormal
0.00000000000000000000000000000000000000000000000000000000001 Subnormal
0 Zero
```

3-4-2 無窮大 (Infinite) 與遺失值 (Missing value)

要表達無窮大 (Infinite)，可使用標準函數庫的 std::f32::INFINITY，表達遺失值可使用 std::f32::NAN。

範例 . 無窮大與遺失值測試，程式放在 src\ch03\infinite_test 資料夾。

1. 程式：

```rust
fn main() {
    // 顯示：無窮大、1/ 無窮大、無窮大 / 無窮大、1/0
    let inf = std::f32::INFINITY;
    println!("無窮大：{} {} {} {}", inf * 0.0, 1.0 / inf, inf / inf, 1.0 / 0.0);

    // 遺失值 (Missing value)
    let nan = std::f32::NAN;
    // 遺失值比較
    println!("遺失值：{} {} {}", nan < nan, nan > nan, nan == nan);
    println!("遺失值：{} {} {}", nan < 0.0, nan > 0.0, nan == 0.0);
}
```

2. 執行結果：

```
無窮大：NaN 0 NaN inf
無窮大檢查：true
遺失值：false false false
遺失值與 0 比較：false false false
遺失值檢查：true
```

3. 測試結果顯示：

- 無窮大除以 0，會得到遺失值，而非錯誤。

- 1/ 無窮大，會得到 0。

- 無窮大 / 無窮大，會得到無窮大。

- 1/0，會得到無窮大。

- 遺失值 (NaN) 與任何數值比較都是偽 (false)，包括遺失值。

- 計算無窮大與遺失值，都不會得到錯誤，因此，在應用程式中，檢查變數值是否為無窮大與遺失值，非常重要。

3-5 布林值資料型別與運算

布林變數 (Boolean) 內含值只有 true、false 兩種，資料型別以 bool 表示，運算非常簡單，通常用於比較，運算子包括 ==、>、>=、<、<=，還有多個表達式的連結，包括 &&(且)、||(或)，位元運算使用單個符號，包括 &(且)、|(或)、^(XOR)，XOR 運算邏輯如下圖，A/B 雙方位元相同，運算結果為 1，否則為 0。

A	B	運算結果
0	0	1
0	1	0
1	0	0
1	1	1

範例 . 布林變數基本測試，程式放在 src\ch03\boolean_test 資料夾。

1. 程式：

```
fn main() {
    let x1 = true;
    println!("{x1}");

    let x2 = !x1; // 否定
    println!(" 否定：{x2}");

    // and
    println!("and：{}", x1 && x2);

    // or
    println!("or：{}", x1 || x2);

    // 比較
    let (x, y) = (1, 2);
```

```
    println!("x == y：{}", x == y);
}
```

2. 執行結果：

```
true
否定：false
and：false
or：true
x == y：false
```

3-6　文字資料型別與運算

文字資料型別有兩種：單一字元 (char) 及字串 (String)，字串可儲存多個字元。

3-6-1　字元 (char)

Rust 預設採用 Unicode，以 4 個 byte 儲存變數值，而非 1 byte，與其他程式語言不同，因此可以儲存多個 byte 的文字，例如中、日、韓文，若單純只想使用 1 byte 儲存字元，可改用不帶正負號的 8 位元整數 (u8) 儲存。

範例 . 字元 (char) 基本測試，程式放在 src\ch03\char_test 資料夾。

1. 程式：

```
fn main() {
    let love:char = '❤';
    let chinese:char = '中';
    let special:char = '\n'; // 換行
    let unicode1:char = '\x07'; // 16進位, beep
    let unicode2:char = '\u{03B5}'; // unicode ε
    let x1:u8 = b'A';
    let x2 :&[u8;5] = b"hello";

    println!("{love}");
    println!("{chinese}");
```

```
    println!("{unicode1}");
    println!("{unicode2}");
    println!("{x1}");
    println!("{x2:?}");
}
```

2. 執行結果如下：

```
♥
中

ε
65
[104, 101, 108, 108, 111]
```

3. '\x07' 會使電腦發出嗶聲 (beep)。

4. &[u8;5] 表 8 位元整數陣列，內含 5 個元素。

3-6-2　字串 (String)

Rust 字串有兩種：

1. 字串切片 (String slice)：採用傳統 C 語言的概念，變數指向字串開頭的記憶體位址，資料型別以【&str】表示，例如 let s: &str = "hello"，s 是一個參考，記錄 "hello" 字串的記憶體位址，字串內容為固定的，無法改變，編譯時內容會直接記錄在程式中。

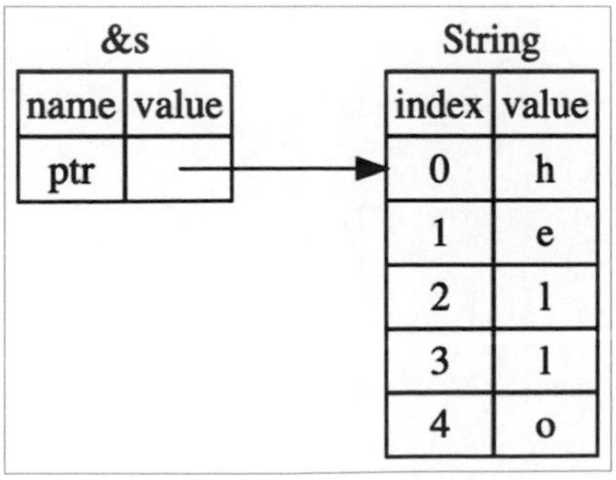

▲　圖三　參考【&s】記錄字串的記憶體位址，圖片來源：【最燒腦的智慧指標】[7]

2. char 陣列：採用 Python 的概念，把字串當成 char 陣列看待，許多操作都可以比照陣列，資料型別以【String】表示，它是標準函數庫 (std) 定義的資料型別，內容是可動態擴充的，操作的彈性比較大。例如：

- let s: String = String::from("hello"); ➔ s = "hello"

- let s: String = "hello".to_string(); ➔ 同上

- let s: String = "hello".into(); ➔ 同上

- let s: String = String::new(); ➔ s = ""

前者比較難操作，但是參數傳遞較快速，只要 16 bytes，使用 String 參數傳遞，預設會將整個字串複製給接收的函數，若字串很長，會很花執行時間及記憶體。當然也可以【以址傳遞】(Call by address)，使用【&s】。

兩者的轉換指令如下：

1. String ➔ &str：使用 .as_str() 或直接以【&x】傳遞給函數。

2. &str ➔ String：使用 .to_string() 或 String::from(x)。

範例 . 字串基本測試，程式放在 src\ch03\string_test 資料夾。

1. 程式：

```
fn main() {
    // 宣告
    let x: &str = "hello";
    println!("{x}");
    let x1 = "hello";
    println!("{x1}");
    let x2: String = String::from( "hello");
    println!("{x2}");
    let x3: String = "hello".to_string();
    println!("{x3}");
}
```

2. 執行結果都是 hello，String 指派變數值有 2 種寫法 String::from、.to_string()，如果要轉換 String、&str，程式碼如下：

```
// 轉換 &str 為 String
let s: &str = "Hello, world!";
let string = s.to_string();

// 轉換 String 為 &str
let string = String::from("Hello, world!");
let s = string.as_str();
let s2 = &string;
```

3. 字串若不宣告資料型別，預設是【&str】，可以開啟 VS code 看到提示。

```
let x1: &str = "hello";
```

4. 再加 2 行，確定指標及 &str 使用的記憶體大小：

```
println!(" 傳統指標 : {}", std::mem::size_of::<*const ()>());
println!("&str: {}", std::mem::size_of::<&str>());
```

5. 執行結果：8、16，傳統指標佔 8 bytes，&str 指標佔 16 bytes，前 8 bytes 儲存指向字串開頭的記憶體位址，8 bytes 儲存字串長度，又稱【胖指標】(Fat pointer)，因此，Rust 的 &str 變數值不必以【\0】結尾。注意，Rust 1.77 版增加新的 C-string 資料型別，以【\0】結尾，用法可參考【The Rust Edition Guide】[8]。

3-6-3 字串切片 (slicing)

我們常需要截取部分字串，稱為字串切片 (slicing)，語法與 Python 類似，但關於起訖範圍 (range)，Rust 使用 [<m>..<n>]，Python 使用 [<m>:<n>]，有兩點要注意：

＊ 範圍是含 m，不含 n，即 [m , n)，筆者自創口訣【含開始，不含結束】。

＊ 索引值從 0 開始，0 代表第 1 個字元，例如 m=2 代表第 3 個字元。

1. 簡單程式測試。

```
let x: &str = "Hello, world!";
let substr : &str = &x[2..];   // 從第 3 個字元至最後
println!("{substr}");

let substr2 : &str = &x[..2];   // 從第 1 個字元至第 2 個字元
println!("{substr2}");

let substr3 : &str = &x[1..2];   // 取第 2 個字元
println!("{substr3}");

let substr4 : &str = &x[..];     // 取所有字元
println!("{substr4}");
```

2. 也可以使用 s.chars().nth(n) 取一個字元。

```
let c:Option<char> = x.chars().nth(2); // 取第 3 個字元
println!("{c:?}");
```

3. String 切片語法與 &str 一樣。

```
let x = String::from("Hello, world!");
let substr : &str = &x2[2..];   // 從第 3 個字元至最後
println!("{substr}");

let substr2 : &str = &x2[..2];   // 從第 1 個字元至第 2 個字元
println!("{substr2}");

let substr3 : &str = &x2[1..2];   // 取第 2 個字元
println!("{substr3}");

let substr4 : &str = &x2[..];     // 取所有字元
println!("{substr4}");

let c:Option<char> = x.chars().nth(2); // 取第 3 個字元
println!("{c:?}");
```

3-6-4 字串連接 (Concatenation)

另一個常見的字串操作就是將多個字串連接在一起,規則如下:

* String 資料型別可以連接 &str,不可以連接 String,但可以連接 &String。

* String 資料型別可以連接字串值,例如 "hello",因為字串宣告預設是 &str。

* &str 資料型別不可以連接 &str、String,因為 &str 無法延伸內容,必須使用 to_owned 方法,轉換為 String,且複製 &str 內容。

1. 測試。

```
let x1 = "hello";
let x2: String = String::from("hello");
let x3: String = "world".to_string();

let concat1 = x2 + " " + x1 + " " + &x3;
println!(" x2 + x1 + &x3:{concat1}");

// to_owned:複製 &str,且轉為 String
let concat1 = x1.to_owned() + " " + x1;
println!(" x1 + x1:{concat1}");

// 以下均不可行
// let concat3 = x2 + " " + x2;
// println!("x2 + x2:{concat3}");

// let concat4 = x + x2;
// println!("x + x2:{concat4}");

// let concat5 = x + x;
// println!("x + x:{concat5}");
```

2. 上述規則過於複雜,建議全部使用 String 資料型別,以陣列方式處理,程式如下,使用 push 延伸內容:

```
let mut s = String::from("Hello");
s.push(' ');
s.push_str("World.");
println!("{}", s);
```

3. 執行結果：Hello World.。

還有一個更棒的方式【format!】，類似 Python 的 f-string，可以把不同資料型別的變數組合在一起，不須轉型，與 println! 用法完全相同，可參閱【A Comprehensive Guide to String Formatting in Rust】[9] 或【官方文件 std::fmt】[10]。

範例．format 測試，程式放在 src\ch03\format_test 資料夾。

1. 將不同資料型別的變數組合在一起，不須轉型。

```
let name = "Michael";
let age = 25;
let formatted_string = format!("我是 {name}，今年 {age} 歲 .");
println!("{}", formatted_string);
```

2. 執行結果：我是 Michael，今年 25 歲 .。

3. 四捨五入。

```
let pi = 3.14159;
let formatted_string = format!("{pi:.3}");
println!("pi:{}", formatted_string);
```

4. 執行結果：pi:3.142。

5. 不同字串資料型別的變數組合在一起，不須轉型。

```
let x1: &str = "hello1";
let x2: String = String::from("hello2");
let x3: String = "hello3".to_string();
let formatted_string = format!("{x1}\n{x2}\n{x3}\n");
println!("字串連接 :\n{}", formatted_string);
```

6. 執行結果：

```
hello1
hello2
hello3
```

7. 指定參數對應順序：{} 內加數字，可指定對應第幾個參數。

```
let day = 2;
let month = "January";
let year = 2023;
let formatted_string = format!("{1}. {2} {0}", year, &month[..3], day);
println!("{}", formatted_string);
```

8. 執行結果： Jan. 2 2023。

9. 使用 {.width} 指定字串截取的長度。

```
let formatted_string = format!("{1:.3}. {2} {0}", year, month, day);
println!("{}", formatted_string);
```

10. 執行結果也是 Jan. 2 2023。

還有其他功能：

1. 字串靠左 (:<width)、靠右 (:>width)、居中 (:^width)。

2. 補 0：不足位補 0(:0 width)、左邊補 0(0:<width)、右邊補 0(0:>width)、右邊補 0(0:>width)，右邊補 -，例如：format!("{:-<5}!", " Hello")，得到 Hello-----。

3. 數值加正負號 (:+)、16 進位 (:#x)、2 進位 (:#b)。

4. 將兩個參數組合成一個格式，語法為 {<arg>:<spec>.*}，arg 為命名參數，spec 可以是上面 1~3 項功能，.* 代表參數對應順序。可測試下面程式碼：

```
println!("{}, `{name:.*}` 有 3 位小數 ", "Hello", 3, name=1234.56);
println!("{}, `{name:.*}` 有 3 個字元 ", "Hello", 3, name="1234.56");
println!("{}, `{name:>8.*}` 有 3 個靠右字元 ", "Hello", 3, name="1234.56");
```

5. 執行結果：

```
Hello, `1234.560` 有 3 位小數
Hello, `123` 有 3 個字元
Hello, `123` 有 3 個靠右字元
```

3-6-5 其他字串操作

例如大寫 / 小寫轉換、轉換為整數、bytes/char、比對、取代、反轉…等等，需要使用時可參閱【std 函數庫文件說明】[11]，或【The Rust Programming Language】的【3.17 Strings 說明】[12]。

3-7 參考 (Reference) vs. 指標 (Pointer)

參考 (Reference) 是記錄資料的記憶體位址 (Address)，指標 (Pointer) 是用變數儲存另一個變數的記憶體位址，如下圖。

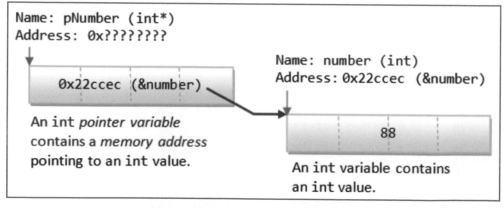

▲ 圖四 參考 (Reference) 與指標 (Pointer)，

圖片來源：Pointers, References and Dynamic Memory Allocation[13]

* s:&str = "hello" ➜ 系統分配一塊記憶體儲存 hello，s 變數是指 hello 所在的記憶體位址，s 稱為【參考】。Rust 編譯器可管理參考與資料的連結關係，當資料被回收，參考也隨之失效，之後若程式要操作參考，在編譯階段就可以偵測到錯誤。

* ptr = *s ➜ 使用變數 ptr 記錄 s 參考的記憶體位址。

3-7-1 參考與指標測試

範例 . 參考與指標簡單測試，程式放在 src\ch03\pointer_test 資料夾。

1. 整數資料測試：

```
let x: i32 = 10; // x為一整數
let x_address = &x; // x_address 是 x 的記憶體位址
let x_pointer: *const i32 = &x; // x_pointer 儲存 x_address

println!("x: {}", x);
println!("x_address:{}", x_address);
println!("x_pointer:{:?}", x_pointer);
```

2. 執行結果：

```
x: 10
x_address:10 ➜ println! 可以自動顯示【參考】指到的內容。
x_pointer:0x5699d0f36c ➜ 加【:?】可顯示資料的記憶體位址
```

3. 注意，如果使用【let x_pointer = &x】，未宣告 x_pointer 型別，則 x_pointer 只是參考，而非指標。另外，要取用指標的參考資料，需使用【* x_pointer】，但會出現錯誤訊息【原始指標解除參考是不安全的，必須使用 unsafe 包覆】(dereference of raw pointer is unsafe and requires unsafe function or block)。

```
println!("x_pointer:{:?}", *x_pointer); // 發生錯誤
```

4. 修正：使用 unsafe {}，告知 Rust 編譯器忽略檢查，我們自己負擔風險。

```
unsafe {
        println!("x_pointer:{:?}", *x_pointer); // 不會發生錯誤
}
```

5. 顯示位址及指標的記憶體位址，必須加【:p】，注意，{} 內不可以加【&】
   或使用太複雜的表示式，須改放在後面的參數。

```
println!("&x: {:p}", &x);
println!("x_address:{:p}", x_address);
println!("&x_pointer:{:p}", &x_pointer);
```

6. 執行結果如下，每次執行結果都不一樣，因為，執行程式時，系統每次分配
   的記憶體都不同。

```
&x: 0x145599f61c ➜ 顯示資料的記憶體位址
x_address:0x145599f61c ➜ 顯示資料的記憶體位址，同上
&x_pointer:0x145599f628 ➜ 顯示參考的記憶體位址，不是 x 的記憶體位址
```

7. 【解除參考】(deref)：指標變數前加【*】，稱為【解除參考】，會顯示資
   料內容，但直接顯示，編譯時會出現錯誤訊息【dereference of raw pointer is
   unsafe and requires unsafe function or block】，必須以 unsafe {…} 包覆。

```
unsafe {
    println!("*x_pointer:{}", *x_pointer);
}
```

8. 利用指標修改資料內容，* 在等號 (=) 左邊不需要以 unsafe {…} 包覆。

```
let mut x = 5;
let y = &mut x;
*y = 6;
println!("x={x}");
```

9. 利用指標修改陣列內容，執行結果：[150, 82, 107]。

```
let mut v = vec![100, 32, 57];
for i in &mut v {
    *i += 50; // 每一個元素各加 50
}
println!("{:?}", v);
```

10.【&str】型別的字串指標測試：注意，語法稍有差異，因 x 本身已是參考。

```
let x: &str = "hello";  // 宣告變數 x
let x_pointer: *const str = x; // x_pointer 儲存 x_address
println!("字串");
println!("x: {}", x);
println!("&x: {}", &x);
println!("x_pointer:{:?}", x_pointer);
```

11.執行結果：

```
x: hello
&x: hello
x_pointer:0x7ff714cdf5c0 ➔ 顯示參考的記憶體位址
```

3-7-2 智慧指標 (Smart pointer)

上述指標稱為原始指標 (Raw pointer)，類似傳統 C 語言的指標，以 *const T or *mut T 宣告，T 為泛型 (Generics)，代表多種型別都適用，例如 *const i32、*const i64…。注意，原始指標不保證安全，也沒有生命週期，另一用途是要與其他程式語言互相呼叫時，當作參數傳遞。泛型會在後續專章討論。

智慧指標 (Smart pointer)：由 Rust 標準函數庫提供，它提供更周全的安全機制，包括以下功能：

* 記憶體回收管理：讓編譯器掌握追蹤有多少指標指向同一份資料，以利變數生命週期結束時的記憶體回收。

＊ 所有權管理：原始指標只是借用 (borrow) 所有權，智慧指標可以是資料的擁有者 (Owner)，可以修改資料。關於所有權管理的討論會在後續專章討論。

常見的智慧指標有三種：

1. Box<T>：會將變數值或常數裝箱 (Box)，再使用指標指到該變數值或常數。

2. Rc<T>：Rc 代表 Reference Counted，提供共享的所有權 (Shared ownership)，Rc 會記錄參考的個數，最後一個參考用完後，被指向的變數才可被銷毀。

3. RefCell<T>：原來變數是不可變 (immutable) 的，要透過 Box 或 Rc 指標改成可變的，是不允許的。但某些情況下還是想要能夠有個方法改變數值，這時可以使用 RefCell<T> 指標來達成。

智慧指標有很多優點：

1. 記憶體管理：當函數結束時，智慧指標對應的記憶體可自動回收。

2. 更安全：加入所有權機制，同一時間只有所有權人可以存取指標，在多執行緒環境下可以保證安全。

3. 具有彈性：可以產生多個智慧指標，各自擁有所有權。

4. 資源管理：電腦資源包括檔案或網路，可封裝在智慧指標內，以控制資源，易於控制生命週期，包括資源用完後可自動關閉。

5. 改進效能：Rust 呼叫函數的參數傳遞預設是將變數值複製一份給函數 (Call by value)，若傳遞很長的字串或元素很多的陣列，會很浪費記憶體，使用智慧指標當參數 (Call by address)，可降低記憶體複製或配置，進而減少記憶體使用。

詳情可參閱【Supercharge Your Rust Code: Harness The Magic Of Smart Pointers】[14]。

3-7-3 Box 智慧指標

宣告 Box 智慧指標如下：

```
let data = 20;   // 存在 stack
let x = Box::new(data);   // 存在 heap
```

靜態的資料會放在【堆疊】(stack) 區段，但智慧指標會將 data 變數值儲存在【堆積】(heap) 區段，data 記憶體回收時，x 也會被回收。這樣做有甚麼好處呢？要先了解 stack/heap 的概念。由於堆疊 / 堆積翻譯並不能一目瞭然，故以下直接使用 stack/heap。

stack/heap 的介紹可參閱【Stack vs Heap: What's the difference?】[15] 及【The Rust Programming Language】的【What Is Ownership?】[16]，程式在執行時佔據的記憶體分為幾個區段：

* Global segment：全局變數放在這一區段。

* Code segment：程式機器碼放在這一區段。

* Heap：動態記憶體分配區段，程式執行時，臨時要求配置記憶體，例如 C 指令 alloc，記憶體會配置在 heap，不夠時會自動延伸，故 heap 很大時，也代表程式執行需要較大的記憶體，因 heap 動態要求記憶體，效能比 stack 差，存取的效能也比較差，因為必須透過指標找到記憶體位址。

* Stack：是一塊固定大小的記憶體，呼叫函數時，採 LIFO(後進先出) 的存取方式，傳遞的參數逐一塞入 (push)stack，被呼叫函數再取出 (pop) 參數。若塞入 stack 的內容太多，超過固定大小，就會發生 Stack overflow，造成程式當掉。

* Box 會將 data 變數值儲存在 heap 區段，當 data 很大時，如果放在 stack，會發生 Stack overflow，因此，我們就可以利用 Box 將 data 放在 heap，程式會自動延伸記憶體，不會撐爆，雖然效能較差。

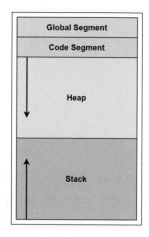

▲ 圖五 程式執行時佔據的記憶體，
圖片來源：【Stack vs Heap: What's the difference?】[11]

智慧指標將資料存在 heap，雖然效能比 stack 差，但有以下優點：

1. 資料大小可動態調整。

2. 較大資料要傳遞給其他函數使用時，不複製資料，改採所有權轉移，較有效率。

3. 智慧指標支援泛型，適用多種資料型別，不必宣告特定的資料型別。

範例 1. Box 測試，程式放在 src\ch03\box_test1 資料夾。

1. 宣告變數及 Box 智慧指標：Box::new 可以指向各種資料型別，比原始指標更方便。

```
let data = 20;
let x = Box::new(data);
```

2. 顯示智慧指標內容，執行結果均為 20，利用【*】可取得箱內的值 (Unbox)。

```
println!("x={}",x);
println!("*x={}",*x);
```

3. 資料只有一個整數，放在 heap 並無好處，通常使用原始指標即可，本例只是要示範智慧指標用法而已。

範例 2. Box 進階測試，程式修改自【Rust By Example】的【Box, stack and heap】[17]，程式放在 src\ch03\box_test2 資料夾。

1. 引入記憶體模組。

```
use std::mem;
```

2. 建立【點】(Point) 及矩形 (Rectangle) 資料結構 (struct)，struct 可包含多個變數，每個變數資料型別可不相同，在 3-9 節有詳細討論。

```
#[allow(dead_code)] // 不要出現警告訊息
// Debug：可除錯顯示、Clone：程式碼可使用 Clone、Copy：以值傳遞
#[derive(Debug, Clone, Copy)]
struct Point { // 點
    x: f64,
    y: f64,
}

#[allow(dead_code)]
struct Rectangle { // 矩形
    top_left: Point,
    bottom_right: Point,
}
```

3. 建立一個函數，回傳原點：函數最後一行不以【;】結尾，表示該行輸出為回傳值。

```
// 原點，Point(0, 0) 會放在 Stack
fn origin() -> Point {
    Point { x: 0.0, y: 0.0 }
}
```

4. 建立一個函數，指向原點。

```rust
// Box 原點，Point(0, 0) 會放在 Heap
fn boxed_origin() -> Box<Point> {
    Box::new(Point { x: 0.0, y: 0.0 })
}
```

5. 宣告各種變數：將以下程式碼放在 fn main() {…} 內。

```rust
// 變數值儲存在 Stack 區段
let point: Point = origin();
let rectangle: Rectangle = Rectangle {
    top_left: origin(),
    bottom_right: Point { x: 3.0, y: -4.0 }
    };

// 矩形變數值儲存在 Heap 區段
let boxed_rectangle: Box<Rectangle> = Box::new(Rectangle {
    top_left: origin(),
    bottom_right: Point { x: 3.0, y: -4.0 },
    });

// 原點變數值儲存在 Heap 區段
let boxed_point: Box<Point> = Box::new(origin());
```

6. 顯示各種變數的記憶體大小。

```rust
// Stack 原點
println!(" 原點佔 Stack {} bytes", mem::size_of_val(&point));
println!(" 矩形佔 Stack {} bytes", mem::size_of_val(&rectangle));
println!("Boxed 原點佔 Heap {} bytes", mem::size_of_val(&boxed_point));
println!("Boxed 矩形佔 Heap {} bytes",
        mem::size_of_val(&boxed_rectangle));
println!(" 雙 Box 原點佔 Heap {} bytes",
        mem::size_of_val(&box_in_a_box));
```

```
// deref：解除裝箱
let unboxed_point: Point = *boxed_point;
println!("Unboxed 原點佔 Stack {} bytes",
         mem::size_of_val(&unboxed_point));
```

7. 執行結果：Boxed 都佔 8 bytes，因為他們都是指標。

原點佔 Stack 16 bytes

矩形佔 Stack 32 bytes

Boxed 原點佔 Heap 8 bytes

Boxed 矩形佔 Heap 8 bytes

Unboxed 原點佔 Stack 16 bytes

8. Box 可以包覆另一個 Box。

```
// 雙 Box
let box_in_a_box: Box<Box<Point>> = Box::new(boxed_origin());
```

9. 執行結果：雙 Box 原點也是佔 Heap 8 bytes。

10. 像 JSON 表達式的 Box：如下圖，外層 Box 包整數，內層 Box 包覆另一種資料型別。

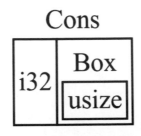

▲ 圖六 像 JSON 表達式的 Box

```
struct Cons {
    i: i32,
```

```
    b: Box<usize>
}
// Box in a Box
let con1 = Cons{i:2, b:Box::new(3)};
let box_in_a_box:Box<Cons> = Box::new(con1);
println!(" 像 JSON 表達式的 Box 佔 Heap {} bytes",
         mem::size_of_val(&box_in_a_box));
```

11. 執行結果：像 JSON 表達式的 Box 佔 Heap 8 bytes。

12. 解除裝箱 (deref)：利用 * 可取得箱內的值。

```
let unboxed_point: Point = *boxed_point;
println!("Unboxed 原點佔 Stack {} bytes",
         mem::size_of_val(&unboxed_point));
```

13. 執行結果：Unboxed 原點佔 Stack 16 bytes，因為 Point 結構內的 x、y 都是 64 位元，各佔 8 bytes，合計 16 bytes。

範例 3. 遞迴 Box 測試，利用 Box in box，可以造成遞迴的效果，程式放在 src\ch03\box_recursive_test 資料夾。

1. 引入 Cons 及 Nil，其中 Cons 是 Linked list 的結構，第 1 個參數是值，第 2 個參數連結下一個節點 (node)，而 Nil 表示空的節點，Linked list 最後一個節點是 Nil，表示已無下一個節點。

```
use crate::List::{Cons, Nil};
```

2. 定義遞迴的 Linked list。

```
#[derive(Debug)]
enum List {
    Cons(i32, Box<List>),
    Nil,
}
```

3. 測試。

```
let list1 = Cons(1, Box::new(Cons(2, Box::new(Nil))));
println!("{:?}", list1);

let list2 = Cons(1, Box::new(Cons(2, Box::new(Cons(3, Box::new(Nil))))));
println!("{:?}", list2);
```

4. 執行結果：可以擁有無限個節點，只要幾行程式就可實現 Linked list。

```
Cons(1, Cons(2, Nil))
Cons(1, Cons(2, Cons(3, Nil)))
```

3-7-4 自行解除參考

不管是原始指標或智慧指標，要解除參考 (Dereference)，以【*】即可取得參考的變數值，程式如下：

```
fn main() {
    let x = 5;
        // 原始指標
    let y = &x;
    assert_eq!(5, *y);
        // 智慧指標
    let y = Box::new(x);
    assert_eq!(5, *y);
}
```

但資料型別必須實作 Deref 方法，才能以【*】取得變數值，在標準函數庫 (std) 中定義的各種資料型別幾乎都有實作 Deref 方法，Rust 也會在必要時實施【強制解除參考】(Deref coercion) 或稱【自動解除參考】，將 &String 轉換成 &str，或 Vec 轉換成陣列 ([])，這樣作可讓程式設計師少寫一些程式。

若遇到沒有實作 Deref 方法的資料型別，可以自行實作 Deref 方法。

範例 . 自訂智慧指標,程式放在 src\ch03\custom_box_test 資料夾。

1. 不使用 Deref,程式碼如下:

```
struct MyBox<T>(T);

impl<T> MyBox<T> {
    fn new(x: T) -> MyBox<T> {
        MyBox(x)
    }
}
```

2. 測試。

```
fn main() {
    let x = 5;
    let y = MyBox::new(x);

    assert_eq!(5, x);
    assert_eq!(5, *y);
}
```

3. 執行結果:MyBox<{integer}> 不能被解除參考,訊息如下。

```
type `MyBox<{integer}>` cannot be dereferenced
```

4. 必須在前面加上一段程式碼,實作解除參考 deref。

```
use std::ops::Deref;

impl<T> Deref for MyBox<T> {
    type Target = T;

    fn deref(&self) -> &Self::Target {
        &self.0
    }
}
```

- deref 函數會在 *y 時自動被呼叫,*y 會造成 Rust 實際執行 *(y.deref())。

- &self.0 會取得 MyBox 的 new 第一個參數。

另外，Rust 會記錄變數被參考的數目，如果，被參考的數目為 0，且變數已超出有效範圍，變數即被回收，因此，我們可以利用 std::mem::drop 將某一參考刪除，程式碼如下：

```
use std::mem::drop;
fn main() {
    let x = 5;
    let y = Box::new(x); // y是x的參考

    drop(y);    // 刪除參考y
    println!("{}", x); // 不影響x
}
```

執行結果為 5，刪除參考 y，不影響 x，可正常顯示 x。

3-7-5 Rc 智慧指標

通常一個變數值只會有一個擁有者，亦即只有一個變數可以操作它，但有時候會需要有多個擁有者，例如計數器，多個執行緒共同維護計數器的數值，但在一瞬間還是只能有一個擁有者可以行使所有權，例如，圖學 (Graph theory)，多個邊 (Edge) 會指向同個節點 (Node)，要刪除節點，需所有指向它的邊都轉向或刪除了才允許，否則，會產生無目的地 (target) 的邊。在 Rust，Rc(Reference Counting) 智慧指標提供共享的所有權 (Shared ownership)，Rc 會記錄參考的個數，最後一個參考用完後，記憶體會自動被回收。

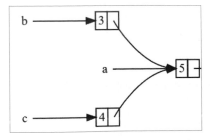

▲ 圖七 多個擁有者指向同一個變數值

【The Rust Programming Language】的【15.4 Rc<T> 參考計數智慧指標】[18] 有一個很棒的舉例：

想像 Rc<T> 是個在客廳裡的電視，當有人進入客廳要看電視時，它們就會打開它。其他人也能進來觀看電視。當最後一個人離開客廳時，它們會關掉電視，因為沒有任何人會再看了。如果當其他人還在看電視時，有人關掉了它，其他在看電視的人肯定會生氣。

範例 1. Rc 測試，程式放在 src\ch03\rc_test 資料夾。

1. 宣告一個 Rc 指標指向 5，並使用 Rc::strong_count 取得累計的參考計數 (Reference counter)。

```
let a = Rc::new(5);
println!("建立 a 後的計數 = {}", Rc::strong_count(&a));
```

2. 執行結果 =1，表示只有一個 Rc 指標指向 5，即 a。

3. 再宣告一個 Rc 指標 b，執行結果 =2，累計的參考計數為 2。

```
let b = Rc::clone(&a);
println!("建立 b 後的計數 = {}", Rc::strong_count(&a));
```

4. 再宣告一個 Rc 指標 c，但是使用 {} 包覆，{} 內的程式碼代表一個範圍 (scope)，跳出 {}，所有內部宣告的變數會被銷毀，故累計的參考計數 =3，但跳出 {}，累計的參考計數會減 1。

```
{
let c = Rc::clone(&a);
println!("建立 c 後的計數 = {}", Rc::strong_count(&a));
}
```

5. 使用另一種表示法 a.clone()，與 Rc::clone(&a) 同義，累計的參考計數加一，會等於 3。

```
let d = a.clone();
println!("建立 d 後的計數 = {}", Rc::strong_count(&a));
```

Rc 並不保證執行緒安全 (Thread safe)，Rust 額外提供 Arc(Atomic Rc) 保證資料在執行緒間可以安全的共享。

範例 2. Rc 與 Arc 測試，程式放在 src\ch03\arc_test 資料夾。

1. 定義一個函數，讓 s 在執行緒間共享。

```
fn rc_test() {
    let s = Rc::new(String::from("test"));
    for _ in 0..10 {
      let s = Rc::clone(&s);
      let handle = thread::spawn(move || {
          println!("{}", s)
              });
              handle.join().unwrap();
      }
}
```

2. 測試：

```
fn main() {
    rc_test();
}
```

3. 執行結果：Rc 指標不能在執行緒間共享，除非實現 Send trait(特徵)，後面
   章節會討論 Trait。

```
`Rc<String>` cannot be shared between threads safely
```

4. 改用 Arc。

```
fn arc_test() {
    let s = Arc::new(String::from("test"));
    for _ in 0..10 {
      let s = Arc::clone(&s);
      let handle = thread::spawn(move || {
          println!("{}", s)
          });
```

```
        handle.join().unwrap();
    }
}
```

5. 測試：

```
fn main() {
    arc_test();
}
```

6. 執行結果：出現 10 個 test。

3-7-6 RefCell 智慧指標

Box 只允許一個參考，Rc 允許多個參考，但都只允許一個可變 (mutable) 參考，即同時間只有一個指標可以存取變數值，如果違反規則，編譯時就會發生錯誤，例如：

```
fn main() {
    let x = 5;
    let y = &mut x; // 錯誤：cannot borrow as mutable
}
```

原來 x 是不可變 (immutable) 的，要透過指標改成可變的，是不允許的。但某些情況下還是想要能夠有個方法改變數值，這時可以使用 RefCell<T> 指標來達成。

範例 . RefCell 測試，程式放在 src\ch03\refcell_test 資料夾。

1. 宣告一個結構 Vertex，其中 connection1 是連結另一個 Vertex。

```
struct Vertex {
  value: i32,
  connection1: Option<Rc<RefCell<Vertex>>>,
}
```

2. 宣告一個指標 a，value 設為 1。

```
let a = RefCell::new(Vertex {
  value: 1,
  connection1: None,
    });
println!("{}", a.borrow().value);
```

3. 執行結果 =1，需使用 borrow() 借用所有權才能讀取結構成員。

4. 宣告一個指標 b，value 設為 2，再宣告一個指標 c，value 設為 3。

```
let b = Rc::new(RefCell::new(Vertex {
  value: 2,
  connection1: None,
    }));

let c = Rc::new(RefCell::new(Vertex {
  value: 3,
  connection1: None,
}));
```

5. 使用 borrow_mut() 借用所有權，並可修改結構成員值。以下程式碼將 a 的
   connection1 指向 b，並顯示 a.connection1.value，即 b 的 value。

```
a.borrow_mut().connection1 = Some(Rc::clone(&b));
println!("{}", a.borrow().value);
println!("{}",
    a.borrow().connection1.clone().expect("REASON").borrow().value);
```

6. 執行結果 =2，即 b 的 value 無誤，需使用 borrow() 借用所有權才能讀取結構
   成員 connection1，再使用 clone().expect("REASON").borrow() 才能讀取結構
   成員 value。其中 expect 為例外處理，該行程式有錯，會出現 expect 內的錯
   誤訊息，後續會詳細討論。

3-7-7 小結

指標 (pointer) 與參考 (Reference) 是 C 語言最複雜難懂的觀念，尤其是多個 * 連接在一起的時候，更是傷透腦筋，目前 Rust 採用新的設計觀念，已經不需要那麼複雜了，Rust 同時提供原始指標及智慧指標，原始指標類似傳統 C 語言的指標，一般情形建議使用智慧指標，尤其是 Box，若是多執行緒或非同步，才會採用 Rc pointer，如要修改成員，會採用 RefCell pointer。

後面實作會用到更多智慧指標，我們到時再研究，以免還沒跨過門檻就知難而退了。

3-8 複合資料型別

假設要記錄 1000 個數值，我們不太可能宣告 1000 個變數儲存，而會只以一個變數代表，再使用索引值存取變數中的元素 (element)，這種儲存多個值的資料結構就稱為複合資料型別 (Compound types)，Rust 提供以下基本型別：

1. Tuple：與 Python 一樣，是唯讀變數，元素個數固定，不可增減，可混雜不同資料型態的元素。

2. Array：可讀寫，所有元素的資料型態必須相同。

3. Enum：枚舉型別，定義一個變數的所有可能的數值，他們之間的關係是【或】(or)。

4. Struct：結構，將多個變數集合在一起，給予一個統稱。

標準函數庫 (std) 還訂定更多的資料型別，例如 Vec、VecDeque、Linked-List、HashMap、BTreeMap…等，可參閱【std::collections】[19]。

3-8-1 Tuple

與 Python 一樣，使用 () 包覆元素，通常用於定義一系列數值或字串。

範例. Tuple 測試，程式放在 src\ch03\tuple_test 資料夾。

1. 混雜不同資料型態的元素：

```
let tup: (i32, f64, u8) = (500, 6.4, 1);
```

2. 解構 (destructuring)：一個 Tuple 指派給多個變數，每個變數按順序對應一個元素，即 x = 500, y = 6.4, z = 1。

```
let (x, y, z) = tup;
println!("The value of y is: {y}");
```

3. 讀取 Tuple 元素：使用【.<index>】讀取索引值對應的元素。

```
let five_hundred = tup.0;
println!("The value of five_hundred is: {five_hundred}");
```

3-8-2 陣列 (Array)

與 Python List 一樣，使用 [] 包覆元素，所有元素的資料型態必須相同，運算就不必逐一檢查每個元素的資料型態，可加快運算速度。

範例 1. 陣列 (Array) 測試，程式放在 src\ch03\array_test 資料夾。

1. 陣列宣告：使用 [< 資料型別 >;< 長度 >]，當然也可以。

```
let x = [1, 2, 3, 4, 5]; // 自動偵測資料型態
println!("{x:?}");
let x:[i32; 5] = [1, 2, 3, 4, 5];
println!("{x:?}");
```

2. 執行結果：[1, 2, 3, 4, 5]，顯示必須加 :?，預設 formatter 不支援 Array。

3. 重複元素：使用 [< 數值 >;< 長度 >]。。

```
let x2 = [3; 5];  // 重複 5 個 3
println!("{x2:?}");
```

4. 執行結果： [3, 3, 3, 3, 3]。

5. 存取單一元素：與 Python List 一樣，使用 []。

```
let first = x[0];
let second = x[1];
println!("{first}, {second}");
```

6. 執行結果： 1, 2。

7. 修改單一元素：之前存取單一元素是複製元素值，而非記錄位址。

```
let mut x = [1, 2, 3, 4, 5];
let second = x[1];
x[1] = 100;
println!("{x:?}");
println!("second:{second}");
```

8. 執行結果：second 變數先取得元素值，後面陣列內容修改，不會影響 second 變數值。

```
[1, 100, 3, 4, 5]
second:2
```

9. 存取部分範圍元素：必須加【&】，取得陣列位址，範圍語法與字串相同。

```
let x = [1, 2, 3, 4, 5];
let a = &x[1..3];
println!("{a:?}");
```

10.執行結果：[2, 3]。

11.修改部分範圍元素：雖然加【&】，本質上是複製元素值，故修改新變數 b，不會影響 x 變數值。

```
let x = [1, 2, 3, 4, 5];
let mut b = &x[1..3];
b=&[100];
println!(" 修改部分範圍元素:{x:?}, {b:?}");
```

12. 執行結果： x=[1, 2, 3, 4, 5], b=[100]。

範例 2. 陣列參數傳遞，程式修改自【Tutorialspoint Rust - Array】[20]，程式放在 src\ch03\pass_by_value 資料夾。

1. 以值傳遞 (Pass by value)：將參數值複製一份傳遞給函數，函數內更新陣列，不會影響函數外的陣列。

```
fn update(mut arr:[i32;3]){
   for i in 0..3 {
  arr[i] = 0;
   }
   println!("Inside update {:?}",arr);
}

fn main() {
   let arr = [10,20,30];
   update(arr); // Pass by value

   print!("Inside main {:?}",arr);
}
```

2. 執行結果：

```
Inside update [0, 0, 0]// 函數內的陣列值
Inside main [10, 20, 30]  // 函數外的陣列值
```

3. 以參考或址傳遞 (Pass by reference)：將參數的位址傳遞給函數，函數內更新會影響函數外的陣列，參數傳遞與接收都加【&】。程式放在 src\ch03\pass_by_reference 資料夾。

```
fn update(arr:&mut [i32;3]){  // 加 &
   for i in 0..3 {
     arr[i] = 0;
     }
   println!("Inside update {:?}",arr);
}
```

```
fn main() {
    let mut arr = [10,20,30];
    update(&mut arr); // 加 &
    print!("Inside main {:?}",arr);
}
```

4. 執行結果：

```
Inside update [0, 0, 0]  // 函數內的陣列值
Inside main [0, 0, 0]    // 函數外的陣列值
```

Array 相關操作可參閱【Rust array 文件說明】[21]，包括 Copy、Clone、PartialEq (部分等於)…。

另外標準函數庫 (std) 提供向量 (Vector) 資料類別 Vec，屬於動態陣列，可增減元素、插入、排序、反轉…等，可詳閱【Struct std::vec::Vec】[22]、【Rust: Vectors Explained】[23]。

範例 3. Vec 簡單測試，程式放在 src\ch03\vector_test 資料夾。

1. 使用 Vec::new() 建立空的陣列 (vector)。

```
let mut numbers: Vec<i32> = Vec::new();
```

也可以使用

```
let mut numbers = vec![1, 2, 3]; // vec! 為巨集 (Macro)
```

2. 推入 3 個元素 [1,2,3]，即新增元素。

```
numbers.push(1);
numbers.push(2);
numbers.push(3);
```

3. 顯示 vector 內容及長度：

```
println!("Numbers: {:?}", numbers);
println!("Length: {}", numbers.len());
```

4. 執行結果：Numbers: [1, 2, 3]、Length: 3。

5. 依據索引值讀取元素：

```
println!("Third number: {}", numbers[2]);
```

6. 執行結果：3。

7. 依據索引值修改元素：

```
numbers[1] = 4;
println!("Numbers: {:?}", numbers);
```

8. 使用迴圈讀取每一個元素：

```
for i in &numbers {
println!("{}", i);
}
```

9. 取出最上面 (後面) 的元素：

```
numbers.pop();
println!("Numbers: {:?}", numbers);
```

10.執行結果：[1, 4]。

範例 4. Vec 插入 / 刪除元素、排序、反轉，程式放在 src\ch03\vector_test2 資料夾。

1. 建立測試資料。

```
let mut names = vec!["Alice", "Bob", "Charlie"];
```

2. 插入元素：在索引值 0 之前插入元素，執行結果：["Eve", "Alice", "Bob", "Charlie"]。

```
names.insert(0, "Eve");
println!("Names: {:?}", names);
```

3. 依據索引值刪除元素，執行結果：["Eve", "Bob", "Charlie"]。

```
names.remove(1);
println!("Names: {:?}", names);
```

4. 升冪排序，執行結果：["Bob", "Charlie", "Eve"]。

```
names.sort();
println!("Names: {:?}", names);
```

5. 降冪排序：使用匿名函數。匿名函數後續會詳細介紹。

```
names.sort_by(|a, b| b.cmp(a)); // 前、後元素比較，大者排前面
println!("Names: {:?}", names);
```

6. 執行結果：["Eve", "Charlie", "Bob"]。

7. 反轉：執行結果為 ["Bob", "Charlie", "Eve"]。

```
names.reverse();
println!("Names: {:?}", names);
```

8. 依字串長度排序：使用匿名函數，執行結果為 ["Bob", "Alice", "Charlie"]。

```
let mut arr = vec!["Alice", "Bob", "Charlie"];
arr.sort_by_key(|s| s.len()); // 依字串長度排序
println!("sort_by_key: {:?}", arr);
```

9. 依數值的絕對值排序：使用匿名函數，執行結果為 [0, -1, -2, 3]。

```
let mut arr = [-2i32, -1, 0, 3];
arr.sort_by_key(|n| n.abs()); // 取絕對值
println!("sort_by_key: {:?}", arr);
```

10. 保留額外空間，原來只有 3 個，額外保留 10 個，執行後容量變成 13 個：

```
names.reserve(10); // 額外保留 10 個容量
println!("Capacity: {}", names.capacity());
println!("Length: {}", names.len());

println!("Size: {}", size_of_val(&names));
```

11. 執行結果：

```
capacity：陣列容量為 13 個。
len：元素個數為 3。
size_of_val：陣列佔的記憶體為 24 bytes，每個位址佔 8 bytes，共 3 個。
```

範例 5. Vec 篩選，程式放在 src\ch03\vec_test3 資料夾。

1. 取得特定元素。

```
let vec = vec!["john", "mary", "helen", "tom", "michael"];
let vec2 = vec.get(2); // 第 2 個元素
println!("{:?}", vec2.unwrap());
let vec2 = vec.get(16); // 第 16 個元素
println!("{:?}", vec2);
let vec2 = vec.first(); // 第 1 個元素
println!("{:?}", vec2.unwrap());
let vec2 = vec.last(); // 最後 1 個元素
println!("{:?}", vec2.unwrap());
```

2. skip + take：先跳過 n 個元素，再取 m 個，執行結果："mary"、"helen"。

```
let vec = vec!["john", "mary", "helen", "tom", "michael"];
let vec2 = vec.into_iter().skip(1).take(2);
for i in vec2 { println!("{}", i); }
```

3. 是否包含特定元素：使用 contains，有包含則回傳 true，參數需使用【&】開頭。

```rust
let vec = vec![1, 2, 3, 4, 5];
let vec2 = vec.contains(&3);
println!("{}", vec2);
```

4. contains 的字串測試。

```rust
let vec = vec!["john", "mary", "helen", "tom", "michael"];
let vec2 = vec.contains(&"mary");
println!("{}", vec2);
```

5. 重複 (repeat)：以下重複所有元素 2 次，執行結果：[1, 2, 3, 1, 2, 3]。

```rust
let mut vec = vec![1, 2, 3];
let vec2 = vec.repeat(2);
println!("{:?}", vec2);
```

6. 切割陣列 (split_at)，設定切割點，執行結果：[1, 2], [3, 4, 5]。

```rust
let vec = vec![1, 2, 3, 4, 5];
let (left, right) = vec.split_at(2); // 從第 3 個元素切割
println!("{:?}, {:?}", left, right);
```

7. 連接陣列元素 (concat)，執行結果："hello world"。

```rust
let vec = vec!["hello", " ", "world"];
let vec2 = vec.concat();
println!("{:?}", vec2);
```

8. 連接陣列中的子陣列，扁平化 (Flatten) 為一維。

```rust
let vec = vec![[1, 2], [3, 4]];
let vec2 = vec.concat();
println!("{:?}", vec2);
```

9. 執行結果：[1, 2, 3, 4]。

文件中還有更多的函數，有些需加標註，例如 #![feature(slice_group_by)]，表示穩定版本 (Stable) 尚未提供，我們就先不討論了，看到文件中還有那麼多待升級的功能，對 Rust 的期待就更大了。

範例 6. 利用陣列製作簡單小遊戲，輸入索引值取出對應的元素 (月份)，程式放在 src\ch03\array_game 資料夾。

1. 引用 io 模組，允許使用者輸入。

```
use std::io;
```

2. 宣告月份名稱陣列。

```
let months = ["January", "February", "March", "April", "May", "June", "July",
         "August", "September", "October", "November", "December"];
```

3. 讓使用者輸入索引值：從螢幕輸入一律是字串，expect 是例外處理，可設定
   錯誤訊息，months.len() 是陣列長度。

```
println!(" 輸入索引值 :1~{}", months.len());
let mut index = String::new();
io::stdin()
    .read_line(&mut index) // 讓使用者輸入索引值 :
    .expect("Failed to read line");
```

4. 解析輸入值，先去輸入值除首尾空白 (trim)，將字串轉數值 (parse)。

```
let index: usize = index
    .trim()  // 去除首尾空白
    .parse() // 解析，將字串轉數值
    .expect(" 輸入不是數字 ."); // 例外處理
```

5. 依據輸入的索引值取出對應的元素 (月份)。

```
let element = months[index-1];
println!(" 索引 {index}: {element}");
```

這是第一個具體而微的應用程式，相關處理及檢查都有作到，讀到這裡，應該慶祝一下，我們已經通過第一道關卡了。

3-8-3 枚舉型別 (Enum)

枚舉型別 (Enum) 用於列舉變數所有的可能值，通常是類別變數 (Categorical variable)，例如午餐便當，有【雞腿】、【排骨】或【鮮魚】三種，以枚舉型別定義如下：

```
enum Lunch{
    Chicken,
    Pork,
    Fish
}
```

使用枚舉的好處是避免在程式中使用代號，例如 1/2/3，使用代號會造成程式碼難以閱讀，而且一旦代號需要重新調整，就要更改每一處使用到的地方，會非常麻煩，Rust 還額外提供以下功能：

1. 每個值可對應不同資料型別，不像其他程式語言，預設為 0/1/2/3…等整數。

2. 可使用 match 比對符合哪一種值、資料型別或結構 (struct)。

範例 1. 枚舉型別測試，程式放在 src\ch03\enum_test 資料夾。

1. 定義枚舉型別：枚舉型別預設是無法顯示的，必須加 #[derive(Debug)]。

```
#[derive(Debug)]
enum Lunch{
    Chicken,
    Pork,
    Fish
    }
```

2. 指定枚舉值，須以【雙冒號】作為分隔符號。

```
let food = Lunch::Pork;
println!(" {:?}", food);
```

3. 執行結果：直接顯示 Pork，不是索引值 1。

4. 指定枚舉對應的數值： Cat、Dog、Tiger 分別代表 1、2、3。

```
#[derive(Debug)]
enum Animal{
    Cat = 1,
    Dog = 2,
    Tiger = 3
}
```

5. 取得枚舉值，須轉型 as isize，執行結果：2。

```
let val = Animal::Dog as isize;
println!("{:?}", val);
```

6. 也可以指定枚舉對應的是資料類別。

```
enum Number {
    Int(i32),
    Float(f32),
}
```

7. 指定類別的參數 =10。

```
let n: Number = Number::Int(10);
```

8. 比對並顯示數值：注意要加【&】，以下是比對資料型別，不是數值。

```
match &n {
    &Number::Int(value) => println!("Integer {}", value),
    &Number::Float(value) => println!("Float {}", value),
}
```

範例 2. 以網頁操作發生的事件為例，將枚舉型別對應不同的型別，程式放在 src\ch03\enum_test2 資料夾。

1. 定義枚舉型別：對應不同的類別，分別是網頁載入 (Page Load)、網頁卸載 (Page Unload)、輸入字元 (Key Press)、貼上 (Paste) 與點選 (Click) 事件，每個事件的參數型態與個數均不同。

```
enum WebEvent {
    PageLoad,
    PageUnload,
    KeyPress(char),
    Paste(String),
    // struct
    Click { x: i64, y: i64 },
}
```

2. 定義上述事件的處理函數。

```
fn inspect(event: WebEvent) {
    match event {
        WebEvent::PageLoad => println!("page loaded"),
        WebEvent::PageUnload => println!("page unloaded"),
        // Destructure `c` from inside the `enum` variant.
        WebEvent::KeyPress(c) => println!("pressed '{}'.", c),
        WebEvent::Paste(s) => println!("pasted \"{}\".", s),
        // Destructure `Click` into `x` and `y`.
        WebEvent::Click { x, y } => {
          println!("clicked at x={}, y={}.", x, y);
        },
    }
}
```

3. 測試。

```
// 指定類別的參數值
let pressed = WebEvent::KeyPress('x');
let pasted  = WebEvent::Paste("my text".to_string());
let click   = WebEvent::Click { x: 20, y: 80 };
let load= WebEvent::PageLoad;
let unload  = WebEvent::PageUnload;
```

```
// 觸發事件
inspect(pressed);
inspect(pasted);
inspect(click);
inspect(load);
inspect(unload);
```

4. 執行結果：透過比對 (match)，可以觸發各自對應的事件。

```
pressed 'x'.
pasted "my text".
clicked at x=20, y=80.
page loaded
page unloaded
```

這個範例是一個典型的事件處理或命令集 (Command set) 的程式框架，可以應用在許多事件導向 (Event driven) 的系統，例如交換機系統，事件包括電話接聽、掛掉、轉接、等候…等。

3-8-4 結構 (Struct)

有時候會希望將多個變數統合在一起，例如要建立一個類別 Person，內容包括姓名、性別及年齡…，這時就可以使用【結構】(Struct)，以下我們看一個完整的範例。

範例 1. Struct 的宣告與存取，程式放在 src\ch03\struct_test 資料夾。

1. Struct 宣告如下：

```
struct Person {
    name: String,
    gender: char,
    age: u8
}
```

2. 建立一個 Person 資料型別的物件 michael。

```
let michael = Person {
```

```
    name: " 小明 ".to_string(),
    gender: ' 男 ',
    age: 25
};
```

3. 另一種新增物件的寫法：

```
let name = " 小美 ".to_string();
let gender = ' 女 ';
let age = 18;
let mary = Person {
    name,
    gender,
    age
};
```

4. 如果物件缺少成員，會出現錯誤，例如：

```
let michael = Person {
    name: " 小明 ".to_string(),
    age: 25
        };
```

錯誤訊息：missing `gender`。

5. 顯示物件，需要在 struct 前面加 #[derive(Debug)]，否則會有錯誤。

```
println!("{michael:?}");
```

6. 執行結果：Person { name: " 小明 ", gender: ' 男 ', age: 25 }。

7. 如果物件成員後續要能修改，必須加 mut。

```
let mut michael = Person {
```

8. 成員修改方式如下：

```
michael.age = 18;
```

9. 定義類別方法 (Method)：方法通常代表類別的行為、功能或職責，self 代表
物件本身，每個方法第一個參數都是物件本身，呼叫方法會由系統自動填入。

```
impl Person {
    fn greeting(&self) {
        println!("嗨，我是 {}", self.name);
    }
}
```

10. 呼叫物件的方法 (Method)：第一個參數都是物件本身，呼叫方法會由系統自
動填入，不必程式設定。

```
michael.greeting();
```

11. 執行結果：【嗨, 我是小明】。

範例 2. 靜態 (Static) 方法是屬於 struct，而非物件。程式放在 src\ch03\struct_
test2 資料夾。

1. origin、new 屬於靜態方法：不帶 &self 參數。

```
#[derive(Debug)]
struct Point {
    x: f64,
    y: f64,
}

// 方法
impl Point {
    // 原點
    fn origin() -> Point {
      Point { x: 0.0, y: 0.0 }
      }

    // 給定初始值
    fn new(x: f64, y: f64) -> Point {
      Point { x: x, y: y }
```

```
        }
}
```

2. 類別內可以包含子類別,例如矩形 (Rectangle) 類別含有兩個點 (Point) 子類別。

```
struct Rectangle {
    p1: Point, // 左上角座標
    p2: Point, // 右下角座標
}

impl Rectangle {
fn area(&self) -> f64 {
    let Point { x: x1, y: y1 } = self.p1;
    let Point { x: x2, y: y2 } = self.p2;

    // 面積
    ((x1 - x2) * (y1 - y2)).abs()
    }

// 週長
fn perimeter(&self) -> f64 {
    let Point { x: x1, y: y1 } = self.p1;
    let Point { x: x2, y: y2 } = self.p2;

    2.0 * ((x1 - x2).abs() + (y1 - y2).abs())
    }

// 平移
fn translate(&mut self, x: f64, y: f64) {
    self.p1.x += x;
    self.p2.x += x;

    self.p1.y += y;
    self.p2.y += y;
    }
}
```

3. 新增一個物件，屬於 Rectangle 資料型別。

```
let mut rectangle = Rectangle {
    // Associated functions are called using double colons
    p1: Point::origin(),
    p2: Point::new(3.0, 4.0),
    };
```

4. 呼叫方法，顯示週長、面積以及平移。

```
println!("週長 : {}", rectangle.perimeter());
println!("面積 : {}", rectangle.area());

// 平移
rectangle.translate(1.0, 1.0);
println!("{:?}", rectangle);
```

範例 3. struct 其他技巧測試，程式碼修改自【Rust 程式語言】[24] 的【5.11 結構體】，程式放在 src\ch03\struct_test3 資料夾。

1. struct 中的成員不可以帶有 mut，例如：

```
struct Point {
    mut x: i32,
    y: i32,
    }
```

2. 如果要能被修改，必須在宣告物件時，將整個物件設定為 mut，例如：

```
let mut p1 = Point {
    x: 1,
    y: 2,
}
```

3. 或者可以使用【&】記錄成員的位址，例如：

```
struct PointRef<'a> {
    x: &'a mut i32,
    y: i32,
}
```

4. PointRef、x 都必須加標籤【'a】，註明生命週期，否則會出現【missing lifetime specifier】錯誤。

5. 使用方法：

```
let r = PointRef { x: &mut p1.x, y: p1.y };
*r.x = 5; // 修改 p1.x
println!("{:?}", r);
```

6. 執行結果：PointRef { x: 5, y: 2 }。

7. 上述指令其實是修改位址指到的 p1.x，顯示 p1.x 也是 5。

```
println!("{}", p1.x);
```

8. 宣告一個物件 p2，其中成員的值可以來自另一個物件 p1。

```
let p1 = Point3d {
    x: 1,
    y: 2,
    z: 3,
    };

let p2 = Point3d {
    x: 10,
        .. p1
    };
println!("{:?}", p2);
```

9. 【.. p1】代表 p2 未指定的成員一律複製 p1 的值。注意，後面不可以有逗點，因為它必須是最後的指定，才能確定要複製那些成員。

10. 也可以指定單一成員複製。

```
let mut p3 = Point3d {
    x: 15,
    y: p1.y,
    z: p1.z,
```

```
};
println!("{:?}", p3);

let mut p3 = Point3d {
    x: 15,
    y: p1.y,
    z: p1.z,
};
println!("{:?}", p3);
```

11. 執行結果：Point3d { x: 15, y: 2, z: 3 }。

12. 修改 p3，並不會影響 p1。

```
p3.y = 5;
println!("{:?}", p1);
```

範例 4. tuple struct 是 tuple、struct 的混合體，以下示範 tuple struct 使用技巧，程式碼修改自【Rust 程式語言】的【5.11 結構體】，程式放在 src\ch03\struct_test4 資料夾。

1. 前面範例的 struct 中成員都帶有名稱，例如：

```
struct Color1 {
    red: i32,
    blue: i32,
    green: i32,
}
```

2. 使用 tuple struct，可省略成員名稱。

```
struct Color2(i32, i32, i32);
```

3. 產生物件。

```
let mut white = Color2(255, 255, 255);
println!("{:?}", white);
```

4. 執行結果：Color2(255, 255, 255)。

5. 修改 white。

```
white.0 = 254;
println!("{:?}", white);
```

6. 執行結果：Color2(254, 255, 255)。

7. 還有一種 newtype，struct 只有一個成員，可以把成員值複製給一普通變數。

```
// newtype：只有一個成員
struct Inches(i32);
let length = Inches(10);

let Inches(integer_length) = length; // 把 10 賦值給 integer_length
println!("length is {} inches", integer_length);
```

8. 執行結果：length is 10 inches，普通變數 integer_length = length 的成員值。

9. struct 也可以沒有成員，但好像沒甚麼用處，就不談了。

透過以上 4 個範例，可以初步體驗到物件導向 (OOP) 的觀念，後續還會介紹 trait，相當於其他程式語言的【介面】(Interface)，可以發揮物件導向的特點。

3-9 特殊資料型別

Rust 還支援一些特殊資料型別，常見的包括：

1. None：遺失值 (Missing value)。

2. Some：內含泛型 (Generics) 的值，但不可以是 Missing value。

3. Option：選擇性變數，可以含值，也可以是 Missing value。

4. Result：函數回傳值處理。

某些變數不指派任何值就稱為 Missing value，例如，我們執行一項問卷調查時，有些敏感的題目，例如年薪，會被拒答，欄位值就應留白，而非填 0，Rust 以 None 表示 Missing value。

另外一種欄位是可以填任何資料型別的值，但不可以是 Missing value，例如必填的題目，Rust 以 Some<T> 表示。

Option 則是可以填任何資料型別的值或 Missing value，原始定義如下：

```
pub enum Option<T> {
    None,
    Some(T),
}
```

例如程式自資料庫中查詢一筆資料，有可能查不到，這時，Rust 就會傳回 None，反之，查到資料，就會回傳一個物件，這種狀況就適合以 Option 型別表示。

範例 1 Option/Some/None 的測試，程式碼修改自【Easy Rust】的【32. Option and Result】，程式放在 src\ch03\option_test 資料夾。。

1. 以索引值存取陣列元素，若索引值大於或等於陣列長度，系統會回傳 None，例如存取索引值為 4 的元素，若陣列不足 5 個元素，會回傳 None，實作下列函數，Rust 函數不須寫 return，最後執行的指令，若有輸出，會自動回傳給呼叫者，當然加 return 也沒問題，注意，回傳指令結尾不要加【;】。

```
fn take_fifth(value: Vec<i32>) -> Option<i32> {
    if value.len() < 5 {
        None
    } else {
        Some(value[4]) // 回傳的資料型態為 Option，必須以 Some 包覆
    }
}
```

2. 測試：定義 2 個陣列，short_vec 不足 5 個元素，long_vec 則有 5 個元素。

```
let short_vec = vec![1, 2]; // 較短的陣列
let long_vec = vec![1, 2, 3, 4, 5];  // 較長的陣列
println!("{:?}, {:?}", take_fifth(short_vec), take_fifth(long_vec));
```

3. 執行結果：None, Some(5)。

4. 可使用 is_some() 檢查是否有值，is_none() 檢查是否為 None。

```
let (x1, x2) = (take_fifth(short_vec), take_fifth(long_vec));
println!("is_some：{:?}, {:?}", x1.is_some(), x2.is_some());
println!("is_none：{:?}, {:?}", x1.is_none(), x2.is_none());
```

5. 執行結果：

```
is_some：false, true
is_none：true, false
```

6. 將 Option<i32> 轉換為 i32，因可能不足 5 個元素，故要檢查，若無檢查，編譯會出現錯誤，這是 Rust 編譯器強大之處，它可以剖析出潛在的錯誤。

```
let mut x:i32=0;
match x1 {
  Some(number) => x = Some(number+1).unwrap(),
  None => println!("Found a None!"),
    }
println!("x1：{:?}", x);
```

7. 執行結果：Found a None!。

8. x2 就不用檢查，直接使用 unwrap 轉換為 i32。

```
x = x2.unwrap();
println!("x2：{:?}", x);
```

最後再看 Result 資料型別，它用於函數回傳值處理，與 Option 類似，也是枚舉型別：

```
enum Result<T, E> {
    Ok(T),
    Err(E),
}
```

第一個參數為執行成功 (OK) 時的回傳值型別 (T)，第二個參數為執行失敗 (Err)
時的回傳值型別 (E)。

範例 2. Result 測試，程式放在 src\ch03\result_test 資料夾。。

1. 將範例 1 函數改為回傳 Result，第一個參數為執行成功 (OK) 時的回傳值型別，
   第二個參數為執行失敗 (Err) 時的回傳值型別。

```
fn take_fifth(value: Vec<i32>) -> Result<i32, String> {
    if value.len() < 5 {
        return Err("Index out of boundary !".to_string())
    } else {
        return Ok(value[4])
    }
}
```

2. 呼叫 take_fifth 函數取索引值是 4 的元素，陣列不足 5 個元素，會回傳錯誤。

```
let short_vec = vec![1, 2]; // 較短的陣列
let result = take_fifth(short_vec);
println!("{:?}", result.clone().ok());
if result.is_err() {
    println!("{:?}", result.err())
}
```

- 第 3 行：result 要加【.clone()】，複製一份，因為，下面程式還要使用
  result，這涉及所有權的機制，後續章節再討論。

3. 可使用下列方式檢查回傳結果：

- 若陣列不足 5 個元素，會產生錯誤，result.clone().ok() 會回傳 None，而
  result.err() 回傳錯誤訊息。

- result.is_err() 可檢查是否回傳錯誤。

- result.is_ok() 可檢查是否回傳成功。

4. 也可使用 match 剖析：若陣列有 5 個元素，會回傳成功。

```
let long_vec = vec![1, 2, 3, 4, 5];  // 較長的陣列
let result = take_fifth(long_vec);
match result {
    Ok(v) => println!("value: {v:?}"),
    Err(e) => println!("錯誤訊息：{e:?}"),
}
```

5. 執行結果：回傳值 =5。

後續還有更多 Result 資料型別的探討，相關用法可參閱【std:: result:: Result】
說明 [25]。

3-10 各種資料型別轉換

Rust 提供非常多的資料型別，而且規定非常嚴格，就算同為整數的 i32 及 i64，
都不能運算，必須先轉換為同一資料型別，以下整理一些規則：

1. 數值資料型別轉換可以使用【as i32/f64/u8…】，注意，浮點數轉換為整數會
   無條件捨去，而非四捨五入。

2. 字串轉換為數值資料型別，使用 x.trim().parse().unwrap() 或 x.trim().parse::
   <i32>().unwrap()，其中，i32 可換為其他資料型別。

3. 數值轉換為字串資料型別，使用 x.to_string()。

4. char 轉換為數值資料型別，使用 x.to_digit(10).unwrap()，其中 10 表十進位。

5. 字串轉換為 bytes 資料型別，使用 x.as_bytes()。

6. bytes 轉換為字串資料型別，使用 String::from_utf8(x.to_vec()).unwrap()。

範例．各種資料型別轉換測試，程式放在 src\ch03\result_test 資料夾，可以使用【遊樂場】(Playground)[26] 測試。

1. 數值資料型別轉換。

```
let x1: i32 = 10;
let x2: f32 = 20.5;
let result = x1 + x2 as i32;
println!("{}", result);
```

2. 字串轉換為數值。

```
let x1: String = "10".to_string();
let x2: f32 = 20.5;
let result = x1.trim().parse::<f32>().unwrap() + x2;
println!("{}", result);
```

3. 數值轉換為字串。

```
let x1: f32 = 20.5;
let result = x1.to_string() + " 元 ";
println!("{}", result);
```

4. char 轉換為數值。

```
let x1 = '2';
let result = x1.to_digit(10).unwrap(); // 10 進位
println!("{}", result);
let x1 = 'f';
let result = x1.to_digit(16).unwrap(); // 16 進位
println!("{}", result);
```

5. 字串轉換為 bytes。

```
let x1 = " 中文 ";
println!("{:?}", x1.as_bytes());
```

6. 執行結果：[228, 184, 173, 230, 150, 135]，UTF-8 中文內碼每個字佔 3 個 bytes

7. bytes 轉換為字串資料型別：先利用 to_vec() 將 bytes 轉換為陣列 (vec)，再利用 String::from_utf8 轉換為字串。

```
let x2 = String::from_utf8(x1.as_bytes().to_vec()).unwrap();
println!("{}", x2);
```

8. 取得資料型別：定義一個函數取得資料型別。

```
fn print_type_of<T>(_: &T) -> &'static str {
    std::any::type_name::<T>()
}
```

9. 測試：執行結果寫在 println 後的註解。

```
let x1: f32 = 20.5;
println!("{:?}", print_type_of(&x1));  // "f32"

let x1 = " 中文 ";
println!("{:?}", print_type_of(&x1));    // "&str"

let x1:String = " 中文 ".to_string();
println!("{:?}", print_type_of(&x1));    // "alloc::string::String"

let x1:String = " 中文 ".to_string();
println!("{:?}", print_type_of(&x1.as_bytes()));  // "&[u8]"
```

3-11 資料型別別名 (Alias)

Rust 可以為各種資料型別取別名，例如：

```
type Qty = i32;
let x1: Qty = 10;
```

定義 Qty 為 i32 的別名，這有甚麼好處呢？

假設我們在開發一個中大型的應用系統，可以為所有數量欄位設定別名，例如 type Item_qty = i32，表商品數量均使用 i32 儲存，包括商品銷售量、採購量、退貨量、製造量、庫存量…，都使用別名定義資料型別，一旦發現 32 位元不足以儲存，可直接修改別名定義即可，例如：

```
type Qty = i64;
```

一個地方修改，所有的商品數量型別都一律變成 i64，非常方便，筆者曾目睹一個大型的 CRM 軟體，全部的欄位都以別名定義，不使用原生的資料型別。

3-12 本章小結

這一章我們介紹了 Rust 非常多的基礎資料型別，可以看到它定義非常嚴謹，有各種長度的整數 / 浮點數，可以精準定義變數所需的記憶體空間，另外，必須掌握所有權才可以存取變數值，做好記憶體管理，並確保平行處理或多執行緒時，程式不會違反資料共享原則，一切都是基於【安全】的最高原則，後續會針對所有權 (Owership) 及借用 (borrow) 進行更詳細的探討。

另外，筆者發現一個非常棒的 GitHub project，稱為 rustlings[27]，它提供許多小題目，每個題目都有錯誤，讓讀者除錯，以加強觀念理解與記憶，使用程序如下：

1. 在檔案總管輸路徑提示列入 cmd，開啟 DOS 視窗，執行下列指令：

```
git clone -b 5.6.1 --depth 1 https://github.com/rust-lang/rustlings
cd rustlings
cargo install --force --path .
```

2. 在 rustlings/exercises 資料夾下有標準答案，若無法完成除錯再觀看。

3. 再自 rustlings 下載專案檔，並解壓縮。

4. 監看作業批改：在 rustlings-main 資料夾下輸入 cmd，開啟 DOS 視窗，執行：

```
rustlings watch
```

5. 依照 rustlings/exercises 的子資料夾順序開始修改 Rust(*.rs) 檔，每改一個檔案並存檔，rustlings watch 都會自動編譯，並顯示是否修正成功。

6. 如果不知如何修改，也可以輸入 rustlings hint < 檔名，不含 .rs>，即可得到提示。

建議讀者閱讀完本書每一章，即可透過 rustlings 自我測驗一下。

參考資料 (References)

[1] The Rust Programming Language 的 3.2 Data Type (https://doc.rust-lang.org/book/ch03-02-data-types.html)

[2] Rust 【遊樂場】(Playground) (https://play.rust-lang.org/?version=stable&mode=debug&edition=2021)

[3] 官方文件 std::fmt 中文說明 (https://rustwiki.org/zh-CN/std/fmt/)

[4] How do I print in Rust the type of a variable? (https://stackoverflow.com/questions/21747136/how-do-i-print-in-rust-the-type-of-a-variable)

[5] The Rust Programming Language 的【Appendix B: Operators and Symbols】(https://doc.rust-lang.org/book/appendix-02-operators.html)

[6] 麻煩的浮點數 (https://zhuanlan.zhihu.com/p/21520083)

[7] 最燒腦的智慧指標 (https://weihanglo.tw/slides/rust-smart-pointers.html#3)

[8] The Rust Edition Guide (https://doc.rust-lang.org/nightly/edition-guide/rust-2021/c-string-literals.html)

9 A Comprehensive Guide to String Formatting in Rust (https://medium.com/@teamcode20233/a-comprehensive-guide-to-string-formatting-in-rust-c39a75af8ae6)

10 官方文件 std::fmt (https://doc.rust-lang.org/std/fmt/)

11 std 函數庫文件說明 (https://doc.rust-lang.org/std/string/struct.String.html)

12 The Rust Programming Language 的【3.17 Strings 說明】 (https://web.mit.edu/rust-lang_v1.25/arch/amd64_ubuntu1404/share/doc/rust/html/book/first-edition/strings.html)

13 Pointers, References and Dynamic Memory Allocation (https://www3.ntu.edu.sg/home/ehchua/programming/cpp/cp4_PointerReference.html)

14 Supercharge Your Rust Code: Harness The Magic Of Smart Pointers (https://pinjarirehan.medium.com/supercharge-your-rust-code-harness-the-magic-of-smart-pointers-c2aa250c5e7c)

15 Stack vs Heap: What's the difference? (https://www.educative.io/blog/stack-vs-heap)

16 What Is Ownership? (https://doc.rust-lang.org/book/ch04-01-what-is-ownership.html)

   中文 (https://rust-lang.tw/book-tw/ch04-01-what-is-ownership.html)

17 Box, stack and heap (https://doc.rust-lang.org/rust-by-example/std/box.html)

18 【The Rust Programming Language】的【15.4 Rc<T> 參考計數智慧指標】 (https://rust-lang.tw/book-tw/ch15-04-rc.html)

19 std::collections (https://doc.rust-lang.org/std/collections/index.html)

20 Tutorialspoint Rust - Array (https://www.tutorialspoint.com/rust/rust_array.htm)

21 Rust array 文件說明 (https://doc.rust-lang.org/std/primitive.array.html)

22 Struct std::vec::Vec (https://doc.rust-lang.org/std/vec/struct.Vec.html)

23 Rust: Vectors Explained

    (https://levelup.gitconnected.com/rust-vectors-explained-189b7e44b49)

24 Rust 程式語言 (https://askeing.github.io/rust-book/README.html)

25 【std:: result::Result】 說 明 (https://doc.rust-lang.org/std/result/enum.Result.html)

26 遊樂場 (Playground) (https://play.rust-lang.org/?version=stable&mode=debug&edition=2021)

27 rustlings (https://github.com/rust-lang/rustlings/)

Rust 流程控制

學習任何程式語言，都是從變數資料型別及流程控制開始，上一章介紹完資料型別，接著就來學習 Rust 的流程控制，程式執行通常有三種流程：

1. 按程式碼順序執行。

2. 分叉：使用 if/else，判斷走哪一條路。

3. 迴圈：例如要計算 1+2+3+…+1000，當然不可能一個個數字加總，使用迴圈才有效率。

Rust 也不例外，以下我們就來熟悉相關語法。同時，本章也會介紹例外處理 (Exception handling)，說明發生非預期錯誤時，程式如何處理才不至於當掉。

4-1 If/Else

Rust 的 If/Else 有幾項規則：

1. If 判斷條件不需要以 () 包覆。

2. 與 C 一樣，條件成立的執行段落須以 {} 包覆。

3. 多條件使用以下語法：if … else if … else。

4. 若條件很多，可使用 match 比較簡潔，類似 Python/C# 的 switch。

5. 判斷條件的運算子包括 ==、>、>=、<、<=，還有多個表達條件的串連，包括 &&(且)、||(或)，另外還有否定 (!) 可使用。

範例 1. 簡單測試，程式放在 src/ch04/if_test 資料夾。

1. 判斷 BMI 值，顯示體重狀況。

```
let bmi = 24.5;
if bmi > 24.0 {
    println!(" 體重過重 .");
} else if bmi > 18.5 {
    println!(" 體重適中 .");
} else {
    println!(" 體重過輕 .");
}
```

2. 結合 let 變數值指派：

```
let condition = true;
let no = if condition { 5 } else { 6 };
println!("no: {no}");
```

3. 執行結果：no = 5。

4. 下面寫法會發生錯誤，因為 no 不能被指定為兩種不同的資料類別。

```
let no = if condition { 5 } else { "six" };
```

5. 若條件很多，可使用 match，要表達範圍可使用 0.0..=18.5，代表 0<bmi<
   =18.5，注意，以下判斷式會出現警告訊息【match 不可使用浮點數，未來版
   本會視為錯誤】，只能使用整數設定範圍，主要原因應該是小數位很難判斷
   相等與否，電腦計算會有尾差，解決方式可參閱【StackFlow, What are the
   alternatives to pattern-matching floating point numbers?】[1]。另外，最後一個
   判斷式使用【_】，表示其他狀況，即上述所有條件均不符合，若忽略此行，
   程式會發生錯誤，match 不可漏掉任何可能，這又是基於【安全】原則。

```
    // 四捨五入至小數點一位
    let bmi:f32 = format!("{:.1}", 30.0).parse().unwrap();
match bmi {
    0.0..=18.5 => println!("體重過輕."),   // 含 18.5
    18.5..=24.0 => println!("體重適中."),
    24.0..=27.0 => println!("體重過重."),
    27.0..=30.0 => println!("輕度肥胖."),
    30.0..=35.0 => println!("輕度肥胖."),
    _ => println!("重度肥胖.")
}
```

=> 的後面要執行多行指令，可使用 {} 包覆。

6. 修正如下：

```
let bmi = 30;
match bmi {
    0..=18 => println!("體重過輕."),
    19..=24 => println!("體重適中."),
    25..=27 => println!("體重過重."),
    28..=30 => println!("輕度肥胖."),
    31..=35 => println!("輕度肥胖."),
    _ => println!("重度肥胖.")
}
```

4-2 迴圈

Rust 迴圈採用 Python 的概念，不像 C 語言，包括下列方式：

1. loop。

2. while。

3. for。

4-2-1 loop 迴圈

loop 是無限迴圈，需靠 break 結束迴圈。

範例 1. 撰寫猜數字的小遊戲，猜錯 5 次即結束遊戲，程式放在 src/ch04/loop_test1 資料夾。

1. 使用隨機亂數產生答案，需在 loop_test1 資料夾輸入 cargo add rand，加入 rand 套件。

2. 引用套件。

```
use rand::Rng;
use std::io;
```

3. 隨機產生一個數字，介於 [0, 9]，作為答案。

```
let mut rng = rand::thread_rng();

let answer:u8 = rng.gen_range(0..10);
```

4. 猜錯次數超過 5 次，即算失敗。

```
let mut count = 0; // 猜錯的次數初始值 =0
loop {
    let mut guess_no = String::new();
```

```
println!(" 猜一個數字 (0~9)：");
io::stdin().read_line(&mut guess_no)
    .expect("Failed to read line"); // 例外處理

// 字串轉數字
let guess_no:u8 = guess_no
    .trim()   // 去除首尾空白
    .parse() // 解析，將字串轉數值
    .expect(" 輸入不是數字 ."); // 例外處理

if guess_no != answer {
    println!(" 猜錯了 .");
    count += 1;
} else {
    println!(" 猜對了 .");
    break;
    }

if count >= 5 {
    println!(" 失敗 . 答案是 {answer}");
    break;
    }
}
```

5. 第一次執行結果：

```
猜一個數字(0~9)：
1
猜錯了 .
猜一個數字(0~9)：
2
猜錯了 .
猜一個數字(0~9)：
3
猜錯了 .
猜一個數字(0~9)：
4
猜錯了 .
猜一個數字(0~9)：
5
猜錯了 .
失敗 . 答案是8
```

6. 第二次執行結果：

```
猜一個數字(0~9)：
1
猜錯了.
猜一個數字(0~9)：
2
猜錯了.
猜一個數字(0~9)：
3
猜錯了.
猜一個數字(0~9)：
4
猜錯了.
猜一個數字(0~9)：
5
猜對了.
```

7. 程式還不完備，例外處理還可以更好，讀者可以自行加強一下。

若有多個迴圈，可設定迴圈標籤，例如【'a1】，break 可指定跳出哪一個迴圈，若未指定預設只會跳出最內圈。

範例 2. 加強範例 1，多一個迴圈，勝負已分時，再問使用者是否繼續玩，使用者可在中途輸入【Q】，隨時結束遊戲，程式放在 src/ch04/loop_test2 資料夾。

1. 迴圈程式修改如下，繼續玩之前，記得將失敗次數 (count) 歸 0：

```rust
'a1:loop {
  'a2:loop {
        let mut guess_no = String::new();
        println!(" 猜一個數字 (0~9)：");
        io::stdin().read_line(&mut guess_no)
            .expect("Failed to read line"); // 例外處理
        if guess_no.trim() == "q" {
            println!(" 遊戲結束 ");
            break 'a1;
                }

        // 字串轉數字
        let guess_no:u8 = guess_no
            .trim()   // 去除首尾空白
```

```
        .parse() // 解析，將字串轉數值
        .expect(" 輸入不是數字 ."); // 例外處理

    if guess_no != answer {
        println!(" 猜錯了 .");
        count += 1;
    } else {
        println!(" 猜對了 .");
        break 'a2;
            }

    if count >= 5 {
        println!(" 失敗 . 答案是 {answer}");
        break 'a2;
            }
            }


    // 是否繼續玩
    let mut is_continue = String::new();
    count = 0;
    println!(" 是否繼續玩 (y/n)：");
    io::stdin().read_line(&mut is_continue)
        .expect("Failed to read line"); // 例外處理
    if is_continue.trim() == "n" {
        println!(" 遊戲結束 ");
        break;
        }
    }
```

2. 【break 'a1】表示跳出外圈。

3. 第一次執行結果：

```
猜一個數字(0~9)：
5
猜錯了.
猜一個數字(0~9)：
q
遊戲結束
```

4. 第二次執行，勝負已分時，再輸入 y 繼續玩：

```
猜一個數字(0~9):
1
猜錯了.
猜一個數字(0~9):
2
猜錯了.
猜一個數字(0~9):
3
猜錯了.
猜一個數字(0~9):
4
猜錯了.
猜一個數字(0~9):
5
猜錯了.
失敗. 答案是7
是否繼續玩(y/n):
1
猜一個數字(0~9):
```

4-2-2 while 迴圈

while 可設定判斷條件，成立的話就會執行 while 包覆的指令。

範例 1. 計算 1+2+···+100，程式放在 src/ch04/while_test 資料夾。

1. 程式碼如下：

```
fn main() {
    let mut i = 1;
    let mut sum = 0;
    while i <= 100 {
        sum+=i;
        i+=1;
        }
    println!("sum:{sum}");
}
```

2. 執行結果：5050。

3. 讀者可以改為輸入一數目 n，程式計算 1+2+···+n。

範例 2. 將上一節範例 1 改用 while，程式放在 src/ch04/while_test2 資料夾。

1. 程式碼如下，只要把 if count >= 5 改成 while count < 5 即可：

```rust
use rand::Rng;
use std::io;
fn main() {
    // 隨機產生一個數字，介於 [0, 9]
    let mut rng = rand::thread_rng();
    let answer:u8 = rng.gen_range(0..10);

    let mut count = 0; // 猜錯的次數初始值 =0
    while count < 5 {
        let mut guess_no = String::new();
        println!(" 猜一個數字 (0~9)：");
        io::stdin().read_line(&mut guess_no)
            .expect("Failed to read line"); // 例外處理

        // 字串轉數字
        let guess_no:u8 = guess_no
            .trim()   // 去除首尾空白
            .parse() // 解析，將字串轉數值
            .expect(" 輸入不是數字 ."); // 例外處理

        if guess_no != answer {
            println!(" 猜錯了 .");
            count += 1;
        } else {
        println!(" 猜對了 .");
        break;
            }
        }
    }
```

4-2-3 for 迴圈

如已知要執行的圈數,可使用【for】迴圈, C 語言寫法為【for (i = 0; i < 10; i++){} 】Rust 寫法不同,break 可提早跳出迴圈。若有多個迴圈,一樣可設定迴圈標籤,例如【'a1】,break 可指定跳出哪一個迴圈,未指定預設跳出最內圈。

範例 1.計算 1+2+···+100,程式放在 src/ch04/for_test 資料夾。

1. 程式碼很單純,如下:

```
let mut sum = 0;
for i in 1..101 { // 1~100,含開始,不含結束
    sum+=i;
}
println!("sum:{sum}");
```

2. 執行結果:5050。

範例 2.計算 2+4+···+100,只加偶數,程式放在 src/ch04/for_test2 資料夾。

1. 程式加 step_by(2),1..101 要以 () 包覆,如下:

```
let mut sum = 0;
for i in (0..101).step_by(2) {
    sum+=i;
}
println!("sum:{sum}");
```

2. 執行結果:2550。

3. 另一種寫法,使用 continue 跳過單數。

```
let mut sum = 0;
for i in 0..101 {
    if i % 2 == 1 { continue; }
    sum+=i;
}
println!("sum:{sum}");
```

範例 3. 與 Python 一樣,可以使用 enumerate,同時取得索引值及元素,程式放在 src/ch04/for_test3 資料夾。

1. 程式如下,要加 iter(),使陣列轉成 Iterator,可逐一檢視:

```
let names = ["John", "Mary", "Tom"];
for (index,val) in names.iter().enumerate() {
    println!("index = {index} and val = {val}");
}
```

2. 執行結果:

```
index = 0 and val = John
index = 1 and val = Mary
index = 2 and val = Tom
```

3. 同樣可應用在字串的處理。

```
let lines = "hello\nworld".lines(); // 分行
for (linenumber, line) in lines.enumerate() {
    println!("{}: {}", linenumber, line);
}
```

4. 執行結果:

```
0: hello
1: world
```

範例 4. 字串可使用迴圈分割成字元或 bytes,程式放在 src/ch04/for_test4 資料夾。

1. 字串使用迴圈分割成字元,程式如下:

```
let s = " 中文測試 !";
for c in s.chars() {
    println!("{c}");
}
```

2. 執行結果：

```
中
文
測
試
！
```

3. 字串使用迴圈分割成 bytes。

```
for b in s.bytes() {
    println!("{b}");
}
```

4. 執行結果：每個中文字佔 3 個 bytes，英文字佔 1 個 byte，合計 13 個 bytes。

```
228
184
173
230
150
135
230
184
172
232
169
166
33
```

更詳細的資料可參閱【Rust By Example】的【8. Flow of Control】[2]。

4-3 例外處理 (Exception handling)

不管如何小心，程式撰寫總會百密一疏，發生不可預期的錯誤，因此，例外處理 (Exception handling) 非常重要，可以避免程式當掉，並有助於執行時期的偵錯。Rust 文件直接稱為【錯誤處理】(Error handling)，大部分的程式語言提供 try/catch 語法，例如 Python 的 try/except，C 則缺乏錯誤處理的機制，Rust 目前不提供 try/catch 機制，但支援更細緻、多樣化的方式，幫助程式設計師撰寫一個更【強健】(Robust) 的程式，這也是基於 Rust 的最高指導原則 --【安全】。

Rust 將錯誤分為兩類：

1. 可復原的錯誤 (Recoverable error)：例如開啟一個檔案，但該檔案不存在，會發生錯誤，這時程式可以創建一個新檔案，解決這個錯誤。

2. 不可復原的錯誤 (Unrecoverable errors)：例如算術式分母為 0，產生的錯誤是無法復原的，因為這是源頭輸入或作業有誤，需要人工作業去修正錯誤。

以下我們就針對這兩類錯誤說明 Rust 提供的機制。

4-3-1 恐慌 (Panic)

Rust 針對錯誤會產生 panic 物件，即不可復原的錯誤，程式會不正常結束，程式設計師也可以使用巨集【panic!】(加 !)，主動產生 panic。當 panic 發生時，Rust 內部處理會產生【解放】(unwinding)，還原 stack，清除函數使用的記憶體，然後結束程式，這是預設的處理方式，過程比較冗長，我們也可以選擇【中止】(Aborting)，直接結束程式，清除記憶體的工作由作業系統負責。要設定 Aborting 有兩種方式：

1. 使用 rustc 編譯時，加參數 -Cpanic=abort，例如：

```
rustc main.rs -Cpanic=abort
```

2. 修改 Cargo.toml，加入一個段落，例如：

```
[profile.dev]
panic = 'abort'
```

範例 1. 製造 panic，程式放在 src/ch04/panic_test 資料夾。

1. 產生一個除以 0 的狀況，故意弄得有點複雜：

```
fn main() {
    let x = 1;
    let x2 = 5;
    let y = x / (x2-5*x);
    println!("{y}");
}
```

2. 執行 cargo build，Rust 在編譯時就會察覺錯誤，實在太厲害了，好像編譯也包括程式解析及執行。

```
    Compiling panic_test v0.1.0 (F:\0_AI\Books\Rust實戰\src\ch04\panic_test)
error: this operation will panic at runtime
  --> src\main.rs:12:13
   |
12 |     let y = x / (x2-5*x);
   |                 ^^^^^^^^^^^ attempt to divide `1_i32` by zero
   |
   = note: `#[deny(unconditional_panic)]` on by default
```

3. 換個方式，讓使用者輸入分母，這樣編譯器就不會察覺錯誤：

```
let mut no = String::new();
println!(" 輸入一個數字：");
io::stdin().read_line(&mut no)
    .expect("Failed to read line"); // 例外控制

// 字串轉數字
let no:u8 = no
    .trim()   // 去除首尾空白
    .parse() // 解析，將字串轉數值
    .expect(" 輸入不是數字 ."); // 例外控制
```

```
let y = x / no;
println!("{y}");
```

4. expect 也是一種不可復原錯誤的處理方式，發生錯誤時，會輸出 expect 的
   參數內容，例如上一段程式碼，若輸入文字，在轉換為數字時會產生一個
   panic，並顯示自訂的錯誤訊息【輸入不是數字】。

5. 輸入 0，執行結果：產生一個 panic。

```
輸入一個數字：
0
thread 'main' panicked at src\main.rs:20:13:
attempt to divide by zero
note: run with `RUST_BACKTRACE=1` environment variable to display a backtrace
error: process didn't exit successfully: `target\debug\panic_test.exe` (exit code: 101)
```

6. 修改 Cargo.toml，加入：

```
[profile.dev]
panic = 'abort'
```

7. 再執行一次，結果如下，最後一行不一樣，產生 STACK_BUFFER_OVERR
   UN：

```
輸入一個數字：
0
thread 'main' panicked at src\main.rs:20:13:
attempt to divide by zero
note: run with `RUST_BACKTRACE=1` environment variable to display a backtrace
error: process didn't exit successfully: `target\debug\panic_test.exe` (exit code: 0xc0000409, STATUS_STACK_BUFFER_OVERR
UN)
```

範例 2. 主動產生 panic，程式放在 src/ch04/panic_raise 資料夾。

1. 若年齡 <0 即呼叫 panic!，可自訂錯誤訊息：

```
fn check_age(age:i32) {
    if age < 0 { panic!("年齡有誤 !"); }
    println!("年齡 :{age}.");
}

fn main() {
    check_age(20);
    check_age(-5);
```

```
        check_age(10);
}
```

2. 執行結果：check_age(-5) 會產生 panic，後面的程式碼就不會執行了。

```
年齡 :20.
thread 'main' panicked at src\main.rs:2:18:
年齡有誤 ！
```

4-3-2　可復原的錯誤 (Result)

大部分的錯誤都是可復原的，我們可以使用 Result 來處理，讓程式設計師自行
決定是否要結束程式。上一章我們已經簡單介紹過 Result 了，它結構如下：

```
enum Result<T, E> {
    Ok(T),
    Err(E),
}
```

第一個參數為執行成功 (OK) 時的回傳值型別 (T)，第二個參數為執行失敗 (Err)
時的回傳值型別 (E)。

範例 1. 各種可復原的情境測試，程式修改自【rust: Error handling】[3]，程式放在
src/ch04/recoverable_error_test1 資料夾。

1. 引入套件：

```
use std::fs::File;
```

2. 讀取檔案：搭配 match，進行解析。

```
let path = "data.txt";
let mut file = match File::open(&path) {
    Err(why) => panic!(" 無法開啟檔案：{}", &path),
    Ok(file) => file,
};
```

3. 若 data.txt 檔案不存在,會執行 Err,反之,會執行 Ok。

4. 定義一個函數讀取使用者輸入值,並轉換為整數,回傳 Result。

```
fn age_from_input() -> Result<i32, String> {
    println!(" 輸入一個數字:");
    let mut input = String::new();
    std::io::stdin().read_line(&mut input).expect("Failed to read line");
    let age: i32 = input.trim().parse().unwrap();
    Ok(age)
}
```

5. 測試:

```
let age = age_from_input();
println!("{}", age.unwrap());
```

6. 執行結果:輸入文字,要轉換為數字,會出現錯誤。輸入數值,則不會出現錯誤。

範例 2. 爬蟲測試,程式放在 src/ch04/recoverable_error_test2 資料夾。

1. 加入套件:reqwest 為爬蟲套件,tokio 為非同步支援套件。

```
cargo add reqwest
cargo add tokio -F full
```

2. 引入套件:

```
use reqwest;
```

3. 定義一個函數爬取網頁:await 為非同步的等待指令,後續章節會詳細討論。

```
async fn fetch_url(url:&str) -> Result<String, reqwest::Error> {
    let response = reqwest::get(url).await?.text().await?;
    Ok(response)
}
```

- 【?】：在可能出現錯誤的程式碼必須加【?】，一旦出現錯誤就會立即終止，並回傳 Result。這類似把整個函數包覆在 try/catch 中，這會是 Rust 較建議的錯誤處理方式。

4. 主程式：

```
 #[tokio::main]
async fn main() {
    // 正確網址：https://www.rust-lang.org
    let response = fetch_url("https://abcdefxyz.org").await;
    if response.is_ok() {
        println!("{:?}", response);
    } else {
        println!(" 無此網頁：{:?}", response.err().unwrap());
    }
}
```

- 使用【if response.is_ok()】，可判斷執行成功與否。

- 使用【response.err().unwrap()】，可得到回傳的錯誤訊息。

5. 測試：若該網址不存在，會出現錯誤。

```
無此網頁: Some(reqwest::Error { kind: Request, url: Url { scheme: "https", cannot_be_a_base: false, username: "", passwo
rd: None, host: Some(Domain("abcdefxyz.org")), port: None, path: "/", query: None, fragment: None }, source: hyper::Err
r(Connect, ConnectError("dns error", Os { code: 11001, kind: Uncategorized, message: "無法識別這台主機。" })) })
```

由以上兩個範例，可以得知使用 match 或 response.is_ok() 可以剖析 Result 資料結構，決定單純存顯示錯誤訊息或結束程式，若要結束程式可使用 unwrap 或 panic!。

範例 3. 讀取檔案的完整測試，包括 Result 處理，程式修改自【Rust By Example 24.1 open】[4]，程式放在 src/ch04/read_file 資料夾。

1. 引入套件：

```
use std::io::prelude::*;
use std::path::Path;
use std::fs::File;
```

2. 設定檔案名稱及顯示方式。

```
let path = Path::new("data.txt");
let display = path.display();
```

3. 開啟檔案及 Result 處理。

```
let mut file = match File::open(&path) {
    Err(why) => panic!("couldn't open {}: {}", display, why),
    Ok(file) => file,
    };
```

4. 讀取檔案及 Result 處理。

```
let mut s = String::new();
match file.read_to_string(&mut s) {
    Err(why) => panic!("couldn't read {}: {}", display, why),
    Ok(_) => print!("{} contains:\n{}", display, s),
}
```

Rust 不支援 try/catch，必須一次處理一個指令，所以，最好要將相關的指令集合成一個函數，統一以 Result 傳回，程式碼才會簡潔。

範例 4. 讀取文字檔案內容較簡單的方式，程式放在 src/ch04/read_file2 資料夾。

1. 使用 std::fs::read_to_string：

```
fn open_file(file_path:String) -> Result<String, std::io::Error> {
    let result = std::fs::read_to_string(file_path);
    return result;
}

fn main() {
    let text = open_file("data.txt".to_string()).unwrap();
    println!("{text:?}");
}
```

2. 執行結果：如果資料夾不含【data.txt】，會出現錯誤如下：

```
called `Result::unwrap()` on an `Err` value: Os { code: 2, kind: NotFound,
message: " 系統找不到指定的檔案。" }
```

3. 如果資料夾含【data.txt】，會顯示檔案內容如下：

" 函數改回傳 Result，第一個參數為執行成功 (OK) 時的回傳值型別，第二個參數為執行失敗 (Err) 時的回傳值型別。"

4-3-3 Result 其他處理方式

match 指令解析 Result 較完整，但程式碼較長，還有其他處理方式較簡潔：

1. unwrap：如上例，unwrap 會自動判別，有錯誤會結束程式。

2. unwrap_or：有錯誤可指定為其他值。

3. unwrap_or_else：有錯誤可執行一個閉包 (Closure)，即匿名函數，Closure 的回傳值即發生錯誤時的指定值。Closure 後續章節會有非常詳盡的介紹。

4. expect：與 unwrap 類似，但可自訂錯誤訊息。

5. 自訂處理函數。

unwrap 用法可參考 src/ch04/read_file2 專案，expect 用法可參考 src/ch04/panic_test 專案。

範例 5. unwrap_or 測試，程式放在 src/ch04/unwrap_or_test 資料夾。

1. 程式要接收一個參數，若使用者未輸入，則預設為空字串，之後希望轉為整數，同樣的，若使用者輸入錯誤的字串，一律預設為 0。

```
fn main() {
    let mut argv = std::env::args();
    let arg1 = argv.nth(1).unwrap_or("".to_string()); // 取得第一個參數
```

```rust
    let n: i32 = arg1.trim().parse().unwrap_or(0); // 預設值為 0
    println!("{}", n);
}
```

2. 測試 1：輸入 cargo run，無參數值，轉換為整數會發生錯誤，故經處理後 n=0。

3. 測試 2：輸入 cargo run 10，參數值為 10，經處理後 n=10。

4. 測試 3：輸入 cargo run A，參數值為 A，轉換為整數會發生錯誤，預設值為 0。

5. 在 main{…} 中再加以下程式碼：

```rust
let arg2 = std::env::args().nth(2).unwrap_or("0".to_string()); // 取得第二個參數
let n: i32 = arg2.trim().parse().unwrap_or_else(|x| { //
    println!("error message: {}", x);
        0
    });
println!("{}", n);
```

6. 測試 1：輸入 cargo run 10 30，無錯誤，執行結果 =30。

7. 測試 2：輸入 cargo run 10 a，發生錯誤，執行結果如下。

```
error message: invalid digit found in string
0
```

8. 測試 3：輸入 cargo run 10，第一行即發生錯誤，執行結果 =0，未執行 Closure。

9. Closure 也可以結合 Result，在發生錯誤時，進行更多的處理，例如同時顯示錯誤，並寫入工作日誌 (Log)。

```rust
let arg3: Result<i32, &str> = Err(" 重大錯誤 .");
let _: i32 = arg3.unwrap_or_else(|x| {
    println!("error message: {}", x);
```

```
        0
    });
```

10. 測試：輸入 cargo run 10 30，執行結果為【error message: 重大錯誤 .】。

更多的 unwrap_or_XXX 可參閱【The Rust Programming Language】，搜尋【unwrap_
or_else】[5]。

範例 6.【?】測試，程式放在 src/ch04/read_file3 資料夾。

1. 修改 read_file 專案，使用【?】更簡潔。

2. 定義讀取檔案的函數，在可能發生錯誤的指令都加【?】：

```
fn read_file(file_path:String) -> Result<String, std::io::Error> {
        // 建立檔案路徑
    let path = Path::new(&file_path);

        // 開啟檔案
    let mut file = File::open(&path)?;

        // 讀取檔案內容
    let mut contents = String::new();
    file.read_to_string(&mut contents)?;

        // 回傳檔案內容
    Ok(contents)
}
```

3. 呼叫函數。

```
fn main() {
    let contents = match read_file("data.txt".to_string()) {
        Err(error) => panic!("{error}"),
        Ok(contents) => println!("contents:{:?}", contents)
        };
}
```

4. 執行結果：如果資料夾不含【data.txt】，會出現錯誤如下：

   系統找不到指定的檔案。 (os error 2)

5. 如果資料夾含【data.txt】，會顯示檔案內容：

```
contents:"1234567890"
```

4-3-4 unwrap、expect 與【?】使用時機

1. 如果我們預期不會發生錯誤，可以使用 unwrap/expect，讀取回傳值。

2. 使用【?】可減少 match 的使用，特別適合 API 函數使用，讓呼叫者自行決定錯誤的處理方式。

4-3-5 自訂錯誤訊息

使用 expect 可以自訂錯誤訊息，還可以使用 map_err 搭配閉包 (Closure)、【format!】自訂更精緻的錯誤訊息。

範例 7. 一樣以範例 6 程式碼為例進行 map_err 測試，程式放在 src/ch04/read_file_map_err 資料夾。

1. 複製 read_file3 專案，將 read_file 函數更改如下：

```
fn read_file(file_path:String) -> Result<String, String> {
    // 建立檔案路徑
    let path = Path::new(&file_path);

    // 開啟檔案
    let mut file = File::open(&path)
        .map_err(|err| format!(" 開啟檔案錯誤：{}, {}", file_path, err))?;

    // 讀取檔案內容
    let mut contents = String::new();
    file.read_to_string(&mut contents)
```

```
        .map_err(|err| format!("讀取檔案內容錯誤：{}", err))?;

    // 回傳檔案內容
    Ok(contents)
}
```

2. 測試：透過【.map_err(|err| format!(" 開啟檔案錯誤：{}, {}", file_path, err))】
格式化，我們在原有的訊息前加了【開啟檔案錯誤：data.txt】，使錯誤原因
描述得更清楚，完整錯誤訊息如下。

開啟檔案錯誤：data.txt, 系統找不到指定的檔案。 (os error 2)

4-3-6　自訂 Result Error

若既有錯誤型別訊息不足以說明錯誤原因或希望將錯誤類別區分的更詳細，我
們也可以自訂錯誤型別 (Result Error)。

範例 8.【自訂 Result Error】測試，再針對範例 7 加強一下，程式放在 src/ch04/
custom_error 資料夾。

1. 定義客製化的錯誤型別。

```
#[derive(Debug)]
struct MyError(String);
```

2. 複製 read_file_map_err 專案，將 read_file 函數更改如下，map_err 內的內容
加上 MyError：

```
let mut file = File::open(&path)?;
```

改為：

```
let mut file = File::open(&path)
.map_err(|err| MyError(format!("(E1101) 開啟檔案 {} 錯誤：{}"
           , file_path, err)))?;
```

3. 複製 read_file3 專案,替換【讀取檔案內容】,改為客製化的錯誤訊息。

```
file.read_to_string(&mut contents)?;
```

   改為:

```
file.read_to_string(&mut contents)
.map_err(|err| MyError(format!("(E1102) 讀取檔案 {} 內容錯誤: {}"
, file_path, err)))?;
```

4. 在 main() 內錯誤訊息的顯示需加【:?】,因為 MyError 資料結構並未實作 fmt::Display。

```
Err(error) => panic!("{}, error ")
```

   改為:

```
Err(error) => panic!("{:?}, error ")
```

5. 執行結果:如果資料夾不含【data.txt】,會出現錯誤如下:

```
MyError("(E1101) 開啟檔案 data.txt 錯誤: 系統找不到指定的檔案。 (os error 2)")
```

6. 如果要將錯誤訊息的 MyError() 移除,可自訂 MyError 顯示函數如下:

```
impl fmt::Display for MyError {
    fn fmt(&self, f: &mut fmt::Formatter) -> fmt::Result {
        write!(f, "{}", self.0)
        }
}
```

7. 如果資料夾含【data.txt】,會顯示檔案內容:

```
contents:"1234567890"
```

4-3-7 anyhow 套件

anyhow 套件[6]是涵蓋各種錯誤類型的包裝器 (Wrapper)，只要有實現 (impl) std::error::Error 的錯誤類型都包括在內，因此，在 Result 的 Error 都可以改用 anyhow::Error，不用管是哪一種錯誤類型，它也可以自訂錯誤訊息的顯示。anyhow 是 Rust 官網最受歡迎的套件之一。

範例 9. 使用 anyhow 套件，自訂 Result Error，會更方便，程式放在 src/ch04/ custom_error_anyhow 資料夾，相關範例可參考【好用的 crates】[7]。

1. 複製 custom_error 專案，不用自訂 Result Error。

```
fn read_file(file_path:String) -> Result<String, MyError> {
```

改為：

```
fn read_file(file_path:String) -> Result<String> {
```

2. 加入 anyhow 套件。

```
cargo add anyhow
```

3. 引入 anyhow 套件。

```
use anyhow::{Context, Result};
```

4. 替換自訂錯誤訊息：把 err 拿掉。

```
.map_err(|err| MyError(format!("(E1101) 開啟檔案 {} 錯誤：{}"
, file_path, err)))?;
```

改為：

```
.with_context(|| format!("(E1101) 開啟檔案 {} 錯誤 "
, file_path))?;
```

5. 如果資料夾含【data.txt】，會顯示：

```
(E1101) 開啟檔案 data.txt 錯誤
```

6. 如果資料夾含【data.txt】，會顯示檔案內容：

```
contents:"1234567890"
```

4-3-8 try/catch 套件

如果習慣使用 try/catch，網路上也有許多套件可以使用，例如 futility、try-catch 套件，以下介紹 futility 套件[8] 的用法。

範例 10. 使用 futility 套件的 try_! 巨集 (Macro)，程式放在 src/ch04/read_file_try_ catch 資料夾。

1. 複製 read_file3 專案。

2. 增加 futility 套件。

```
cargo add futility-try-catch。
```

3. 修改 main.rs 的 read_file 函數內容。

```rust
use futility_try_catch::try_;
...
fn read_file(file_path:String) -> Result<String, Box<dyn Error>> {
    let mut contents: String="".to_string();
    try_!({
            // 建立檔案路徑
        let path = Path::new(&file_path);

            // 開啟檔案
        let mut file = File::open(&path)?;

            // 讀取檔案內容
```

```
        contents = String::new();
        file.read_to_string(&mut contents)?;
    } catch Box<dyn Error> as err {
        panic!(" 讀取檔案內容錯誤 !!")
        });

    // 回傳檔案內容
    Ok(contents)
}
```

- 引用 futility 套件：【 use futility_try_catch::try_; 】。

- 使用【 try_!({…} catch {…}); 】包覆程式碼，並在 catch {…} 內進行錯誤處理。

4. 測試：與 src/ch04/read_file3 內容相同。

```
fn main() {
    let contents = match read_file("data.txt".to_string()) {
        Err(error) => panic!("{error}"),
        Ok(contents) => println!("contents:{}", contents)
        };
}
```

5. 執行結果：讀取檔案內容錯誤 !!

使用 futility 套件好處是不需為每一個可能發生錯誤的程式碼提供錯誤訊息，只需要一個段落給予一個單一錯誤訊息，比較易於除錯。注意，try/catch 內可能發生錯誤的程式碼還是要加【?】，不能省略。

也可以使用 map_err 匿名函數將錯誤物件 (例如 std::io::Error) 轉換為字串，參考 src/ch04/read_file_map_err 專案。

4-3-9 錯誤種類分析

如果要進一步分析錯誤的種類，例如 std::io::Error，可參閱【std::io::ErrorKind】[9]，將內文的【+】展開，有 40 種錯誤，可針對特定類別進一步處理或修改錯誤訊息，請參考 src/ch04/port_scanning 專案作法，此程式主要是檢查通訊埠是否可用，程式修改自【Building a Port Scanning Tool in Rust】[10]。

```
#[non_exhaustive]
pub enum ErrorKind {
[+] Show 40 variants
}
```

4-4 本章小結

讀到這裡，讀者應該已掌握 Rust 語言的基礎概念，可以使用 Rust 撰寫簡單程式，雖然 Rust 還有更多的設計理念有待我們去深入研究，不過，下一章我們先轉換一下心情，實作命令行 (CLI) 應用程式，驗收一下成果。

參考資料 (References)

[1] StackFlow, What are the alternatives to pattern-matching floating point numbers? (https://stackoverflow.com/questions/45875142/what-are-the-alternatives-to-pattern-matching-floating-point-numbers)

[2] 【Rust By Example】 的【8. Flow of Control】 (https://doc.rust-lang.org/rust-by-example/flow_control.html)

[3] rust: Error handling (https://blog.devgenius.io/rust-error-handling-61c18f611771)

[4] Rust By Example 24.1 open https://doc.rust-lang.org/rust-by-example/std_misc/file/open.html)

[5] The Rust Programming Language，搜尋【unwrap_or_else】 (https://doc.rust-lang.org/core/?search=unwrap_or_else)

[6] anyhow 套件 (https://crates.io/crates/anyhow)，文件說明 (https://docs.rs/anyhow/1.0.79/anyhow/)

[7] 好用的 crates (https://suibianxiedianer.github.io/rust-cli-book-zh_CN/tutorial/errors_zh.html)

[8] futility 套件 (https://docs.rs/futility-try-catch/latest/futility_try_catch/macro.try_.html)

[9] std::io::ErrorKind (https://doc.rust-lang.org/std/io/enum.ErrorKind.html)

[10] Building a Port Scanning Tool in Rust (https://medium.com/rustaceans/building-a-port-scanning-tool-in-rust-f2667d19d2fc)

命令行 (CLI) 應用程式實作

本章將應用之前學習的資料型別與流程控制知識，開發一些簡單的命令行 (Command Line Interface, CLI) 應用程式，例如：

1. grep：仿造 Linux 指令，搜尋檔案內容是否有特定字串。

2. head：仿造 Linux 指令，顯示檔案前幾行。

3. tail：仿造 Linux 指令，顯示檔案後幾行。

本章主要參考資料為【命令行手冊】(Command Line Book)[1]。

註：**Command Line** 究竟要翻譯成【命令行】或【命令列】，其實很困擾，因為台灣與大陸用語正好相反，因此，行 / 列常常傻傻分不清楚，最好還是用英文表達。

雖然是單純的命令行應用程式，但是，還是有很多要關注的技巧：

1. 命令行參數解析。

2. 搜尋檔案內容。

3. 多執行緒 (Multi-threading)。

4. 工作日誌 (Logging)。

5. 單元測試 (Unit testing)。

6. 組態管理 (configuration management)。

有一個小心得要與讀者分享，初學者撰寫 Rust 程式很容易在編譯時出現錯誤，尤其是使用套件的函數，當參數是字串時，到底字串參數要加【&】與否，或者指令行後面是否要作例外處理 (加【?】、expect 或 unwind)，很難判斷，有時候會很挫折，有兩種方式處理：

1. 事先查閱套件的函數說明。

2. 編譯後閱讀 Rust 的錯誤說明，再修正程式：編譯器會說明錯誤行號、原因、更貼心的是，常常會給出建議，指出程式碼要如何修正，我們就可以依據建議快速修正程式，這會是比較簡單的方式。

基礎型別的參數傳遞，預設是【以值傳遞】(Call by value)，即複製一份變數值給呼叫的函數使用，但字串參數值可能很長，複製會很沒效率，因此，大部分的函數會要求【以址傳遞】(Call by address)，即加上【&】，另外，若在函數內要修改參數值，前面要加【mut】，表示參數是可變的，陣列參數的規則也是如此，總之，程式寫多了，就會越來越上手。

5-1 命令行參數解析

要開發 grep，先訂定設計規格如下：

1. 使用者輸入以下指令執行：表示要從 data.txt 檔案搜尋【test】字串。

```
grep test data.txt
```

2. 命令行參數解析：程式接收到命令行後，要解析參數。

3. 讀取檔案內容。

4. 比對檔案內容及字串。

5. 將含有該字串的行號及內容顯示在螢幕上。

撰寫程式切忌貪心，想要一步就完成所有功能，應該採用分治法 (Divde and conquer)，將大問題猜成多個小問題，逐一解決，最後再整合起來，好處是容易聚焦，避免一次出現大量錯誤，令人感到挫折，因此，以下我們先完成第 1 步【命令行參數解析】。

範例 1. 簡單測試，程式放在 src/ch05/arg_parse1 資料夾。

1. 使用標準函數庫。

```
use std::env;
```

2. 將所有參數存入 args 陣列。

```
let args: Vec<String> = env::args().collect();
```

3. 顯示所有參數值。

```
for i in 0..args.len() {
    println!("{}", &args[i]);
    }
```

4. 執行：cargo run abc 1 xxx。

5. 執行結果：第一個參數值是執行檔名，含資料夾路徑。

```
target\debug\arg_parse1.exe
abc
1
xxx
```

6. 接收到的參數值都是字串型別，必要時需進行型別轉換。

7. Rust 有一個奇特的現象，使用 cargo run 執行時第一個參數前必須加【--】，
   應該是代表執行檔名。

cargo run -- abc 1 xxx，執行結果與步驟 5 一樣。

```
target\debug\arg_parse1.exe
abc
1
xxx
```

範例 2. 若參數很多且結構複雜，可將參數值集合成一個結構，比較好管理，程
式放在 src/ch05/arg_parse2 資料夾。

1. 將參數值集合成一個結構。

```
struct Args {
    pattern: String,
    path: std::path::PathBuf,
    n:u8
}
```

2. 直接使用 nth(n) 讀取第 n 個參數值。

```
let pattern = std::env::args().nth(1).expect("no pattern given");
let path = std::env::args().nth(2).expect("no path given");
let n:u8 = std::env::args().nth(3).expect("no n given")
        .trim().parse().expect("not numeric");
```

3. 將參數值指派給結構變數。

```
let args = Args {
    pattern: pattern,
    path: std::path::PathBuf::from(path),
    n: n,
    };
println!("{}, {:?}, {}", args.pattern, args.path, args.n);
```

4. 執行：cargo run abc data.txt 3。

5. 執行結果：會依不同的型別顯示內容。

```
abc, "data.txt", 3
```

命名參數是較具規模的 CLI 程式喜歡使用的方式，具有以下優點：

1. 輸入參數值可不按順序，使用者不須記憶輸入順序。

2. 可預設參數值，使用者可選擇不輸入。

3. 參數名稱可使用縮寫。

範例：cargo run -- --pattern abc --filepath data.txt

* --pattern、--filepath 為命名參數。

* 命名參數後面為其參數值 abc、data.txt。

範例 3. 使用命名參數，程式放在 src/ch05/arg_parse_clap 資料夾。

1. 加入 clap 套件：使用 clap 套件可簡化命名參數設定及解析。

```
cargo add clap --features derive
```

2. 引用 clap 套件：

```
use clap::Parser;
```

3. 準備命名參數 filepath 預設值。

```
const DEFAULT_PATH:&str = "*.*";
```

4. 設定參數結構，需加 clap 註解【#[derive(Parser, Debug)]】。參數也要加註解，
   【#[arg(short, long)]】表示可同時接受長 (--)、短 (-) 命名參數輸入， default_
   value_t 為參數預設值，表示使用者可不輸入。

```
#[derive(Parser, Debug)]
#[command(author, version, about, long_about = None)]
struct Args {
    #[arg(short, long)]
    pattern: String,
    #[arg(short, long, default_value_t = DEFAULT_PATH.to_string())]
    filepath: String,
}
```

5. 解析：只要結構加 parse() 即可，std::path 是專門在處理資料夾路徑的模組。

```
let args = Args::parse();
println!("{}!", args.pattern);
let path: std::path::PathBuf = std::path::PathBuf::from(args.filepath);
println!("{:?}", path);
```

6. 測試：以下方式執行結果都一樣，注意，第一個參數必須加【--】。

```
cargo run -- --pattern test --filepath data.txt
cargo run -- --filepath data.txt --pattern test
```

   或

```
cd target/debug
arg_parse_clap --pattern test --filepath data.txt
```

7. 執行結果都是 test、"data.txt"。

8. 使用者可不輸入 filepath。

```
cargo run -- --pattern test
```

9. 執行結果：test、"*.*"。

10.短命名只使用變數第一個字母，因此，套件會要求可接受短命名的參數名稱
    第一個字母不可以重複。

```
cargo run -- -p test -f data.txt
```

clap 使用已經很方便了，不過，【命令行手冊】(Command Line Book) 推薦
StructOpt 套件，它是架在 clap 之上，會更簡潔，不過，查看 StructOpt GitHub[2]，
文件說明其功能已納入 clap 中，不再推薦使用了，因此就不需討論了。

5-2 搜尋檔案內容

將上一節範例再加上檔案內容搜尋，以完成簡易的 grep 功能。

範例 1. 簡單測試，程式放在 src/ch05/grep 資料夾。

1. 取得參數。

```
let pattern = std::env::args().nth(1).expect("no pattern given");
let path = std::env::args().nth(2).expect("no path given");
```

2. 讀取檔案內容。

```
let content = std::fs::read_to_string(path)
    .expect("could not read file");
```

3. 逐行比對，並顯示符合的行號及內容。

```
for (line_number, line) in content.lines().enumerate() {
    if line.contains(&pattern) {
        println!("{}: {}", line_number, line);
            }
}
```

4. 測試：

```
cargo run -- expect src\main.rs
target\debug\grep expect src\main.rs
```

5. 執行結果：顯示行號及內容。

```
1:      let pattern = std::env::args().nth(1).expect("no pattern given");
2:      let path = std::env::args().nth(2).expect("no path given");
6:          .expect("could not read file");
```

這個範例短小精幹，還可以進行以下補強：

1. 檢查檔案是否存在。

2. 檢查輸入檔名是否對應目錄或檔案。

3. 支援資料夾搜尋功能，每個檔案都比對。

4. 如果是掃描資料夾下所有檔案，可以採多執行緒，並行搜尋，加快速度。

範例 2. 支援資料夾搜尋，可使用標準函數庫 std::fs::read_dir，並利用遞迴 (Recursive) 方式掃描子資料夾，程式放在 src/ch05/scan_dir 資料夾。

1. 遞迴函數如下：

```
fn visit_dirs(dir: &Path, vec: &mut Vec<String>) -> io::Result<()> {
    for entry in std::fs::read_dir(dir)? {
                // 從 DirEntry 轉換為正常的 Entry，以取得相關屬性
        let entry = entry?;
        let path = entry.path();
        if path.is_dir() {
            visit_dirs(&path, vec)?;
        } else {
        vec.push(entry.path().display().to_string());
            }
        }
    Ok(())
}
```

- std::fs::read_dir：會取得要掃描的資料夾下一層的檔案或資料夾。

- if path.is_dir() {visit_dirs(&path, vec)?;}：從下一層資料夾繼續往下掃描。

- vec.push(entry.path().display().to_string());：將檔名存入陣列。

2. 取得參數：要掃描的資料夾。

```
let mut path:String = ".".to_string();
if std::env::args().len() > 1 {
    path = std::env::args().nth(1).expect("no path given");
    }
```

3. 呼叫上述 visit_dirs 函數，並顯示輸出的陣列。

```
let mut vec: Vec<String> = Vec::new();
let _ = visit_dirs(&std::path::PathBuf::from(path), &mut vec);
for item in vec {
    println!("{item}");
    }
Ok(())
```

4. 測試：cargo run，會得到一長串的檔名。

5. 測試：cargo run -- src，會得到 src\main.rs。

範例 3. 使用 WalkDir 套件 [3] 會比遞迴更容易，程式放在 src/ch05/walkdir_test 資料夾。

1. 加入套件：

```
cargo add walkdir
```

2. 引用套件：

```
use walkdir::WalkDir;
```

3. 掃描資料夾，程式碼如下：

```
for e in WalkDir::new(".\\src").into_iter().filter_map(|e| e.ok())
    .filter(|e| match e.path().extension() {
        None => false,
        Some(ex) => ex == "rs"})
    {
        if e.metadata().unwrap().is_file() {
            println!("{}", e.path().display());
            }
    }
```

- WalkDir::new(".\\src")：指定要掃描的資料夾。

- into_iter：轉換成 Iterator，才可使用迴圈讀取每一筆。

- filter_map(|e| e.ok())：讀取成功時，讀取每一筆檔案資訊。

- filter：可設定篩選條件。

- e.path().extension()：取得檔案的副檔名。

- e.metadata().unwrap().is_file()：檢查每一個路徑是否為檔案，而非資料夾。

範例 4. 加強版的 grep，程式放在 src/ch05/grep_enhanced 資料夾。

1. 加入套件：

```
cargo add walkdir
```

2. 將範例 1 比對檔案內容的程式碼改寫成函數。

```
fn find_pattern(path:&String, pattern:&String) -> Result<String, std::io::Error> {
    let mut s = String::from("");

    // check file exist?
    if !std::path::Path::new(&path).exists() {
        panic!(" 檔案 {path} 不存在 .");
        }
```

```
    let content = std::fs::read_to_string(&path)?;

    // 逐行比對
    for (line_number, line) in content.lines().enumerate() {
        if line.contains(pattern) {
            // println!("{}: {}", line_number, line);
            s.push_str(&format!("{}: {}\n", line_number, line));
                }
        }
    Ok(s)
}
```

3. 主程式：先取得參數【比對字串】(pattern)、【要掃描的資料夾】(path)。

```
let pattern = std::env::args().nth(1).expect("no pattern given");
let path = std::env::args().nth(2).expect("no path given");
```

4. 檢查輸入檔名或資料夾是否存在。

```
if !std::path::Path::new(&path).exists() {
    panic!(" 檔案 {path} 不存在 .");
}
```

5. 如果是檔案，即呼叫 find_pattern 函數，比對檔案內容。

```
if std::path::Path::new(&path).is_file() {
    let _ = match find_pattern(&path, &pattern){
        Err(error) => panic!("{error}"),
        Ok(contents) => println!("{:?}", contents)
        };
}
```

6. 如果是資料夾，即如範例 3 呼叫 WalkDir，掃描資料夾，並呼叫 find_pattern
   函數，比對檔案內容。

```
for e in WalkDir::new(path).into_iter().filter_map(|e| e.ok())
    .filter(|e| match e.path().extension() {
        None => false,
```

```
        Some(ex) => ex == "rs"})
    {
        if e.metadata().unwrap().is_file() {
            let file_name = format!("{}", e.path().display());
            let _ = match find_pattern(&file_name, &pattern){
                Err(error) => panic!("{error}"),
                Ok(contents) => if contents.len() > 0 {
                    println!("{file_name}:\n{}", contents);
                    }
            };
        }
    }
}
```

7. 測試：掃描 AAA 檔案。

```
cargo run -- pattern AAA
```

8. 執行結果：

```
檔案 AAA 不存在.
```

9. 測試：掃描 src 資料夾。

```
cargo run -- pattern src
```

10.執行結果：第一行為檔名，之後為比對到的行號及內容。

```
src\main.rs:
2: fn find_pattern(path:&String, pattern:&String) -> Result<String, std::io::Error> {
14:         if line.contains(pattern) {
23:     let pattern = std::env::args().nth(1).expect("no pattern given");
33:         let _ = match find_pattern(&path, &pattern){
45:             let _ = match find_pattern(&file_name, &pattern){
```

11.測試：掃描往上一層的資料夾，會得到更多的內容。

```
cargo run -- pattern ..
```

範例 5. 採多執行緒，並行搜尋，加快速度，程式放在 src/ch05/grep_threading 資料夾。

1. 加入套件：

```
cargo add walkdir
```

2. 額外引用套件：

```
use std::thread;
```

3. 將掃描資料夾呼叫 find_pattern 函數的程式碼以 thread::spawn 包覆，產生新執行緒，並呼叫 handle.join()，要求主程式必須等到全部的執行緒完成工作才能結束程式。

```
let pattern_tmp = pattern.clone(); // 複製，避免所有權被借用

    // 產生一個新的執行緒
let handle = thread::spawn(move || {  // move：所有權轉移
    let file_name = format!("{}", e.path().display());
    let _ = match find_pattern(&file_name, &pattern_tmp){
        Err(error) => panic!("{error}"),
        Ok(contents) => if contents.len() > 0 {
            println!("{file_name}:\n{}", contents);
            }
    };
});
handle.join().unwrap(); // 要求主程式等執行緒完成工作才能結束程式
```

多個執行緒同時執行，會有很許多限制：

1. 執行緒內程式碼不能共用可變 (mut) 的變數，尤其是計數 (Counter)、陣列，因為多個執行緒可能會同時要修改同一個變數，造成程式 crash。必須使用第三章介紹的智慧指標 Arc。

2. 執行緒執行的順序不可控制，先啟動的執行緒可能後完成，因此，螢幕輸出可能會不按順序。

多執行緒後續在第 11 章並行處理 (Concurrency) 會有更詳細的討論，因為高效能是我們採用 Rust 的重大因素。

範例 6. 再修飾一下，避免掃描到二進位檔，程式放在 src/ch05/grep_final 資料夾。

1. 若掃描到二進位檔，std::fs::read_to_string 會產生【stream did not contain valid UTF-8】錯誤，因此，在 find_pattern 函數中添加：

```
let content = match std::fs::read_to_string(&path) {
    Err(_) => return Ok(s),
    Ok(content) => content
    };
```

2. 同時，建立函數，先過濾掉某些副檔名。

```
const NO_SCAN :[&str; 5] = ["exe", "com", "bin", "dll", "so"];
...
fn do_exist(ext: &str) -> bool {
    for item in NO_SCAN {
        if ext == item {
            return true;
                }
            }
        return false;
    }
```

5-3 工作日誌 (Logging)

通常我們為了除錯 (debug)，會使用 println! 顯示除錯訊息在螢幕上，但這樣做會使正常輸出訊息與除錯訊息交錯出現，造成螢幕輸出混亂，另外程式在上線時要先移除除錯訊息，非常麻煩。因此，與 Python/C#/Java…一樣，Rust 也提供工作日誌 (Logging) 的模組，可將除錯訊息寫入檔案，而不輸出至螢幕。

工作日誌模組具有以下優點：

1. 訊息可分類，分為 error、warn、info、debug、trace，愈前面的等級愈高，我們可以設定要記錄的最低等級，例如 info，則程式碼中的 error、warn、info 除錯訊息都會寫入工作日誌檔，debug、trace 除錯訊息則會被忽略。

2. 工作日誌是允許多個執行緒同時寫入，不會造成程式 crash。

3. 可自訂訊息格式及欄位。

範例 1. 工作日誌測試，程式放在 src/ch05/logging_test 資料夾。

1. 專案要加入套件：cargo add log env_logger。

2. 額外引用套件：

```
use log::{error, warn, info, debug, trace};
use env_logger;
```

3. 測試各類工作日誌訊息。

```
env_logger::init();
trace!("trace message");
debug!("debug message");
info!("info message");
warn!("warn message");
error!("error message");
```

4. 測試：cargo run。

5. 執行結果：只有一行輸出，因為預設等級為 error。注意，其他程式語言都是將工作日誌寫入檔案，但是 Rust 的 env_logger 套件是輸出到螢幕上。

```
[2024-01-31T00:48:23Z ERROR logging_test] error message
```

6. 使用環境變數設定等級為 info。

```
set RUST_LOG=info
```

7. 執行結果：有 3 行輸出，等級大於或等於 info，都會輸出。

```
[2024-01-31T00:53:21Z INFO  logging_test] info message
[2024-01-31T00:53:21Z WARN  logging_test] warn message
[2024-01-31T00:53:21Z ERROR logging_test] error message
```

8. 在 Mac/Linux 作業系統下，可直接設定環境變數及執行。

```
env RUST_LOG=info cargo run
```

範例 2. 自訂工作日誌格式，寫入工作日誌檔，而非輸出至螢幕，程式放在 src/ch05/logging_file 資料夾。

1. 專案要加入套件：cargo add log env_logger chrono，其中 chrono 套件有助於設定區域日期及時間格式。

2. 要寫入檔案，必需使用管線 (Pipe)，首先要開啟一個檔案，例如 log.txt。以下程式碼要求檔案可讀寫，檔案不存在時會新建一個檔案，若檔案存在，訊息會加在檔尾，不會刪除舊資料，可視需要調整程式碼。

```
let target = Box::new(OpenOptions::new()
        .read(true)
        .write(true)
        .create(true)
        .append(true)
        .open("log.txt").expect("Can't create file"));
```

3. 工作日誌檔可自訂工作日誌格式,也可設定訊息等級,來自環境變數或程式碼均可。

```
let mut builder = env_logger::Builder::from_default_env();
builder
    .target(env_logger::Target::Pipe(target))
    .filter(None, LevelFilter::Debug)
    .format(|buf, record| {
        writeln!(
            buf,
                "[{} {} {}:{}] {}",
            Local::now().format("%Y-%m-%d %H:%M:%S%.3f"),
            record.level(),
            record.file().unwrap_or("unknown"),
            record.line().unwrap_or(0),
            record.args()
                )
            })
    .init();
```

- filter(None, LevelFilter::Debug):第 1 個參數為 None,表適用至所有模組,也可指定特定模組,第 2 個參數設定訊息等級。

4. 參照範例 1 方式測試,開啟 log.txt,觀察工作日誌檔內容。

除了 env_logger 外,還有許多套件支援,例如 simple_logger、log4rs…,可參閱【log 套件說明】[4]。

5-4 單元測試 (Unit testing)

程式設計師不僅要撰寫程式,也要負責單元測試,保證程式模組正確無誤,測試規劃程序如下:

1. 擬定測試計畫:涵蓋 5W,測試範圍 (What)、測試人員 (Who)、何時測試 (When)、測試地點 (Where) 及如何測試 (How),測試階段包含單元測試 (Unit testing)、整合測試 (Integration testing)、使用者驗證測試 (User acceptance

testing, UAT)，通常程式設計師須負責單元測試，其他階段由測試小組專責執行。

2. 設計測試案例 (Test case)：對於每個操作情境 (Scenario)，設計各種測試案例，包括會正常及錯誤的案例，特別要注意界限值、異常案例…，盡可能涵蓋所有可能的路徑。

目前流行在規格制訂或程式模組設計的階段，同時設計測試案例，稱為【測試驅動開發】(Test-driven development)，Rust 也支援相關的測試架構，我們就來研究實際的運作方式。

注意，單元測試是驗證個別函數，而不是測試整個程式，因此，要把待測試的程式碼重構成函數。

範例 1. 簡單的單元測試，程式放在 src/ch05/simple_testing 資料夾。

1. 寫一個簡單的 add 函數，使用非負值的 8 位元整數，介於 [0, 255]。

```
fn add(a: u8, b: u8) -> u8 {
    a + b
}
```

2. 主程式 main，如下：

```
fn main() {
    let result: u8 = add(1, 2);
    println!("{result}");

    // 溢位 (overflow)
    let result: u8 = add(u8::MAX, 1);
    println!("{result}");
}
```

3. 執行結果：第一段 OK，第一段發生【溢位】(overflow)。

4. 將 main 的程式碼搬到測試模組：

```
#[cfg(test)]
mod tests {
    // 加這一行才能看的見外部函數
    use super::*;

    // 成功案例
    #[test]
    fn test_add() {
        assert_eq!(add(1, 2), 3);
        }

    // 失敗案例 1
    #[test]
    fn test_bad_add1() {
        let a: u8 = u8::MAX;
        let b: u8 = 1;
        let result: i32 = add(a, b) as i32;
        assert_eq!(result , 256);
        }

    // 失敗案例 2
    // #[test]
    fn test_bad_add2() {
        assert_eq!(add(1, 0-2), 255);
        }
}
```

- #[cfg(test)]：表示以下為測試模組。

- use super::*;：加這一行才能看的見外部函數。

- #[test]：每個案例都要加這個註解 (Annotation)。

- assert_eq!：需使用 assert_eq!(等於) 或 assert_ne!(不等於)，設定驗證條件，可參閱【Complete Guide To Testing Code In Rust】[5]。

5. 須將 add 改為公用函數 (pub)，測試模組才能呼叫：

```
pub fn add(a: u8, b: u8)
```

6. 測試：執行 cargo test，不會執行 main，改執行測試模組。

7. 執行結果：失敗案例 2 會引發編譯錯誤，編譯器會察覺 u8 不接受負值。

```
attempt to compute `0_u8 - 2_u8`, which would overflow
```

8. 把失敗案例 2 刪除，再測試一次，結果如下：

```
running 2 tests
test tests::test_add ... ok
test tests::test_bad_add1 ... FAILED

failures:

---- tests::test_bad_add1 stdout ----
thread 'tests::test_bad_add1' panicked at src\main.rs:2:5:
attempt to add with overflow
note: run with `RUST_BACKTRACE=1` environment variable to display a backtrace

failures:
    tests::test_bad_add1

test result: FAILED. 1 passed; 1 failed; 0 ignored; 0 measured; 0 filtered out; finished in 0.00s
```

- 有一個案例成功，另一個案例失敗。

9. 由於失敗案例引發 panic，是預期中的結果，我們可以將案例加註解 #[should_ panic]，表示這個案例失敗是正確的。

```
#[test]
#[should_panic]
fn test_bad_add1() {
    let a: u8 = u8::MAX;
    let b: u8 = 1;
    let result: i32 = add(a, b) as i32;
    assert_ne!(result , 256);
}
```

10.再測試一次，結果如下：兩個案例都成功。

```
running 2 tests
test tests::test_add ... ok
test tests::test_bad_add1 - should panic ... ok

test result: ok. 2 passed; 0 failed; 0 ignored; 0 measured; 0 filtered out; finished in 0.00s
```

11.如果失敗不會引發 panic，是單純的運算結果與預期答案不相等，我們可以將 assert_eq! 改成 assert_ne!。

```
#[test]
fn test_bad_add3() {
    assert_ne!(add(1, 2) , 6); // 1+2 != 6
}
```

12.測試結果如下：3 個案例都成功。

```
running 3 tests
test tests::test_add ... ok
test tests::test_bad_add1 - should panic ... ok
test tests::test_bad_add3 ... ok

test result: ok. 3 passed; 0 failed; 0 ignored; 0 measured; 0 filtered out; finished in 0.01s
```

範例 2. 一般專案規劃會將函數放在獨立的資料夾或其他專案，測試個案也會放在獨立的 tests 資料夾，在 Rust 文件說明稱之為【整合測試】，以下將程式拆分成多個檔案，程式放在 src/ch05/integration_test 資料夾，專案資料夾規劃如下：

```
src\lib.rs
tests\test1.rs
```

1. 新建一個 lib 專案：cargo new integration_test --lib。

2. src\lib.rs 程式碼如下：**注意，檔名必須為 lib.rs**。

```
pub fn add(a: u8, b: u8) -> u8 {
    a + b
}
```

3. 新增資料夾 tests，注意，位於 integration_test 之下，而非 src 之下。

4. 新增檔案 tests\test1.rs，內容如下：

```
#[test]
fn test_add() {
    assert_eq!(integration_test::add(3, 2), 5);
}
```

- 不用 use 或 mod 引用，直接使用 < 專案名稱 >::< 函數名稱 >，即 integration_test::add。要指名 < 專案名稱 > 是因為建置時，tests 資料夾內程式會另外建置成一執行檔，但因在同一專案內會自動引用，故不須 use < 專案名稱 >。

5. 測試：cargo test，結果如下，有 3 種測試項目。

- 單元測試：0 個測試案例。

- 整合測試：1 個測試案例。

- 文件測試 (Doc-tests)：0 個測試案例，後面會說明。

```
running 0 tests
test result: ok. 0 passed; 0 failed; 0 ignored; 0 measured; 0 filtered out; finished in 0.00s
     Running tests\test1.rs (target\debug\deps\test1-2fbefa6cd4d12622.exe)
running 1 test
test test_add ... ok
test result: ok. 1 passed; 0 failed; 0 ignored; 0 measured; 0 filtered out; finished in 0.00s
   Doc-tests integration_test
running 0 tests
test result: ok. 0 passed; 0 failed; 0 ignored; 0 measured; 0 filtered out; finished in 0.00s
```

範例 3. 將公用函數放在 util 子資料夾，同時也包含主程式 main.rs，範例程式放在 src/ch05/testing_architecture 資料夾。專案資料夾規劃如下：

```
src\main.rs
src\lib.rs
src\util\mod.rs
tests\test1.rs
```

1. 新建專案：

```
cargo new testing_architecture
```

2. 新增 util 資料夾，在 util 資料夾下新增 mod.rs，程式碼如下：**注意，檔名必須為 mod.rs**。

```
pub fn add(a: u8, b: u8) -> u8 {
    a + b
}
```

3. 新建 src\lib.rs 程式碼如下：引用 util 模組。

```
pub mod util;
```

4. 執行主程式：cargo run，結果 =3，main 順利呼叫到 add 函數。

5. 測試：cargo test，結果如下，測試模組也順利呼叫到 add 函數。

```
running 0 tests
test result: ok. 0 passed; 0 failed; 0 ignored; 0 measured; 0 filtered out; finished in 0.00s
     Running tests\test1.rs (target\debug\deps\test1-0128c6fe9a90607d.exe)
running 3 tests
test test_add ... ok
test test_bad_add3 ... ok
test test_bad_add1 - should panic ... ok

test result: ok. 3 passed; 0 failed; 0 ignored; 0 measured; 0 filtered out; finished in 0.00s

   Doc-tests testing_architecture
running 0 tests
test result: ok. 0 passed; 0 failed; 0 ignored; 0 measured; 0 filtered out; finished in 0.00s
```

6. 整合測試可詳閱【Rust By Example -- 21.3. Integration testing】[6]。

7. 文件測試 (Doc-tests)：可以使用註解設計測試案例，如下，在 util\mod.rs 下新增：

```
/// ```
/// let result = testing_architecture::util::add(2, 3);
/// assert_eq!(result, 5);
/// ```
pub fn add(a: u8, b: u8) -> u8 {
    a + b
}
```

- 使用【CommonMark Markdown specification】[7] 語法撰寫測試案例，其實主要就是以【```】包覆測試的程式碼。

- 文件測試可詳閱【Rust By Example -- 21.2. Documentation testing】[8]。

筆者花費許多時間才打通任督二脈，原來有些檔案必須固定名稱，而 tests 資料夾也須擺對位置，放在專案下，而非 src 下，要引用子資料夾下的函數檔案需藉助 src\lib.rs，以 mod 引用子資料夾 (mod util)，更詳盡的模組的引用，可詳閱【Learning Rust gitbook】[9]。

5-5 組態管理 (configuration management)

撰寫程式總是希望保留最大的彈性，因此，會希望有些設定是使用者可以自訂的，設定可以儲存在組態檔中或在環境變數中，讓使用者便於修改，不需更改程式碼，這就是所謂的組態管理 (configuration management)。

組態管理的輔助套件有很多，例如 config[10]、confy[11]，以下介紹 config 套件用法。注意，config 套件依賴許多套件，在 cargo run 時可能會出現 link error，須重覆執行 cargo run，直至成功為止。

範例 1. 使用 config 套件將變數儲存在組態檔中，程式放在 src/ch05/config_test1 資料夾。

1. 建立新專案：

```
cargo new config_test1
```

2. 加入 Config 套件：

```
cargo add config
cargo add rand
```

3. 複製 src/ch04/loop_test1/src/main.rs，程式主要功能是猜數字，原程式猜錯 5 次即算失敗，會結束程式執行，現在改由組態檔設定最大猜錯次數，程式修改如下。

   3.1 src/main.rs 首行插入：

```
use config::Config;
```

3.2 main() 內加入【組態檔讀取】程式碼。

```
    let settings = Config::builder()
// Add in `./Settings.toml`
.add_source(config::File::with_name("./Settings"))
.build()
.unwrap();
```

3.3 讀取單一設定：

```
let max_count:i64 = settings.get_int("max_count").unwrap();
```

3.4 將 count >= 5 修改為 count >= Max_count

4. 新增 config_test1/Settings.toml，內容如下：

```
max_count = 3
```

5. 測試：cargo run，猜錯 3 次即算失敗，會結束程式執行。

```
猜一個數字(0~9)：
1
猜錯了.
猜一個數字(0~9)：
2
猜錯了.
猜一個數字(0~9)：
3
猜錯了.
失敗. 答案是6
```

範例 2. 一次讀取所有的組態設定，儲存在 HashMap 中，程式放在 src/ch05/ config_test2 資料夾。

1. 建立新專案：

```
cargo new config_test2
```

2. 加入 Config 套件：

```
cargo add config
```

3. 引用套件：

```
use config::Config;
use std::collections::HashMap;
```

4. 一次讀取所有的組態設定，儲存在 HashMap 中。

```
fn main() {
    let settings = Config::builder()
        // Add in `./Settings.toml`
        .add_source(config::File::with_name("./Settings"))
        .build()
        .unwrap();

        // 顯示所有組態變數
    println!("HashMap: {:#?}", settings.clone()
        .try_deserialize::<HashMap<String, String>>()
        .unwrap());

        // 讀取並顯示單一變數
    println!("max_count: {}", settings.get::<i32>("max_count").unwrap());
    println!("name: {}", settings.get::<String>("name").unwrap());
}
```

- settings.get::<T>(key)：可讀取單一設定，T 為設定的轉換型別，key 為設定的鍵值。

5. 設定檔 Settings.toml 內容：

```
max_count = 3
name = "John"
```

6. 測試：

```
cargo run
```

7. 執行結果：

```
HashMap: {
    "max_count": "3",
    "name": "John",
}
max_count: 3
name: John
```

範例 3. 將組態設定在環境變數中，程式放在 src/ch05/config_test3 資料夾。

1. 開啟環境變數編輯器：在 DOS 視窗輸入下列指令。

```
rundll32 sysdm.cpl,EditEnvironmentVariables
```

2. 出現畫面如下，點選【新增】按鈕。

3. 設定環境變數如下：

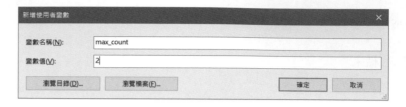

4. 將 src/ch05/config_test1 複製成 src/ch05/config_test3。

5. 刪除 config_test2/Settings.toml。

6. 修改 Cargo.toml 內容，將 config_test1 改為 config_test3。

7. 修改 main.rs，有兩種方式可讀取環境變數。

• 使用 std 模組：

```
let max_count:i64 = std::env::var("max_count")
        .expect("max_count not found.").parse().unwrap();
```

• 使用 config 套件，類似 config_test1 專案：

```
let settings = Config::builder()
    .add_source(Environment::default())
    .build()
    .unwrap();

// 讀取變數
let max_count:i64 = settings.get_int("max_count").unwrap();
```

8. 測試：cargo run，結果如下，只能猜 2 次，如上述環境變數設定。

```
2
猜一個數字(0~9)：
1
猜錯了.
猜一個數字(0~9)：
2
猜錯了.
失敗. 答案是9
```

9. 通常使用環境變數設定，會比較隱密，不會因疏失複製 Settings.toml 檔案給
   他人，缺點是佈署到另一台主機時，必須重新設定。

除了 toml 格式，Config 套件也支援 ini、json、yaml…等格式。

5-6 Head、Tail 程式開發

Linux 常用的 Head、Tail 指令 Windows 作業系統並未提供，我們來實作一下，
提供日常使用。

1. Head：顯示檔案前 n 列。

2. Tail：顯示檔案後 n 列。

通常是因檔案列數很多，我們只想觀看前 / 後 n 列，而 grep 使用 std::fs::read_
to_string 一次讀取所有列數，載入會花很多時間，也沒必要，因此，可以改用分
段讀取檔案的方式。

範例 1. Head 程式開發，程式放在 src/ch05/head 資料夾。

1. 建立新專案：

```
cargo new head
```

2. 讀取兩個參數，分別是檔名 (path) 及讀取列數 (n)。

```
let path = std::env::args().nth(1).expect(" 請提供檔名 .");
let n:i32;
if std::env::args().len() <= 2 {
    n = 5;
} else {
    n = std::env::args().nth(2).expect(" 請提供讀取列數 .")
        .trim().parse().expect(" 請提供讀取列數 .");
}
```

3. 檢查檔案是否存在。

```
if !std::path::Path::new(&path).exists() {
    panic!(" 檔案 {path} 不存在 .");
}
```

4. 開啟檔案，並使用 BufReader 分段讀取。

```
let f = std::fs::File::open(&path).expect(&format!(" 無法讀取檔案 {}.", path));
let mut reader = BufReader::new(f);
```

5. 讀取前 n 列。

```
let mut line = String::new();
for _ in 0..n {
    let _ = reader.read_line(&mut line).expect("");
    print!("{line}");
    line = String::new();
}
```

6. 測試：讀取 src\main.rs 檔案前 5 列。

```
cargo run src\main.rs 5
```

7. 執行結果：

```
use std::io::prelude::*;
use std::io::BufReader;

fn main() {
    let path = std::env::args().nth(1).expect("請提供檔名.");
```

8. 測試：讀取 src\main.rs 檔案前 50 列。

```
cargo run src\main.rs 50
```

9. 執行結果：因為檔案只有 30 列，超過會得到空字串，不會出現錯誤。

範例 2. Tail 程式開發，程式放在 src/ch05/tail 資料夾。

1. 建立新專案：

```
cargo new tail
```

2. 使用 rev_lines 套件，它可以從檔尾往前讀：

```
cargo add rev_lines
```

3. 讀取兩個參數，分別是檔名 (path) 及讀取列數 (n)。與範例 1 相同。

4. 開啟檔案，並使用 BufReader 分段讀取，並設定從檔尾往前讀。

```
// open file
let f = std::fs::File::open(&path).expect(&format!(" 無法讀取檔案 {}.", path));

// read file reversely
let mut reader = RevLines::new(BufReader::new(f));
```

5. 讀取 n 列，放入陣列。

```
let mut vec: Vec<String> = Vec::new();
for _ in 0..n {
    // 設定讀取列數超過檔案列數，reader.next() 會回傳 None
    let _ = match reader.next() {
        Some(value) => vec.push(format!("{}", value.unwrap())),
        None => ()
            };
}
```

6. 因從檔尾往前讀，並放入陣列，置放順序是顛倒的，故須反轉陣列後顯示。

```
for line2 in vec.iter().rev() {
    println!("{line2}");
}
```

7. 測試：讀取 src\main.rs 檔案後 5 列。

```
cargo run src\main.rs 5
```

8. 執行結果：

```
// print last n rows
for line2 in vec.iter().rev() {
    println!("{line2}");
}
}
```

9. 測試：讀取 src\main.rs 檔案後 100 列。

```
cargo run src\main.rs 100
```

10.執行結果：會顯示檔案所有內容。

最後一步，讀者可以切換到 src\ch05 資料夾，執行下列指令，將 grep_final、head 及 tail 執行檔安裝至 C:\Users\< 使用者 >\.cargo\bin 資料夾內。

＊ cargo install --path grep_final

＊ cargo install --path head

＊ cargo install --path tail

確定環境變數 path 有包含 C:\Users\< 使用者 >\.cargo\bin，之後，就可以在任何資料夾下使用這些程式了，可以使用 where head 確認，Mac/Linux 可以使用 which head。

撰寫程式時，我們怎麼知道要使用哪個套件比較方便？谷大神 (Google search) 永遠是最好的夥伴，輸入問題搜尋，就可以找到很多建議，可能是一段程式碼或套件，讀者可依據自身需求，決定自行開發或使用他人撰寫的套件，要注意的是，Rust 及套件版本更新很頻繁，搜尋內容可能是舊版的教學內容，有時候必須花點時間測試哪一個建議是正確的，面對快速成長中的語言，這是無可避免的尷尬處境，Python 也是如此，某些函數可能只適用舊版，這是因為套件初始設計不良，遺留下來的【技術債】(Technical debt)，之後套件開發者重構程式，忍痛將不合宜的函數淘汰或修改參數規格所造成的。

5-7 本章小結

本章透過多個 CLI 程式實作，學習到完整的應用程式開發會碰到的問題及解決技巧，同時了解多執行緒 (Multi-threading)、工作日誌 (Logging)、單元測試 (Unit testing)、組態管理 (configuration management)…等開發應用系統必備的技巧。下一章我們再繼續介紹 Rust 進階的設計觀念，為更複雜的程式開發作準備，加油 !!

參考資料 (References)

[1] 命令列手冊 (https://suibianxiedianer.github.io/rust-cli-book-zh_CN/README_zh.html)

[2] StructOpt 套件 GitHub (https://github.com/TeXitoi/structopt)

[3] WalkDir 套件 (https://docs.rs/walkdir/latest/walkdir/)

[4] log 套件說明 (https://docs.rs/log/latest/log/)

[5] Complete Guide To Testing Code In Rust (https://zerotomastery.io/blog/complete-guide-to-testing-code-in-rust/)

[6] Rust By Example -- 21.3. Integration testing (https://doc.rust-lang.org/rust-by-example/testing/integration_testing.html)

[7] CommonMark Markdown specification (https://commonmark.org/)

[8] Rust By Example -- 21.2. Documentation testing (https://doc.rust-lang.org/rust-by-example/testing/doc_testing.html)

[9] Learning Rust gitbook (https://learning-rust.gitbook.io/book/lets-get-it-started/modules)

[10] config 套件 (https://github.com/mehcode/config-rs/tree/master)

[11] confy 套件 (https://github.com/rust-cli/confy)

MEMO

第二篇

Rust 進階

看完 Rust 基礎篇，與 C++ 程式語言比較，好像只有套件管理、安全性比較值得一提，與 Python 比較，也只有高效能及可編譯 / 建置成執行檔，較有看頭，Rust 如果只有這樣，那就不會得到那麼多關愛的眼神了。掌握 Rust 基礎篇，可以完成一般的程式開發，接著進階篇會介紹更多的設計概念，可以使開發的生產力大幅提高，也可以使應用程式擁有更強健 (Robust) 的架構與彈性。

進階篇會包含以下章節：

1. 變數的所有權 (Ownership) 管理：包括變數的擁有、借用、轉移…等，確保記憶體有效管理，不發生記憶體洩漏 (Memory leak) 的情形，這是撰寫系統程式或 API 非常重要的關鍵。

2. 泛型 (Generics)：提供多種資料型態均適用的函數，類似物件導向程式設計 (OOP) 的【多載】(Overload)、【多型】(Polymorphism) 的概念。

3. 特徵 (Trait)：類似介面 (Interface)，主要是訂定類別 (Class) 的規格，是撰寫 OOP 程式的基礎。另外，也提供繼承、限制泛型範圍 (Trait bound) 及動態調度 (Dynamic dispatch)…等功能。

4. 巨集 (Macro)：是一種語法糖 (Syntax sugar)，以特殊的語法形式擴展程式，類似程式產生器。

5. 閉包 (Closure)：是一種匿名函數，或稱 Lambda expression、Lambda function，扮演【函數式程式設計】(Functional Programming) 的關鍵角色。

6. 同樣的，運用以上的進階概念，開發各式的應用範例，讓我們能更深入瞭解上述設計規範。

所有權 (Ownership)

大部分的程式語言都支援垃圾資料回收 (Garbage Collection) 機制，當實體記憶體或程式堆積 (Heap) 不足時，系統就會啟動記憶體回收，檢查哪些變數已不會被使用，進行標記、重新配置記憶體、縮減佔據的記憶體，這些動作都需要一些時間處理，Rust 不採用垃圾資料回收機制，而是制定較嚴謹的編程方式，讓開發者決定變數的生命週期，一旦變數超出有效範圍 (out of scope)，生命週期結束，系統就會主動回收記憶體，這樣的處理方式，就不會因不定時的垃圾資料回收，造成程式執行不順暢的現象，缺點是開發者必須很清楚的瞭解變數的生命週期、所有權、轉移、借用、作用域等觀念，才能撰寫出正確、有效率的程式。

6-1 所有權管理

Rust 規定每一塊使用的記憶體，都會有所謂的擁有者 (owner)，一旦擁有者離開作用域 (scope) 時，記憶體就被回收。乍聽之下好像很簡單，但是，在程式中所有權可能被轉移 (Move)、借用 (Borrow)、參考 (Reference)，多個變數可能在不同時間點會短暫擁有這一塊記憶體，因此，Rust 如何確保擁有者生命週期已結束，才回收記憶體，就變得非常複雜，這個責任必須由開發者與編譯器共同承擔。

所有權管理包含以下規則：

1. 每一個變數值，即每一塊佔據的記憶體，都會有所謂的擁有者 (owner)。

2. 同一時間點只能有一個擁有者。

3. 當擁有者離開作用域 (scope) 時，記憶體就被回收。

接著我們就來實驗各種狀況，建議使用【遊樂場】(Playground)[1] 實驗比較簡便。

範例 1. 擁有者離開作用域時，記憶體會被釋放。

1. 程式碼：

```
{
    …               // s 在此處無效，因為它還沒宣告
let s = "hello";    // s 在此開始視為有效
    …               // 使用 s
}                   // 此作用域結束， s 不再有效
println!("{s}")     // 出現 s 未被宣告的錯誤
```

2. 在 {} 內，s 從出生到結束，涵蓋 s 的生命週期，儲存 "hello" 的記憶體，會在擁有者 s 生命結束時被釋放。在 {} 後面再使用 s，譬如 println!("{s}")，就會出現 s 未被宣告的錯誤。

3. 使用【遊樂場】實驗。

```
1   #![allow(unused)]
2 ▾ fn main() {
3 ▾     {
4           let s = "hello";
5       }
6       println!("{s}")
7   }
```

```
    Compiling playground v0.0.1 (/playground)
error[E0425]: cannot find value `s` in this scope
  --> src/main.rs:6:16
    |
6   |       println!("{s}")
    |                   ^
```

範例 2. 所有權可以被轉移 (move)。

1. 程式碼：

```
let x2:&str;
    {
    let x1 = "hello";
    x2 = x1;
    }
println!("{x2}");
```

2. x2 = x1 表示將 "hello" 記憶體的所有權轉移給 x2，即擁有者換成 x2，{} 之後，x1 生命結束，但 "hello" 記憶體不會被回收，因為所有者是 x2，所以 println!("{x2}") 還是 OK 的。

3. 為什麼要記錄所有權轉移？若不記錄，x1 生命週期結束，"hello" 記憶體會被回收一次，x2 生命結束，相同位置的記憶體又會被回收一次，就出錯了，所以所有權管理規則第二條【同時間只能有一個擁有者】。

基礎型別 (Primitive types)，例如整數、浮點數、布林、字元等變數只能儲存單一值，且已知記憶體大小，譬如 i32 為 32 位元，基礎型別沒有所有權轉移的問題，因為他們預設行為是【複製】(copy)，執行 x2=x1 時，是把 x1 的變數值複製一份給 x2，而不是把 x1 記錄的記憶體位置指派給 x2。注意，但字串 &str 是採用借用 (borrow) 的作法，而標準函數庫的 String 沒有實作【複製】的行為，所有權會被轉移，如此設計的原因，主要是執行效能的問題，字串型別有可能儲存大量資料，使用【複製】資料給其他變數，會耗費太多執行時間與記憶體，因此，預設會使用參考的方式，將 x1 的記錄的記憶體位址指派給 x2。

範例 3. 基本型別指派或傳遞都是複製，沒有所有權轉移的問題。

1. 程式碼：

```
let x1:i32 = "2".trim().parse().unwrap();
println!("{}", x1.rotate_left(1));  // 顯示 x1 位元左移

let x2 = x1.to_string();      // x1 所有權不會被轉移 (move)
println!("{}", x1.rotate_left(1));  // x1 可以再使用
```

2. 使用【遊樂場】實驗。

```
1   #![allow(unused)]
2
3 ▾ fn main() {
4       let x1:i32 = "2".trim().parse().unwrap();
5       println!("{}", x1.rotate_left(1));  // 顯示 x1 位元左移
6
7       let x2 = x1.to_string();        // x1 所有權不會被轉移(move)
8       println!("{}", x1.rotate_left(1));  // x1 可以再使用
9   }
10
```

```
Compiling playground v0.0.1 (/playground)
 Finished dev [unoptimized + debuginfo] target(s) in 0.57s
  Running `target/debug/playground`
```

```
4
4
```

範例 4. 相同操作在字串上，就會出錯。

1. 程式碼：

```
let x1:String = "hello".to_string();
println!("{}", x1.len()); // 顯示 x1 字串長度


let x2 = x1.into_bytes();  // x1 所有權會被轉移
println!("{}", x1.len());  // x1 不可以再使用
```

2. 最後一行會出現錯誤，因 x1 所有權已被轉移。

```
let x1:String = "hello".to_string();
    -- move occurs because `x1` has type `String`, which does not implement the `Copy` trait
let x2 = &x1.into_bytes();  // x1 所有權會被轉移(move)
            ------------ `x1` moved due to this method call
println!("{}", x1.len()); // 顯示 x 字串長度
              ^^ value borrowed here after move
```

範例 5. 要避免上述錯誤，可以使用 clone 複製一份資料給 x2，就不會出錯，程式放在 src/ch06/ownership_string 資料夾。

1. String 測試。

```
let x1:String = "hello".to_string();
println!("{}", x1.len()); // 顯示 x1 字串長度


let x2 = &x1.clone().into_bytes();   // 複製 x1 一份資料給 x2，x1 可以再使用
println!("{}", x1.len()); // x1 可以再使用
```

2. &str 測試：使用【&】所有權不會被轉移，只會被借用 (borrow)。這是一個常用的方式，將變數參考傳給函數，呼叫函數者並不會失去變數所有權，只是借用出去，呼叫函數完後還是可以繼續使用。

```
let x1: &str = "hello";
println!("{}", x1.len()); // 顯示 x1 字串長度


let x2 = &x1.bytes();// 借用
println!("{}", x1.len());  // x1 可以再使用
```

範例 6. 若不加【&】，使用函數傳遞或接收參數都會造成所有權轉移，程式放在 src/ch06/ownership_test 資料夾。

1. 程式碼：

```
fn gives_ownership() -> String {   // 回傳字串
    let some_string = "hello".to_string();
    some_string
}


// 接收字串，並回傳字串
fn takes_and_gives_back(a_string: String) -> String {
    a_string + " too"
}

// 測試
fn main() {
    let x1 = gives_ownership(); // x1 取得函數回傳值的所有權
    println!("{}", x1);

    // x1 所有權轉移給函數，之後 x1 又取得函數回傳值的所有權
    let x1 = takes_and_gives_back(x1);
    println!("{}", x1);
}
```

2. 執行結果：hello、hello too。

3. x1 = gives_ownership()：從函數回傳參數取得所有權。

4. x1 = takes_and_gives_back(x1)：呼叫函數將 x1 轉移出去，函數回傳後，x1 再取回所有權。

範例 7. 陣列測試，程式放在 src/ch06/ownership_vec 資料夾。。

1. 程式碼：

```
let mut x1 = [1,2,3];
let mut x2 = x1;// 複製 x1，x1 所有權不會被轉移
x2[0] = 10;    // x1 未隨之更改
println!("x1:{:?}", x1);  // x1 可以再使用
println!("x2:{:?}", x2);
```

2. 原生的陣列測試：【x2 = x1】會複製 x1 給 x2，故更改 x2，不會影響 x1，執行結果：x1:[1, 2, 3]，x2:[10, 2, 3]。

3. 原生的陣列轉換為標準函數庫的 vec，也是複製行為，對 x1 無影響，執行結果：x1.len=3，x2.len=4。

```
let x1 = [1,2,3];
let mut x2 = x1.to_vec();  // 複製 x1，x1 所有權不會被轉移
x2.push(4);
println!("x1.len：{}", x1.len());  // x1 可以再使用
println!("x2.len：{}", x2.len());
```

4. 使用標準函數庫的 vec，【x2 = x1】會造成 x1 所有權會被轉移至 x2，x1 之後不可以再使用，故最後一行會出現錯誤。

```
let x1 = vec![1,2,3];
let x2 = x1;  // x1 所有權會被轉移
println!("{}", x1.len());  // x1 不可以再使用
```

5. 【x2 = x1】需修改為【x2 = x1.clone()】，複製 x1 給 x2，x1 所有權不會被轉移。

由以上範例可以得知原生資料型別都採複製行為，而標準函數庫大部分的資料型別屬於動態配置記憶體，都未實作 `Copy` trait，故所有權會被轉移。也就是說，放在堆疊 (Stack) 的變數會被複製，所有權不會被轉移，而動態配置記憶體的變數放在堆積 (Heap)，所有權會被轉移，如不想轉移，就使用 Clone() 複製一份，以上的設計主要的考量就是效能。

6-2 參考與借用 (References and Borrowing)

重複使用變數值時，又不想要轉移所有權，每次都要呼叫 clone()，實在太麻煩了，我們可以利用【參考】(reference)，取得使用權，但不轉移所有權，稱之為【借用】(Borrowing)。

範例 1. 參考 (reference)：使用參考可以避免所有權會被轉移，因為複製的是變數值的位址，而非資料，程式放在 src/ch06/borrow_test 資料夾。。

1. 程式碼：

```
let x:&str ="hello";
println!("{}", x);
let ptr = *&x;
println!("{}", ptr);
println!("{}", x);
```

2. 執行結果都是 hello。

3. x 所有權不會被轉移。

範例 2. 呼叫函數傳遞位址參數，函數取得變數 x 的使用權 (借用)，但不轉移所有權。

1. 程式碼：

```
fn main() {
        let x:String ="hello".to_string();
    let len = calculate_length(&x);// &x：借用
    println!("{} {}", x, len);
    }

    fn calculate_length(x: &String) -> usize {
        x.len()
    }
```

2. 執行結果：hello 5。

範例 3. 可變參考 (mutable reference)：函數借用參數後如何修改。

1. 程式碼：

```
fn main() {
    let mut x:String ="hello".to_string();
    change(&mut x);
    println!("{}", x);
}

fn change(x: &mut String) {
    x.push_str(", world");
}
```

2. 執行結果：hello, world。

3. 要修改變數值，程式需作下列變更：

- 變數 x 宣告要加【mut】：let mut x="hello".to_string()。

- 呼叫函數傳遞位址參數要加【&mut】：change(&mut x)。

- 函數接收位址參數要加【&mut】：fn change(x: &mut String)。

4. 記得只能使用 String，不能使用 &str，因為後者資料不能被修改。

範例 4. 可變參考 (&mut) 只能被指派一次，避免一個變數同時被修改。

1. 程式碼：

```
let mut x:String ="hello".to_string();
let x1 = &mut x;
let x2 = &mut x;
println!("{}, {}", x1, x2);
```

2. 編譯錯誤：

```
error[E0499]: cannot borrow `x` as mutable more than once at a time
 --> src/main.rs:5:14
  |
4 |      let x1 = &mut x;
  |               ------ first mutable borrow occurs here
5 |      let x2 = &mut x;
  |               ^^^^^^ second mutable borrow occurs here
6 |      println!("{}, {}", x1, x2);
  |                         -- first borrow later used here
```

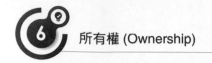

範例 5. 參考會在作用域 (scope) 之後結束，因此上述 println 分兩次，就沒問題。

1. 程式碼：

```
let x1 = &mut x;
println!("{}", x1);
let x2 = &mut x;
println!("{}", x2);
```

2. x1 最後使用在第 2 行，故在第 2 行後 x1 參考就結束了，編譯器可以偵測到，因此 x2 再參考一次也沒問題。

範例 6. 迷途指標 (Dangling pointer)：萬一參考未結束，但參考指到的變數值已被回收，此錯誤稱為【迷途指標】(Dangling pointer)。不用擔心，Rust 編譯器會偵測到此一狀況，程式放在 src/ch06/dangling_test 資料夾。

1. 程式碼：

```
fn main() {
    let reference_to_nothing = dangle();
    println!("{reference_to_nothing}");
}
fn dangle() -> &String {
    let s = String::from("hello");
    &s
}
```

2. 編譯錯誤：dangle 函數回傳 s 的參考，但 s 在最後第 2 行變數生命週期結束，記憶體已被回收，無法在函數結束後回傳參考，故發生【迷途指標】，編譯器偵測此一錯誤，建議函數回傳值應改為全局變數 (static)。

```
error[E0106]: missing lifetime specifier
 --> src/main.rs:5:16
  |
5 | fn dangle() -> &String {
  |                ^ expected named lifetime parameter
  |
  = help: this function's return type contains a borrowed value, but there is no value for it to be borrowed from
help: consider using the `'static` lifetime
  |
5 | fn dangle() -> &'static String {
```

3. 修正如下：使用全局變數 (static)。

```
static S: &str = "hello";
fn not_dangle() -> &'static str {
    &S
}
```

4. 但任意使用全局變數 (static)，會造成程式維護困難，再次修正如下，【'a】
   表特定的生命週期，第一行程式宣告【回傳值與函數的生命週期相同是 a】，
   這樣程式就可以正確執行了，有關生命週期會在後續再討論：

```
fn  not_dangle<'a>() -> &'a str {
    let s:&str = "hello";
    &s
}
```

範例 7. 切片 (slicing)：陣列切片可允許多個參考。

1. 程式碼：

```
let x:String ="hello".to_string();
let x1 = x[0..3];
let x2 = x[3..];
println!("{}, {}", x1, x2);
```

2. 編譯錯誤訊息：x[0..3] doesn't have a size known at compile-time (不確定大
   小)，因為 Rust 要控管記憶體，它不允許一般變數有不可預知的字串長度。
   因此，切片時變數要加【&】，x1、x2 是儲存參考，而非變數值，就 OK 了。

```
let x1 = &x[0..3];
let x2 = &x[3..];
```

以上兩節的程式碼主要參考：

1. 【Rust 程式設計語言 4. 理解所有權】[2]。

2. Rust Ownership — Explained for Beginners[3]。

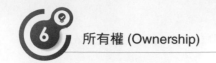

6-3 生命週期 (Lifetime)

C 語言時代，記憶體的回收是人工的，如果忘了回收 (dealloc)，就會發生記憶體洩漏 (Memory leak)，程式執行久了，就慢慢把記憶體吃光了，因此，後來的高階語言大都採用自動記憶體回收，即垃圾回收 (Garbage collection, GC)，系統發現變數不再被使用時，配置的記憶體就會被回收，但 Rust 並未採用 GC，它判斷變數超出有效範圍 (Scope)，就會被回收，因此，之前才會有討論所有權的問題：

1. 每一塊資源只有一個擁有者 (Owner)，擁有者超出有效範圍，它指向的資源就會被回收。

2. 其他變數要使用同一塊資源，必須移轉 (move)、借用 (borrowing) 或參考 (referencing)。

3. 參考時必須指定生命週期 (Lifetime)，註明參考的資源何時要被回收。

4. Rust 允許省略生命週期的註記 (annotation)，由編譯器代為判斷，稱為 Lifetime Elision。

生命週期的註記使用【'a】，a 代表生命週期的標籤 (label)，也可以是任何小寫的字母，而【'static】代表全局變數，直到程式結束執行，生命週期才跟著結束。

範例 1. 生命週期測試，根據 BMI 判斷體重是否適中，程式放在 src/ch06/lifetime_test 資料夾。

1. 定義函數，根據 BMI 判斷體重。

```
fn check_bmi (bmi:f32) -> &str {
    if bmi > 24.0 {
            "體重過重."
    } else if bmi > 18.5 {
            "體重適中."
    } else {
            "體重過輕."
```

```
        }
}
```

2. 測試。

```
fn main() {
    let bmi:f32 = std::env::args().nth(1).unwrap().trim().parse().unwrap();
    println!("{}", check_bmi(bmi));
}
```

3. 編譯時出現錯誤訊息【&str expected named lifetime parameter】，函數宣告
   就出錯，未宣告生命週期，因為回傳的字串在函數結束前就被回收了，因此，
   呼叫者是收不到回傳值的。

4. 改寫函數宣告：加上生命週期【'a】，回傳值與函數生命週期相同，因函數
   生命週期會直到程式結束，故呼叫者可順利收到回傳值。

```
fn check_bmi<'a>(bmi:f32) -> &'a str {…}
```

5. 也可以宣告生命週期【'static】，表回傳值生命週期會直到程式結束。

```
fn check_bmi(bmi:f32) -> &'static str {…}
```

6. 若函數 check_bmi 回傳整數就不須註記生命週期，因為整數是複製回傳值給
   呼叫者，而非參考，例如 check_bmi2，通常只有參考 (&) 才要設定生命週期。

```
fn check_bmi2(bmi:f32) -> u8 {
    if bmi > 24.0 {
            0
    } else if bmi > 18.5 {
            1
    } else {
            2
        }
}
```

範例 2. struct 生命週期測試，程式放在 src/ch06/lifetime_test2 資料夾。

1. 定義 struct：因為成員宣告為參考，因此，必須宣告生命週期。

```
struct Person<'a> {
    fname: &'a str,
    lname: &'a str
}
```

2. 實作 (impl) struct 也要跟著宣告生命週期，但裡面的函數可省略。

```
impl<'a> Person<'a> {
    // new 不須宣告生命週期，因 impl 已宣告
    fn new(fname: &'a str, lname: &'a str) -> Person<'a> {
        Person {
            fname : fname,
            lname : lname
                }
        }

    fn fullname(&self) -> String {
        format!("{} {}", self.fname , self.lname)
        }
}
```

3. 測試。

```
fn main() {
    let player = Person::new("Serena", "Williams");
    println!("Player: {}", player.fullname());
}
```

4. 執行結果：順利印出【Player: Serena Williams】。

範例 3. 函數可以宣告多個生命週期，程式放在 src/ch06/lifetime_test3 資料夾。

1. 函數 print_refs 宣告生命週期 a、b，x 的生命週期為 a，y 的生命週期為 b，
   表示 x、y 生命週期至少跟函數 print_refs 一樣長。

```
fn print_refs<'a, 'b>(x: &'a i32, y: &'b i32) {
    println!("x is {} and y is {}", x, y);
}
```

2. 再看一個複雜的例子，先定義結構的生命週期為 a。

```
struct Foo<'a> {
    x: &'a i32,
}
```

3. 測試：

```
let x;                  // x goes into scope
{
    let y = &5;           // y goes into scope
    let f = Foo { x: y };    // f goes into scope
    x = &f.x;            // 這一行導致錯誤
}                    // f and y go out of scope
println!("{}", x);    // 這一行發生錯誤
```

4. x 在 {} 外，生命週期應該持續到最後，但是【f = Foo { x: y }】及結構的定義，
   使得 f 的生命週期與 y 相同，而【x = &f.x】使得 x 生命週期與 f 相同，故 {}
   之後 x 生命週期隨著 f 而結束，導致最後一行出現錯誤。

5. 錯誤訊息如下：

```
        let f = Foo { x: y }; // ---+ f goes into scope
            - binding `f` declared here
        x = &f.x;               // | | error here
            ^^^^ borrowed value does not live long enough
    }                         // ---+ f and y go out of scope
    - `f.x` dropped here while still borrowed
    println!("{}", x);        // |
                - borrow later used here
```

從以上的討論，生命週期好像很複雜，但是，如果沒有使用到參考，其實就很單純，大部分都採取複製的方式傳遞參數，所有權就沒有轉移與借用的問題。

以上的程式主要修改自【Learning Rust 的 Lifetime】[4] 及【Rust 程式語言 4.9 生命週期 [5]】，生命週期的註明對 Rust 記憶體的管理至關重要，Rust 不採用 GC 的原因，就是希望將記憶體管理的細節交給程式設計師，畢竟我們才是最了解應用程式的人。

6-4 多執行緒的所有權管理

在多執行緒的程式碼中，對變數所有權管理要特別注意：

1. 因為程式是並行處理，可能同時更新某一個變數值，必須鎖定。

2. 變數所有權由主執行緒轉移至子執行緒中，進行修改後，主執行緒如何取得最後結果？

範例 . 多執行緒的所有權測試，再回頭觀察 src\ch03\arc_test 專案。

1. 定義一個函數，讓多個執行緒間更新同一個變數值。

```
fn arc_test2() {
    let counter = Arc::new(Mutex::new(0)); // 宣告一個智慧指標 Arc
    for _ in 0..10 {
        let counter_arc = Arc::clone(&counter); // 複製智慧指標副本
        let handle = thread::spawn(move || {
            *counter_arc.lock().unwrap() +=1; // 鎖定並更新變數值
            });
        handle.join().unwrap();
        }
    println!("{:?}", counter)
}
```

- 【let counter = Arc::new(Mutex::new(0));】：宣告一個智慧指標 Arc，指向一個由互斥鎖 (Mutual exclusion, 簡稱 Mutex) 控制的整數 0，Mutex 可以控制同一個時間點只允許一個執行緒更新變數值。

- 【thread::spawn(move)】：會將變數所有權轉移至子執行緒，如果移轉外智慧指標 counter，則其他執行緒將無法使用 counter，因此，需要複製一份智慧指標，移轉副本給子執行緒，指令為【let counter_arc = Arc::clone(&counter);】。

- 【*counter_arc.lock()】：要更新變數值，需先鎖定，並加【*】才能進行修改。

2. 測試：

```
cargo run
```

3. 執行結果：每個執行緒加 1，總計為 10。

```
Mutex { data: 10, poisoned: false, .. }
```

Rust 強調高效能，因此常會使用並行處理，這個範例提供一個很有用的示範，第 11 章並行處理 (Concurrency) 會有更詳細的討論。

6-5 本章小結

這一章介紹了所有權與變數的生命週期，對於大部分的讀者應該比較陌生，因為其他程式語言並不是以這種方式管理記憶體的，我們可以透過多一點的測試與編譯器的提示，掌握關鍵要領，畢竟，要寫出高效能與安全的應用系統，記憶體管理是至關重要的。

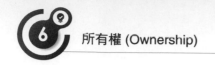
參考資料 (References)

[1] Rust 遊樂場 (Playground) (https://play.rust-lang.org/?version=stable&mode=debug&edition=2021)

[2] Rust 程式設計語言 4. 理解所有權 (https://rust-lang.tw/book-tw/ch04-00-understanding-ownership.html)

[3] Rust Ownership—Explained for Beginners (https://medium.com/@vennilapugazhenthi/rust-ownership-explained-for-beginners-de70de16b099)

[4] Learning Rust 的 Lifetime (https://learning-rust.gitbook.io/book/the-tough-part/lifetimes)

[5] Rust 程式語言 4.9 生命週期 (https://askeing.github.io/rust-book/lifetimes.html)

泛型 (Generics)

本章開始進入重頭戲，以下主題非常值得研究，不僅可以幫我們撰寫出靈活有彈性的程式碼，更可以使開發的生產力大幅提高，以下幾章會涵蓋：

1. 泛型 (Generics)：支援多種資料型態均適用的函數，類似物件導向程式設計 (OOP) 的【多載】(Overload)、【多型】(Polymorphism) 的概念。

2. 特徵 (Trait)：類似介面 (Interface)，介面主要是訂定類別 (Class) 的規格，是撰寫 OOP 程式的基礎。另外，也提供繼承、限制泛型範圍 (Trait bound) 及動態調度 (Dynamic dispatch)…等功能。

3. 巨集 (Macro)：是一種語法糖 (Syntax sugar)，以特殊的語法形式擴展程式，類似程式產生器。

4. 閉包 (Closure)：是一種匿名函數，或稱 Lambda expression、Lambda function，扮演【函數式程式設計】(Functional Programming) 的關鍵角色。

7-1 泛型入門

泛型 (Generics) 是一種資料型別的集合，透過泛型可以開發出單一函數或結構同時適用多種資料型別，例如 add(a, b)，a、b 可以是正數或浮點數，在函數呼叫或變數宣告時，才決定要使用哪一種資料型別，例如之前談到的 Option<T>，表示變數宣告可以是 Option<i32> 或 Option<String>…都可以，甚至是 None，T 就代表泛型，在呼叫時才決定要使用的資料型別，這種延遲性有以下好處：

1. 以泛型作為函數的參數：代表函數可接受不同型別的參數，例如要實作 add(a, b) 函數，如果不使用泛型，我們就要為每一種資料型別各開發一個函數，譬如 add_i8(a, b)、add_i32(a, b)、add_f64(a, b)、add_u16(a, b)…，如下方左圖，不僅要撰寫很多程式碼，呼叫時還要選擇不同名稱的函數，很不方便。有了泛型只要寫一個函數 add(a: T, b: T) 就搞定了，如下方右圖，這其實就是 OOP【多載】(Overload)、【多型】(Polymorphism) 的概念。注意，下方右圖程式有點省略，編譯時會有錯，後續會有正確的版本。

```
fn add_i8(a:i8, b:i8) -> i8 {
    a + b
}
fn add_i32(a:i32, b:i32) -> i32 {
    a + b
}
fn add_f64(a:f64, b:f64) -> f64 {
    a + b
}

fn main() {
    println!("add i8: {}", add_i8(2i8, 3i8));
    println!("add i32: {}", add_i32(20, 30));
    println!("add f64: {}", add_f64(1.23, 1.23));
}
```

```
fn add<T>(a:T, b:T) -> T {
    a + b
}

fn main() {
    println!("add i8: {}", add(2i8, 3i8));
    println!("add i32: {}", add(20, 30));
    println!("add f64: {}", add(1.23, 1.23));
}
```

2. 泛型枚舉或結構：可限定使用的資料型別，例如 Option<T>，定義如下：

```
enum Option<T> {
    Some(T),
    None,
}
```

3. 允許 None 或任何有值的資料型別。

4. 可以自訂泛型，支援多載、多型，大幅提高開發的生產力。

Rust 本身就內建許多泛型資料型別與函數，標準函數庫 (std) 也是如此，例如之前以介紹過的 Vec<T>、HashMap<K, V>、例外處理回傳值 Result、允許 None 的 Option，以下就更深入的來探討這些泛型資料型別。

7-2 Vec

陣列 Vec<T> 支援各種資料型別，我們在第三章已介紹過，這裡再針對泛型測試。

範例 1. Tuple、Vec、陣列測試，程式放在 src/ch07/vec_test 資料夾。

1. Tuple 允許混合資料型別。

```
// 混合資料型別 1
let vec = (34, 50.0, "25", '0', 65);
println!("{:?}", vec);

// 混合資料型別 2
let vec: (i32, f64, &str, char, i32) = (34, 50.0, "25", '0', 65);
println!("{:?}", vec);
```

2. 陣列 [] 及 Vec 只支援單一資料型別，不允許混合資料型別。

```
// 陣列資料型別 1
let vec = [34.0, 50.0, 25 as f32, 0 as f32, 65 as f32];
println!("{:?}", vec);

// 陣列資料型別 2
```

```
let vec: [f32;5] = [34.0, 50.0, 25., 0., 65.];
println!("{:?}", vec);


// 陣列資料型別 3
let vec: Vec<f32> = vec![34.0, 50.0, 25., 0., 65.];
println!("{:?}", vec);
```

3. 找整數陣列最大值：只支援單一資料型別，可免去檢查每一個元素的資料型
   別。

```
let number_list = vec![34, 50, 25, 100, 65];
let mut largest = number_list[0];
for number in number_list {
    if number > largest {
        largest = number;
        }
}
println!("The largest number is {}", largest);
```

範例 2. 再擴充範例 1，同時支援整數及字元陣列找最大值，程式修改自【The
Rust Programming Language 的 10. Generic Types, Traits, and Lifetimes】[2]，程式
放在 src/ch07/vec_non_generics_test 資料夾。

1. 找最大值：整數陣列。

```
fn largest_i32(list: &[i32]) -> &i32 {
    let mut largest = &list[0]; // 先設第一個元素為最大值

    for item in list {
        if item > largest {
            largest = item;
            }
    }

    largest
}
```

2. 找最大值：字元陣列，函數邏輯完全相同，只有資料型別不同。

```
fn largest_char(list: &[char]) -> &char {
    let mut largest = &list[0];

    for item in list {
        if item > largest {
            largest = item;
            }
        }
    }

    largest
}
```

3. 測試。

```
fn main() {
    // 整數陣列測試
    let number_list = vec![34, 50, 25, 100, 65];
    let result - largest_i32(&number_list);
    println!("The largest number is {}", result);

    // 字元陣列測試
    let char_list = vec!['y', 'm', 'a', 'q'];
    let result = largest_char(&char_list);
    println!("The largest char is {}", result);

}
```

4. 執行結果：

```
The largest number is 100
The largest char is y
```

找最大值的 2 個函數邏輯完全相同，只有資料型別不同，很自然地會想到可以
整合成一個函數嗎？答案是肯定的，就是使用泛型。

範例 3. 使用泛型重構範例 2，程式放在 src/ch07/vec_generics_test 資料夾。

1. 找最大值：同時支援整數及字元陣列

```
fn largest<T: std::cmp::PartialOrd>(list: &[T]) -> &T {
    let mut largest = &list[0];

    for item in list {
        if item > largest {
            largest = item;
                }
        }

    largest
}
```

* <T: std::cmp::PartialOrd> 表示函數支援所有可排序的資料型別，PartialOrd 是泛型的限制條件，正式名稱為 Trait bound，可限制特定類型的資料型別，並非所有資料型別都適用。

* Trait bound 定義要支援泛型集合，可以自訂，同時標準函數庫提供一些常用的 Trait bound，可參閱【The Rust Programming Language 的 3.19. Traits】[2] 文件結尾，例如：

• std::ops::Add：支援可相加的資料型別。

• std::cmp::PartialOrd：支援可排序的資料型別。

• Copy：支援可複製的資料型別，上一章有談到未支援 Copy Trait 的 String、Vec，所有權會被轉移。

• Mul：支援可相乘的資料型別。

2. 測試：與範例 2 程式碼完全相同，執行結果也一樣。

```
fn main() {
    // 整數陣列測試
    let number_list = vec![34, 50, 25, 100, 65];
    let result = largest(&number_list);
    println!("The largest number is {}", result);
```

```
    // 字元陣列測試
    let char_list = vec!['y', 'm', 'a', 'q'];
    let result = largest(&char_list);
    println!("The largest char is {}", result);
}
```

3. 甚至字串陣列也 OK。

```
let string_list = vec!["A1", "A3", "A2", "B"];
let result = largest(&string_list);
println!("The largest string is {}", result);
```

7-3　HashMap

HashMap 類似 Python 的字典 (dict)，與 Vec 一樣是集合，但 Vec 中的元素只有一個數值，而 HashMap 元素含有鍵值 (key) 及對應的數值 (Value)，key、value 都支援泛型，通常程式會以 key 來尋找對應的 value，使用 HashMap 會比逐一搜尋有效率。

範例 1. HashMap 新增 / 更正 / 刪除 / 查詢的測試，程式放在 src/ch07/hashmap_test 資料夾。

1. 引入套件。

```
use std::collections::HashMap;
```

2. 初始化一個空的 HashMap：指定 key、value 資料型別。

```
let mut info: HashMap<i32, String> = HashMap::new();
```

3. 新增 4 個元素。

```
fruits.insert(1, String::from("Apple"));
fruits.insert(2, String::from("Orange"));
fruits.insert(3, String::from("Grape"));
```

```
fruits.insert(4, String::from("banana"));
println!("{:?}", fruits);
```

4. 執行結果：{1: "Apple", 2: "Orange", 4: "Banana", 3: "Grape"}，並未排序。

5. 查詢：使用 get 查詢，參數為 key，必須輸入參考 (&)，借用 key，這樣才能重複使用。

```
println!("{}", fruits.get(&3).unwrap());
```

6. 執行結果：Grape。

7. 更正：key 值重複，Rust 會自動更新 Value，意謂 key 值不能重複。

```
fruits.insert(2, String::from("mango"));
println!("{}", fruits.get(&2).unwrap());
```

8. 執行結果：Grape。

9. 刪除。

```
fruits.remove(&3);
println!("{:?}", fruits);
```

10. 執行結果：Grape 不見了。

```
{1: "Apple", 2: "mango", 4: "Banana"}
```

11. 再查詢已刪除的 key 值，會得到 None。

```
println!("{:?}", fruits.get(&3));
```

12. 其他功能：

```
println!("len：{:?}", fruits.len()); // 元素個數
println!("contains_key：{:?}", fruits.contains_key(&5)); // 是否包含 key 值

// 顯示所有 key、value
```

```
for (key, value) in fruits.iter() {
    println!("{}:{}", key, value);
    }

// 顯示所有 key、value
for key in fruits.keys() {
    println!("{}", key);
    }

// 顯示所有 key、value
for value in fruits.values() {
    println!("{}", value);
}
```

13.排序：先轉換為 Vec，再以匿名函數【|a, b| a.0.cmp(b.0)】排序，【.0】表第
一個欄位，即 key，a、b 比大小 (cmp)，小的 (a) 排前面。

```
// 以 key 排序
let mut hash_vec: Vec<_> = fruits.iter().collect();
println!("\n 以 key 排序：");
hash_vec.sort_by(|a, b| a.0.cmp(b.0));

for item in hash_vec {
    println!("{:?}", item);
    }

// 以 key 降冪排序
let mut hash_vec: Vec<_> = fruits.iter().collect();
println!("\n 以 key 降冪排序：");
hash_vec.sort_by(|a, b| b.0.cmp(a.0));

for item in hash_vec {
    println!("{:?}", item);
}

// 以 value 排序
let mut hash_vec: Vec<_> = fruits.iter().collect();
hash_vec.sort_by(|a, b| a.1.cmp(b.1));
```

```
println!("\n 以 value 排序：");
for item in hash_vec {
    println!("{:?}", item);
}
```

14. 執行結果。

```
以 key 排序：
(1, "Apple")
(2, "Mango")
(4, "Banana")

以 key 降冪排序：
(4, "Banana")
(2, "Mango")
(1, "Apple")

以 value 排序：
(1, "Apple")
(4, "Banana")
(2, "Mango")
```

HashMap 的 key、value 也都可以是複雜的資料型別，例如 struct、tuple…等。
更多的 HashMap 功能可參閱【std::collections::HashMap】[3]。

7-4 Result 泛型

再來看一個常用的泛型 Result，它用於例外處理的回傳值，定義如下：

```
enum Result<T, E> {
    Ok(T),
    Err(E),
}
```

執行成功回傳 Ok(T)，執行失敗回傳 Err(E)，T、E 都代表泛型，通常泛型以大寫字母表示，當我們要自訂一個函數，需要回傳字串，我們就定義 Result<String, std::error::Error>，相對的要回傳整數，就定義 Result<i32, std::error::Error>，也可以使用結構、Tuple 等複雜的資料型別，第 2 個參數 E 提供例外發生時要回傳的資料型別，不一定是 std::error::Error，也可以是輸出入錯誤 std::io::Error 或其他錯誤型別，可參閱第三章。

範例 1. Result 測試，程式放在 src/ch07/result_test 資料夾。

1. 定義讀取檔案的函數，成功就回傳檔案內容，如果發生錯誤，就回傳系統發出的錯誤訊息。

```
fn get_file_content(path: &String) -> Result<String, std::io::Error> {
    let content = std::fs::read_to_string(&path)?; // 可能發生錯誤
    Ok(content)  // 成功就回傳檔案內容
}
```

2. 主程式呼叫函數，成功救回傳檔案內容，如果發生錯誤，就回傳系統發出的錯誤訊息。

```
fn main() {
    // 讀取命令行參數
    let path = std::env::args().nth(1).expect("no path given");

    // 讀取檔案內容及錯誤處理
    let _ = match get_file_content(&path) {
    Err(error) => println!("{}", error),
    Ok(content) => println!("{}", content)
    };
}
```

3. 測試 1：cargo run aaa.rs，執行結果為【系統找不到指定的檔案】。

4. 測試 2：cargo run src/main.rs，執行結果會顯示檔案內容。

範例 2. 解析 CSV 檔案，錯誤原因不只是 std::io::Error，因此 Result 第二個參數改為通用的錯誤資料型別 std::error::Error，程式放在 src/ch07/result_test2 資料夾。

1. 本範例要解析 countries.csv，資料來自【CS109 Data Science GitHub】[4]。

2. 增加兩個套件。

```
cargo add csv
cargo add serde -F derive
```

3. 引用套件。

```
use std::error::Error;
use serde::Deserialize;
use csv;
```

4. countries.csv 含 Country 及 Region 兩個欄位，以 struct 定義。

```
#[derive(Deserialize, Debug)] // 反序列化，可自動解析欄位
#[allow(non_snake_case)] // 允許大寫欄位名稱
struct Record {
    Country: String,
    Region: String,
}
```

5. 定義函數以讀取 CSV 檔案。

```
fn read_csv(path: &String) -> Result<Vec<Record>, Box<dyn Error>> {
    let file = std::fs::File::open(&path)?;
    let mut reader = csv::Reader::from_reader(file);
    let mut vec:Vec<Record> = Vec::new();
    for record in reader.deserialize() {
        println!("{:?}", record);
        let record: Record = record?;
        vec.push(record);
        }
    Ok(vec)  // 成功就回傳檔案內容
}
```

- Box<dyn Error>：使用通用的錯誤資料型別 std::error::Error，必須使用 Box 智慧指標，dyn 表動態決定錯誤資料型別。

- 將單筆資料存入 struct Record，再將每一筆 Record 存入 vec。

- reader.deserialize() 可自動比對 CSV 欄位名稱與 struct Record，將 CSV 欄位存入 struct 中相同名稱的成員。

6. 測試 read_csv 函數。

```rust
fn main() {
    // 讀取命令行參數
    let path = std::env::args().nth(1).expect(" 未指明檔案路徑 !!");
        // 讀取檔案內容及錯誤處理
    let mut vec:Vec<Record> = Vec::new();
    let _ = match read_csv(&path) {
        Err(error) => println!("{}", error),
        Ok(content) => {vec = content;}
    };
    // 篩選北美的國家
    vec = vec.into_iter().filter(|x| x.Region == "NORTH AMERICA").collect();
    println!("\nAfter filter：");
    for record in vec {
        println!("{:?}", record);
    }
}
```

7. 測試：cargo run countries.csv。

8. 執行結果：上半段為所有資料，下半段為篩選後的北美國家。

```
Ok(Record { Country: "Paraguay", Region: "SOUTH AMERICA" })
Ok(Record { Country: "Peru", Region: "SOUTH AMERICA" })
Ok(Record { Country: "Suriname", Region: "SOUTH AMERICA" })
Ok(Record { Country: "Uruguay", Region: "SOUTH AMERICA" })
Ok(Record { Country: "Venezuela", Region: "SOUTH AMERICA" })

After filter：
Record { Country: "Antigua and Barbuda", Region: "NORTH AMERICA" }
Record { Country: "Bahamas", Region: "NORTH AMERICA" }
Record { Country: "Barbados", Region: "NORTH AMERICA" }
Record { Country: "Belize", Region: "NORTH AMERICA" }
Record { Country: "Canada", Region: "NORTH AMERICA" }
Record { Country: "Costa Rica", Region: "NORTH AMERICA" }
Record { Country: "Cuba", Region: "NORTH AMERICA" }
Record { Country: "Dominica", Region: "NORTH AMERICA" }
```

範例 3. 利用爬蟲讀取遠端的 CSV 檔案，錯誤原因是 reqwest::Error，程式放在 src/ch07/result_test3 資料夾。

1. 本範例要解析 countries.csv，資料來自【CS109 Data Science GitHub】[3]，網址為：https://raw.githubusercontent.com/cs109/2014_data/master/countries.csv。

2. 增加兩個套件：reqwest 是爬蟲套件，tokio 是非同步 I/O 套件。

```
cargo add reqwest
cargo add tokio -F full
```

3. 引用套件。

```
use reqwest;
```

4. 定義函數以爬蟲讀取遠端檔案，async 表非同步，一般爬蟲程式會以非同步的方式進行，才不會被網路延遲使 CPU 閒置，在等待 (await) 時，CPU 會被分配至其他工作的執行。

```
async fn fetch_url(url: &str) -> Result<String, reqwest::Error>  {
    let content = reqwest::get(url).await.unwrap().text().await;
    content
}
```

5. 測試 read_csv 函數，main() 要使用非同步 (async) 需宣告【#[tokio:: main]】。

```
#[tokio::main]
async fn main () {
    let path = std::env::args().nth(1).expect(" 未指明檔案路徑或 URL !!");
    let _ = match fetch_url(&path).await {
        Err(error) => println!("{}", error),
        Ok(content) => println!("{:?}", content)
    };
}
```

6. 測試：

```
cargo run
"https://raw.githubusercontent.com/cs109/2014_data/master/countries.csv"
```

7. 部分執行結果：

```
"Country,Region\rAlgeria,AFRICA\rAngola,AFRICA\rBenin,AFRICA\rBotswana,AFRICA\rBurkina,AFRICA\rBurundi,AFRICA\rCameroon
AFRICA\rCape Verde,AFRICA\rCentral African Republic,AFRICA\rChad,AFRICA\rComoros,AFRICA\rCongo,AFRICA\r\"Congo, Democra
ic Republic of\",AFRICA\rDjibouti,AFRICA\rEgypt,AFRICA\rEquatorial Guinea,AFRICA\rEritrea,AFRICA\rEthiopia,AFRICA\rGabo
,AFRICA\rGambia,AFRICA\rGhana,AFRICA\rGuinea,AFRICA\rGuinea-Bissau,AFRICA\rIvory Coast,AFRICA\rKenya,AFRICA\rLesotho,AF
ICA\rLiberia,AFRICA\rLibya,AFRICA\rMadagascar,AFRICA\rMalawi,AFRICA\rMali,AFRICA\rMauritania,AFRICA\rMauritius,AFRICA\r
orocco,AFRICA\rMozambique,AFRICA\rNamibia,AFRICA\rNiger,AFRICA\rNigeria,AFRICA\rRwanda,AFRICA\rSao Tome and Principe,AF
```

範例 4. 再延伸一下，利用爬蟲讀取遠端的 CSV 檔案，並進行解析，程式放在 src/ch07/result_test4 資料夾。

1. 本範例要解析遠端的 countries.csv，資料來自【CS109 Data Science GitHub】
   [3]，網址為：https://raw.githubusercontent.com/cs109/2014_data/master/countries. csv。

2. 增加 4 個套件。

```
cargo add reqwest
cargo add tokio -F full
cargo add csv
cargo add serde -F derive
```

3. 引用套件。

```
use std::error::Error;
use serde::Deserialize;
use csv;
use reqwest;
```

4. countries.csv 含 Country 及 Region 兩個欄位，以 struct 定義。

```
#[derive(Deserialize, Debug)] // 反序列化，可自動解析欄位
#[allow(non_snake_case)] // 允許大寫欄位名稱
struct Record {
    Country: String,
```

```
    Region: String,
}
```

5. 定義函數以爬蟲讀取遠端的 CSV 檔案，以 content.as_bytes() 將檔案內容轉換
   為 bytes，即可進行解析。CSV 檔案操作可參閱 CSV 套件說明文件 [5]

```
async fn read_csv(path: &String) -> Result<Vec<Record>, Box<dyn Error>> {
    let content = reqwest::get(&path).await.unwrap().text().await;
    let mut reader = csv::Reader::from_reader(content.as_bytes());
    let mut vec:Vec<Record> = Vec::new();
    for record in reader.deserialize() {
        println!("{:?}", record);
        let record: Record = record?;
        vec.push(record);
    }


    Ok(vec)  // 成功就回傳檔案內容
}
```

6. 測試 read_csv 函數：與範例 2 相同。

```
fn main() {
    // 讀取命令行參數
    let path = std::env::args().nth(1).expect(" 未指明檔案路徑 !!");
        // 讀取檔案內容及錯誤處理
    let mut vec:Vec<Record> = Vec::new();
    let _ = match read_csv(&path) {
        Err(error) => println!("{}", error),
        Ok(content) => {vec = content;}
    };
    // 篩選北美的國家
    vec = vec.into_iter().filter(|x| x.Region == "NORTH AMERICA").collect();
    println!("\nAfter filter：");
    for record in vec {
        println!("{:?}", record);
    }
}
```

7. 測試：

```
cargo run https://raw.githubusercontent.com/cs109/2014_data/master/countries.csv
```

8. 執行結果：上半段為所有資料，下半段為篩選後的北美國家。

```
Ok(Record { Country: "Paraguay", Region: "SOUTH AMERICA" })
Ok(Record { Country: "Peru", Region: "SOUTH AMERICA" })
Ok(Record { Country: "Suriname", Region: "SOUTH AMERICA" })
Ok(Record { Country: "Uruguay", Region: "SOUTH AMERICA" })
Ok(Record { Country: "Venezuela", Region: "SOUTH AMERICA" })

After filter:
Record { Country: "Antigua and Barbuda", Region: "NORTH AMERICA" }
Record { Country: "Bahamas", Region: "NORTH AMERICA" }
Record { Country: "Barbados", Region: "NORTH AMERICA" }
Record { Country: "Belize", Region: "NORTH AMERICA" }
Record { Country: "Canada", Region: "NORTH AMERICA" }
Record { Country: "Costa Rica", Region: "NORTH AMERICA" }
Record { Country: "Cuba", Region: "NORTH AMERICA" }
Record { Country: "Dominica", Region: "NORTH AMERICA" }
```

Python 有一個專門用於資料探索與分析 (Exploratory Data Analysis, EDA) 的套件 Pandas，支援資料篩選、排序、小計、彙總及繪圖…等功能，但對於較大資料集的存取效能較差，因此，有人以 Rust 開發類似的套件 Polars[6]，顯著提升存取速度，並同時支援 Rust 及 Python API，以下就以一個簡單範例說明其用法。

範例 5. 利用 Polars 解析 CSV 檔案，程式放在 src/ch07/polars_test 資料夾。

1. 本範例一樣要解析 countries.csv。

2. 增加 Polars 套件及相關模組 (Features)，其中 lazy 支援延遲執行，多個函數串連成管道一次執行，減少中間的暫存。strings 支援字串欄位的相關函數例如 contains、starts_with、ends_with…，安裝 strings 模組也必須安裝 regex 模組。

```
cargo add polars -F lazy
cargo add polars -F regex
cargo add polars -F strings
```

3. 引用套件：prelude 代表預設會載入的函數，通常是該套件常用的函數。

```
use polars::prelude::*;
```

4. 讀取 countries.csv，並轉換為 DataFrame，即二維表格。

```
let csv_path = "./countries.csv";
let df:DataFrame = CsvReader::from_path(csv_path).unwrap()
    .has_header(true).finish().unwrap();
```

5. 顯示前 10 筆資料。

```
println!("{}", df.head(None));
```

6. 執行結果：10 列 2 欄。

```
shape: (10, 2)
┌────────────────────────┬───────────────┐
│ Country                │ Region        │
│ ---                    │ ---           │
│ str                    │ str           │
╞════════════════════════╪═══════════════╡
│ Algeria                │ AFRICA        │
│ Angola                 │ AFRICA        │
│ Benin                  │ AFRICA        │
│ Botswana               │ AFRICA        │
│ Burkina                │ AFRICA        │
│ Burundi                │ AFRICA        │
│ Cameroon               │ AFRICA        │
│ Cape Verde             │ AFRICA        │
│ Central African Republic │ AFRICA      │
│ Chad                   │ AFRICA        │
└────────────────────────┴───────────────┘
```

7. 之後就可以針對 DataFrame，進行資料篩選、排序、小計、彙總及繪圖…等功能，以下僅針對資料篩選做一示範，更多的操作可參考【Polars user guide】[7]及【Rust Polars: Unlocking High-Performance Data Analysis — Part 2】[8]。

```
let out = df.clone().lazy()
.filter(
    col("Country").str().starts_with(lit("Saint")) // Country 開頭為 Saint
    .and(col("Region").eq(lit("NORTH AMERICA")))), // Region = 北美
```

```
    )
.collect().unwrap();
println!("{}", out);
```

8. 執行結果：取得【Country 開頭為 Saint，而且 Region = 北美】的資料。

```
shape: (3, 2)
┌────────────────────────────────┬───────────────┐
│ Country                        ┆ Region        │
│ ---                            ┆ ---           │
│ str                            ┆ str           │
╞════════════════════════════════╪═══════════════╡
│ Saint Kitts and Nevis          ┆ NORTH AMERICA │
│ Saint Lucia                    ┆ NORTH AMERICA │
│ Saint Vincent and the Grenadines ┆ NORTH AMERICA │
└────────────────────────────────┴───────────────┘
```

9. src/ch07/polars_test2 程式採用 LazyCsvReader，可進一步提升讀取效能。

透過以上一系列的範例，逐步加強功能，我們可以對 Result 的處理有更深一層的認識。

7-5 Option 泛型

Option 也支援泛型，定義如下：

```
enum Option<T> {
    Some(T),
    None,
}
```

除了 None，它可能是任何一種值，不必為每種資料型別各寫一個 Option。常見的情況是自資料庫查詢資料，找到就回傳資料，找不到就回傳 None。讀取表格資料 (Excel、CSV 檔) 也常見某些欄位未給值，即 None。

範例 1. Option 測試，根據索引值，找出陣列中的元素，程式放在 src/ch07/option_test 資料夾。

1. 定義函數，根據索引值回傳陣列中的元素，如果索引值超出範圍，回傳 None。

```
fn find_element(value: Vec<&str>, index:usize) -> Option<&str> {
    if index >= value.len() {
        None
    } else {
        Some(value[index])
    }
}
```

2. 主程式呼叫函數，顯示回傳結果，與 Result 一樣，要取得 Option 值，需加 unwrap()。

```
fn main() {
    // 讀取命令行參數
    let index = std::env::args().nth(1).expect("未指定索引值.");
    let index = index.trim().parse().expect("參數須為數值.");
    // 根據索引值，找出水果名稱
    let vec = vec!["Apple", "Orange", "grape", "Strawberry"];
    let x: Option<&str> = find_element(vec, index);
    // 顯示結果
    if x == None {
        println!("索引值超出範圍.");
    } else {
        println!("{}", x.unwrap());
    }
}
```

3. 測試 1：cargo run 1，執行結果為【Orange】。

4. 測試 2：cargo run 5，執行結果會顯示【索引值超出範圍】。

5. 測試 3：cargo run A，執行結果會顯示【參數須為數值】。

範例 2. CSV 檔案讀取測試，程式放在 src/ch07/csv_test 資料夾。

1. 增加 CSV 套件：cargo add csv。

2. 載入套件：

```
use std::{error::Error, fs::File, process};
```

3. 定義函數，讀取 data.csv，並逐筆顯示資料。

```
fn get_csv_content(path: &String) -> Result<(),
            Box<dyn Error>> {
    let file = File::open(&path)?;  // 開啟檔案
    let mut rdr = csv::Reader::from_reader(file); // 建立 CSV reader
    for result in rdr.records() {
        let record = result?;  // 檢查錯誤
        println!("{:?}", record);  // 顯示一筆資料
    }
    Ok(())
}
```

4. 測試 1：cargo run data.csv，執行結果：

```
StringRecord(["Southborough", "MA", "United States", "9686"])
StringRecord(["Northbridge", "MA", "United States", "14061"])
StringRecord(["Westborough", "MA", "United States", "29313"])
StringRecord(["Marlborough", "MA", "United States", "38334"])
StringRecord(["Springfield", "MA", "United States", "152227"])
StringRecord(["Springfield", "MO", "United States", "150443"])
StringRecord(["Springfield", "NJ", "United States", "14976"])
StringRecord(["Springfield", "OH", "United States", "64325"])
StringRecord(["Springfield", "OR", "United States", "56032"])
StringRecord(["Concord", "NH", "United States", "42605"])
```

5. 將第 2 筆資料最後一欄清空，另存為 data2.csv。

6. 測試 2：執行 cargo run data2.csv，執行結果：

```
StringRecord(["Southborough", "MA", "United States", "9686"])
StringRecord(["Northbridge", "MA", "United States", ""])
StringRecord(["Westborough", "MA", "United States", "29313"])
StringRecord(["Marlborough", "MA", "United States", "38334"])
StringRecord(["Springfield", "MA", "United States", "152227"])
StringRecord(["Springfield", "MO", "United States", "150443"])
StringRecord(["Springfield", "NJ", "United States", "14976"])
StringRecord(["Springfield", "OH", "United States", "64325"])
StringRecord(["Springfield", "OR", "United States", "56032"])
StringRecord(["Concord", "NH", "United States", "42605"])
```

7. 測試 3：cargo run 1.csv，執行結果：系統找不到指定的檔案。

範例 3. 定義 struct 以讀取 CSV 檔案欄位，測試 Option 資料型別，程式放在 src/ch07/csv_option_test 資料夾。

1. 複製 csv_test 資料夾為 csv_option_test。

2. 在 Cargo.toml 的 [dependencies] 段落新增一列：

```
serde = { version = "1.0.196", features = ["derive"] }
```

或執行 cargo add serde -F derive。

1. 增加欄位定義，最後一欄 population 為 Option，允許 None，即 Missing value：

```
#[derive(Debug, serde::Deserialize)]
struct Record {
    city: String,
    region: String,
    country: String,
    population: Option<u64>,
}
```

2. 在【let record = result?】下面，解析欄位：

```
// 顯示一筆資料
let city = &record[0];
let region = &record[1];
let country = &record[2];
let pop: Option<u64> = record[3].parse().ok();

println!( "city: {:?}, region: {:?},  country: {:?}, pop: {:?}",
          city, region, country, pop);
```

3. 測試 1：cargo run data_none.csv，執行結果：第 2 筆資料最後一欄為 None。

```
city: "Southborough", region: "MA",  country: "United States", pop: Some(9686)
city: "Northbridge", region: "MA",  country: "United States", pop: None
city: "Westborough", region: "MA",  country: "United States", pop: Some(29313)
city: "Marlborough", region: "MA",  country: "United States", pop: Some(38334)
city: "Springfield", region: "MA",  country: "United States", pop: Some(152227)
city: "Springfield", region: "MO",  country: "United States", pop: Some(150443)
city: "Springfield", region: "NJ",  country: "United States", pop: Some(14976)
city: "Springfield", region: "OH",  country: "United States", pop: Some(64325)
city: "Springfield", region: "OR",  country: "United States", pop: Some(56032)
city: "Concord", region: "NH",  country: "United States", pop: Some(42605)
```

範例 4. 資料庫測試 Option 資料型別，程式放在 src/ch07/diesel_demo 資料夾。

1. 複製 src/ch02/diesel_demo 資料夾為 src/ch07/diesel_demo 資料夾。

2. 刪除 src/ch07/diesel_demo/database.db 檔案。

3. 修 改 src\ch07\diesel_demo\migrations\2024-01-16-132600_create_humans\up.sql，
   將 age 的 NOT NULL 刪除，如下：

```
CREATE TABLE "human"
(
    "id" INTEGER NOT NULL PRIMARY KEY AUTOINCREMENT,
    "first_name" TEXT NOT NULL,
    "last_name" TEXT NOT NULL,
    "age" INTEGER
);
```

4. 在 diesel_demo 資料夾，執行以下指令，產生新的 database.db 檔案。

```
set SQLITE3_LIB_DIR=.\sqlite
diesel setup
```

5. 在 src\ch07\diesel_demo 資料下，產生資料表對應的 Rust 類別：

```
diesel print-schema > schema.rs
```

6. 修改 src\main.rs：

- 將 age 資料型別改為 Option<i32>。

- 修改 insert 指令，第一筆 Age 為 None：

```
let new_human = insert_into(conn, "John", "Doe", None);
let new_human2 = insert_into(conn, "Michael", "Lin", Some(26));
```

- query_db 函數改為無篩選條件，只取第一筆。

```
human.first(conn).expect("Error querying database")
```

7. 測試：cargo run。

8. 執行結果：查詢 Age 為 None。

```
ID: 1
First Name: John
Last Name: Doe
Age: None
```

這個範例說明資料庫新增或查詢資料都可能要處理 Missing value，須使用 Option 資料型別。

7-6 泛型函數

當函數使用泛型參數時，可以享受它的彈性，但它也會有一些限制，以下就透過實作，來感受一下。

範例 5. 實作 3 個簡單的泛型函數，程式放在 src/ch07/generics_function 資料夾，程式修改自【Rust 語言聖經的 2.8.1. 泛型】[9] 及【Rust 程式設計語言的 10.1. 泛型資料型別】[10]。

1. 先實作 add 函數：

```
fn add<T>(a:T, b:T) -> T {
    a + b
}
```

2. 編譯時會出現錯誤訊息：大意是要程式設計師限制泛型範圍 (Trait bound)，
   並非所有資料型別都可以相加。

```
error[E0369]: cannot add `T` to `T`
 --> src\main.rs:2:7
  |
2 |      a + b
  |      - ^ - T
  |      |
  |      T
  |
help: consider restricting type parameter `T`
  |
1 |  fn add<T: std::ops::Add<Output = T>>(a:T, b:T) -> T {
  |              +++++++++++++++++++++++++++++
```

3. 必須限制是可以相加的資料型別，恰好標準函數庫 (std) 有提供 std::
   ops::Add，修改如下，第一行表示 a、b、回傳值 (Output) 都是 T，即屬於相
   同的資料型別：

```
fn add<T: std::ops::Add<Output = T>>(a:T, b:T) -> T {
    a + b
}
```

4. 測試：

```
fn main() {
    println!("add i8: {}", add(2i8, 3i8));
    println!("add i32: {}", add(20, 30));
    println!("add f64: {}", add(1.23, 1.23));
}
```

5. 執行結果：

```
add i8: 5
add i32: 50
add f64: 2.46
```

6. 再實作 max 函數，兩者取最大值：

```
fn max<T>(a:T, b:T) -> T {
    if a > b {
        a
    } else {
        b
    }
}
```

7. 編譯時會出現錯誤訊息：大意是並非所有資料型別都可以相比較。

```
6 |         if a > b {
  |            - ^ - T
  |            |
  |            T
  |
help: consider restricting type parameter `T`
  |
5 | fn max<T: std::cmp::PartialOrd>(a:T, b:T) -> T {
  |         ++++++++++++++++++++++
```

8. 照錯誤訊息建議，修正如下，PartialOrd 限制是可以排序的資料型別：

```
fn max<T: std::cmp::PartialOrd>(a:T, b:T) -> T {
    if a > b {
        a
    } else {
        b
    }
}
```

9. 測試：

```
fn main() {
    println!("max i8: {}", max(2i8, 3i8));
    println!("max i32: {}", max(20, 30));
    println!("max f64: {}", max(1.23, 1.23));
}
```

10.執行結果：

```
max i8: 3
max i32: 30
max f64: 1.23
```

11.再實作 get_largest 函數，從陣列中取最大值：

```
fn get_largest<T: std::cmp::PartialOrd>(list: &[T]) -> &T {
    let mut largest = &list[0];

    for item in list {
        if item > largest {
            largest = item;
            }
    }
    largest
}
```

12.測試：

```
fn main() {
    // get_largest test for number
    let number_list = vec![34, 50, 25, 100, 65];
    let result = get_largest(&number_list);
    println!("The largest number is {}", result);

    // get_largest test for char
    let char_list = vec!['y', 'm', 'a', 'q'];
    let result = get_largest(&char_list);
    println!("The largest char is {}", result);
}
```

13.執行結果：文數字都沒問題。

```
The largest number is 100
The largest char is y
```

14.多限制條件：如果原來的 add 多一個參數，且運算式改為 a + b - c：

• 原程式碼

```
fn add<T: std::ops::Add<Output = T>>(a:T, b:T) -> T {
    a + b
}
```

• 需修改如下：額外增加 std::ops::Sub 限制條件。

```
fn add<T: std::ops::Add<Output = T> + std::ops::Sub<Output = T>>
    (a:T, b:T, c:T) -> T {
        a + b - c
    }
```

• 如果函數邏輯涵蓋很多數學符號，必須增加很多限制條件，這樣的設計似乎非常麻煩。

• 這種限制條件宣告稱為 Trait bound，下一章會有較詳細的說明。

7-7 泛型結構

結構 (struct) 也支援泛型，每個成員可以是不同的泛型。

範例 1. 泛型結構簡單測試，程式放在 src/ch07/generics_struct 資料夾。

1. 假設座標點 (Point) 可接受整數或浮點數，但 x、y 資料型別要一致。

```
#[derive(Debug)]
struct Point<T> {
    x: T,
    y: T,
}
```

2. 測試。

```
// 整數
let x1 = Point { x: 5, y: 4 };
```

```
println!("{:?}", x1);

// 浮點數
let x1 = Point { x: 5.0, y: 4.0 };
println!("{:?}", x1);
```

3. 以下會發生錯誤，x、y 資料型別不一致。

```
let x1 = Point { x: 5.0, y: 4 };
println!("{:?}", x1);
```

4. 如要允許 struct 成員有不同資料型別，使用不同字母，例如 T、U，定義如下：

```
#[derive(Debug)]
struct Point2<T, U> {
    x: T,
    y: U,
}
```

5. 測試。

```
// 浮點數、整數混合
let x1 = Point2 { x: 5.0, y: 4 };
println!("{:?}", x1);
```

7-8 泛型枚舉

泛型枚舉 (enum) 之前就見到 2 種：

1. Option：

```
enum Option<T> {
    Some(T),
    None,
}
```

2. Result：

```
enum Result<T, E> {
    Ok(T),
    Err(E),
}
```

其功能已在其他章節說明，不再贅述。

7-9　泛型方法

在類別中的函數稱為【方法】(Method)，譬如類別【矩形】(rectangle)，可定義 area 方法，計算矩形面積，呼叫語法為 retangle.area()。

範例. 泛型方法簡單測試，程式放在 src/ch07/generics_method 資料夾。

1. 載入 Mul 模組：以允許泛型相乘。

```
use std::ops::Mul;
```

2. 定義矩形 struct。

```
struct Retangle<T> { // 矩形
    width: T,  // 寬
    height: T, // 高
}
```

3. 定義方法：方法第一個參數一定是 &self，執行時系統會將物件本身指派給 &self，才能在方法內取得物件的屬性，例如寬度 (width) 及高度 (height)，以下定義 area 方法，求面積。

```
impl<T: Mul<Output = T>> Retangle<T>
    where T: Copy + Mul<T, Output = T> {
    fn area(&self) -> T { // &self：物件本身
        self.width * self.height
```

```
        }
}
```

- impl<T: Mul<Output = T>> 針對 Retangle<T> 設定限制條件是可以相乘的資料型別。

- where 設定 area(&self) -> T 的限制條件，self.width * self.height 結果必須是 T。

4. 測試：顯示面積。

```
let x1 = Retangle { width: 5, height: 4 };
println!("{}", x1.area());
```

5. 浮點數也 OK。

```
let x1 = Retangle { width: 5.0, height: 4.0 };
println!("{}", x1.area());
```

7-10 本章小結

本章介紹泛型，可用於函數、結構、枚舉、方法等，善用泛型可減少程式碼撰寫，設計出彈性的系統架構。有人會問，使用泛型會不會有執行時的消耗，因為要檢查資料型別，執行比較慢？答案是不會的，Rust 在編譯時就會依據上下文的程式碼將泛型取代為實際的資料型別，而不是在執行時期才進行判別或轉換。

參考資料 (References)

[1] The Rust Programming Language 的 10. Generic Types, Traits, and Lifetimes (https://doc.rust-lang.org/book/ch10-00-generics.html)

[2] The Rust Programming Language 3.19. Traits (https://web.mit.edu/rust-lang_v1.25/arch/amd64_ubuntu1404/share/doc/rust/html/book/first-edition/traits.html)

[3] std::collections::HashMap (https://doc.rust-lang.org/std/collections/struct. HashMap.html)

[4] CS109 Data Science GitHub (https://github.com/cs109/2014_data/blob/master/ countries.csv)

[5] CSV 套件說明文件 (https://docs.rs/csv/latest/csv/)

[6] Polars (https://github.com/pola-rs/polars/tree/main)

[7] Polars user guide (https://docs.pola.rs/#key-features)

[8] Rust Polars: Unlocking High-Performance Data Analysis—Part 2 (https:// towardsdatascience.com/rust-polars-unlocking-high-performance-data-analysis- part-2-7c58a3cb7a1f)

[9] Rust 語言聖經的 2.8.1. 泛型 (https://course.rs/basic/trait/generic.html)

[10] Rust 程式設計語言的 10.1. 泛型資料型別 (https://rust-lang.tw/book-tw/ch10- 01-syntax.html)

特徵 (Trait)

特徵 (Trait) 也有人翻譯成【特點】、【特質】，都很難意會，以下直接使用 Trait。

Trait 是實踐【物件導向程式設計】(OOP) 的基礎，Rust 不提供類別 (Class)，轉而提供 Trait 及結構 (Struct) 的整合。Trait 可訂定類別 (Class) 的方法規格，結構則定義類別的，透過 impl 指令結合兩者。例如下圖，牛 (Cow)、羊 (Sheep) 同屬動物 (Animal)，我們訂定 Animal trait，並定義牛、羊各自的結構，之後以下列指令結合 trait 與結構：

```
impl Animal for Cow {…}
impl Animal for Sheep {…}
```

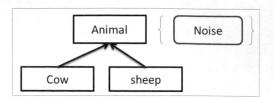

▲ 圖一 OOP 概念，牛 (Cow)、羊 (Sheep) 同屬動物 (Animal)，而動物都會發出叫
聲 (Noise)，Noise 是 Animal 的方法

另外，Trait 也常與泛型一同出現，例如上一章利用 Trait bound 限制泛型函數可使用的資料型別，另外，Trait 與泛型結合，也可以實現【多載】(Overload)、【多型】(Polymorphism)，開發出更簡潔、靈活彈性的程式碼。

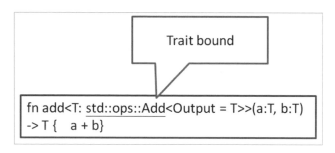

▲ 圖二 Trait bound：std::ops::Add 限制泛型函數只能用於【可以相加】的
資料型別

8-1 Trait 入門

根據 OOP 精神，系統分析師 / 設計師會從使用者需求中找出相關的物件及其關聯，接著定義每一個物件，包括屬性 (Attribute 或 Property) 及方法 (Method)，一般高階的程式語言會提供 Class 來定義物件，但 Rust 並不支援，而是以 Struct 定義屬性集合，以 Trait 訂定方法規格，但 Trait 不含實現商業邏輯的程式碼，之後再使用 impl 實作商業邏輯，整合 Struct 與 Trait。簡而言之，Trait 類似【介面】(Interface)，只定義方法規格。

至於 Rust 為什麼不支援 Class，網路有許多的說法，綜合整理如下：

1. 使用組合 (Composition) 會比繼承 (Inheritance) 來的好，可參見【為何說 composition 優於 inheritance？】[1]。

2. OOP 三大支柱：繼承 (Inheritance)、封裝 (Encapsulation) 與多型 (Polymorphism)，後兩者可有效分離呼叫者與實現的細節，達成資訊隱藏 (Information hiding) 的效果，開發高階程式的設計師就不必專研底層架構隱藏的細節，相對的【繼承】就不是那麼重要了，因此，Rust 只支援封裝與多型，不直接支援繼承，可詳閱【Quora, What makes Rust not an object-oriented programming language】[2] 的討論。

3. Rust 受 Functional programming 影響比 OOP 深。

4. 早期的 Rust 有支援 Class，後來的版本刪除了，原因不明。

結論就是，目前階段 Rust 不支援 Class，需使用 Trait + Struct。那碰到兩個物件有許多共同的屬性，想要繼承同一父物件，要怎麼作？答案很簡單，就是使用組合 (Composition)，將共同的屬性集合成一個 Struct，假設是 Struct A，然後兩個物件都包括 Struct A，作為成員即可。

另外，先釐清類別 (Class) 與物件 (Object) 的區別：

1. 類別是定義物件的屬性與方法，例如操作員的屬性可能包括性別、年齡、年資、職稱…等，方法通常包括職責 (Responsibility) 或行為 (Behavior)，譬如工作內容，包括組裝、品管、運送…等。

2. 物件是類別的實體化 (Instance)，針對一個類別，程式可能會產生多個物件，例如一個工廠會有許多操作員。

以下我們就以一連串的範例說明 Rust 作法。

範例 1. 不使用 Trait，單純實現 (Impl) struct，程式放在 src/ch08/class_test 資料夾。

1. 使用 struct 定義圓的屬性，以 impl 實作商業邏輯，計算圓的面積。函數第一個參數須為 &self，指向實體化的物件 (instance)，以利取得 struct 的成員，例如半徑 (radius)，使用 self.radius，Rust 會自動填入，開發者不需特別處理。

```
struct Circle {
    x: f64,
    y: f64,
    radius: f64,
}

impl Circle {
    fn area(&self) -> f64 {
        std::f64::consts::PI * (self.radius * self.radius)
    }
}
```

2. 測試：建立 Circle 物件，呼叫 area 方法計算圓的面積。

```
fn main() {
    let circle = Circle{x:5.0, y:10.0, radius:5.0};
    println!("{}", circle.area());
}
```

3. 執行結果：面積 $= \pi * r^2 = 78.5398$。

範例 2. 使用 struct + Trait，程式放在 src/ch08/trait_test 資料夾。

1. 使用 struct 定義屬性。

```
struct Circle {
    x: f64,
    y: f64,
    radius: f64,
}
```

2. 使用 Trait 定義物件所有方法規格，不含商業邏輯，HasArea 是 Trait 的名稱。

```
trait HasArea {
    fn area(&self) -> f64;
}
```

3. 以 impl Trait 實作商業邏輯，計算圓的面積。

```
impl HasArea for Circle {
    fn area(&self) -> f64 {
        std::f64::consts::PI * (self.radius * self.radius)
    }
}
```

4. 測試：建立 Circle 物件，計算圓的面積。

```
fn main() {
    let circle = Circle{x:5.0, y:10.0, radius:5.0};
    println!("{}", circle.area());
}
```

5. 執行結果：面積 $=\pi * r^2 = 78.5398$。

加一層 Trait 的好處是若多個物件同屬一個父物件 (parent)，有共同的行為或職責，即方法，就可以共用 Trait，而且使用泛型時，可訂定 Trait bound 限定有定義該 Trait 的物件才能使用。

8-2 Trait bound

Trait bound 主要是與泛型搭配，設定限制條件，限定必須有實現 (Impl) 特定的 Trait 才允許使用泛型。

範例 1. 多個類別使用 Trait，程式放在 src/ch08/trait_bound_test 資料夾。

1. 上一節範例 2 定義 Circle 物件,本範例再多定義一個正方形 (Square) 結構。

```
struct Square {
    x: f64,
    y: f64,
    side: f64,
}
```

2. 以 impl 實作 HasArea 商業邏輯。

```
impl HasArea for Square {
    fn area(&self) -> f64 {
        self.side * self.side
    }
}
```

3. 可另外定義泛型函數,加上 Trait bound 限制 HasArea,與上一章泛型的限制條件 std::ops::Add、std::cmp::PartialOrd 類似。

```
fn print_area<T: HasArea>(shape: T) {
    println!("This shape has an area of {}", shape.area());
}
```

4. 測試:建立 Circle 物件,計算圓的面積。

```
fn main() {
    let c = Circle {
        x: 0.0f64,
        y: 0.0f64,
        radius: 1.0f64,
    };

    let s = Square {
        x: 0.0f64,
        y: 0.0f64,
        side: 1.0f64,
    };
```

```
    print_area(c);
    print_area(s);
}
```

5. 執行結果：圓面積 =3.14，正方形面積 =1。

```
This shape has an area of 3.141592653589793
This shape has an area of 1
```

6. 如果呼叫 print_area 的參數不具備 HasArea trait，會出現錯誤，例如 print_area(5)，出現錯誤訊息【the trait `HasArea` is not implemented for `{integer}`】。

7. 一個 Trait 可以包含多個函數，例如，上例再加【計算周長】，完整的修改可參照範例：

```
impl HasArea for Square {
    // 面積
    fn area(&self) -> f64 {
        self.side * self.side
    }

    // 周長
    fn perimeter(&self) -> f64 {
        4.0 * self.side
    }
```

範例 2. 在 impl struct 加 Trait bound 可限制屬性間運算的資料型別，程式放在 src/ch08/struct_trait_bound 資料夾。

1. 再多定義一個矩形物件 (Rectangle)。

```
struct Rectangle<T> {
    x: T,
    y: T,
    width: T,
```

```
    height: T,
}
```

2. 定義一個函數 is_square，檢查矩形寬度、高度是否相等，亦即是否為正方形，必須在 struct 加限制條件 PartialEq。

```rust
impl<T: PartialEq> Rectangle<T> {
    fn is_square(&self) -> bool {
        self.width == self.height
    }
}
```

3. 測試：建立 Rectangle 物件，檢查矩形寬度、高度是否相等。

```rust
fn main() {
    let mut r = Rectangle {
        x: 0,
        y: 0,
        width: 47,
        height: 47,
        };

    assert!(r.is_square());

    r.height = 42;
    assert!(!r.is_square());
}
```

4. 執行結果：通過 assert 檢驗。

也可以為標準資料型別加上 Trait，提供額外功能，類似 C# 的擴充功能 (Extension)，當我們希望從底層增加 API 時，這種方式可以讓特殊的應用程式變得非常強大，例如許多程式語言的四捨五入，都不是學校教的規則，例如【遇到尾數是五時，單入偶不入】[3]，我們可以利用擴充功能新增四捨五入的功能，取代既有的函數，注意，Rust 浮點數的四捨五入是符合學校教的規則。

範例 3. 為標準資料型別加上 Trait，實作【大約等於】(near close) 的功能，程式放在 src/ch08/data_type_trait 資料夾。

1. 為浮點數 (f32) 加上 Trait，並實作【大約等於】。

```
trait ApproxEqual {
    fn approx_equal(&self, other: &Self) -> bool;
}
impl ApproxEqual for f32 {
    fn approx_equal(&self, other: &Self) -> bool { // 大約等似
        (self - other).abs() <= ::std::f32::EPSILON
    }
}
```

2. 測試：比較 1.0 及 1.00000001 是否大約相等。

```
fn main() {
    println!("{}", std::f32::EPSILON);
    println!("{}", (1.0).approx_equal(&1.00000001));
}
```

3. 執行結果：

```
ε：0.00000011920929
大約等於：true
```

4. 另外再測試檔案寫入的案例：在 main() 加入以下程式碼。

```
let mut f = std::fs::File::create("foo.txt").expect("Couldn't create foo.txt");
let buf = b"whatever"; // buf: &[u8; 8], a byte string literal.
let result = f.write(buf);
```

5. 測試：f.write 出現錯誤訊息【f.write method not found in `File`，the following trait is implemented but not in scope】，表示 trait 有被實作，但不在有效範圍內，即未被引用。

6. 加上以下宣告即可：因 f.write 內部可能使用到 std::io::Write。

```
use std::io::Write;
```

7. 使用多個 Trait bounds：foo 函數同時允許 Clone、Debug 兩個 Trait bound，
   可使用運算符號【+】。

```
use std::fmt::Debug;
...
fn foo<T: Clone + Debug>(x: T) {
    x.clone();
    println!("{:?}", x);
}
```

8. 測試：

```
let x = "hello";
foo(x);
```

範例 4. 使用 where 加上 Trait bound，程式放在 src/ch08/where_trait 資料夾。若
有多個參數都屬泛型，每個參數都要加 Trait bound，寫法較繁瑣，這時可使用
where 簡化。

1. 若有 2 個泛型參數，都要加上 Trait bound，程式碼如下：

```
fn foo<T: Clone, K: Clone + Debug>(x: T, y: K) {
    x.clone();
    y.clone();
    println!("{:?}", y);
}
```

2. 改良：使用 where 加上 Trait bound，參數宣告比較簡潔。

```
fn bar<T, K>(x: T, y: K) where T: Clone, K: Clone + Debug {
    x.clone();
    y.clone();
```

```
    println!("{:?}", y);
}
```

3. 測試：

```
"world"
"world"
```

4. 寫成這樣，更容易閱讀。

```
fn bar<T, K>(x: T, y: K)
    where T: Clone,
          K: Clone + Debug {
    x.clone();
    y.clone();
    println!("{:?}", y);
}
```

8-3 繼承 (Inheritance)

Trait 支援繼承 (Inheritance)，但 impl 的 struct 卻不支援繼承，有點美中不足。可以在 struct 包含另一個 struct，稱之為組合 (Composition)，例如一台車輛有 4 個輪子，車輛 / 輪子都以 struct 定義。

```
struct tire;
struct car {
    tires: [tire::4]
}
```

範例 1. Trait 繼承測試，程式放在 src/ch08/trait_inheritance 資料夾。

1. 定義一個空的 struct，程式碼如下：

```
struct Baz;
```

2. 定義 2 個 trait，FooBar 繼承 Foo。

```
trait Foo {
    fn foo(&self);
}

// trait inheritance
trait FooBar : Foo {
    fn foobar(&self);
}
```

3. 實作 2 個 trait：注意都是 for Baz。

```
impl Foo for Baz {
    fn foo(&self) { println!("foo"); }
}

impl FooBar for Baz {
    fn foobar(&self) { println!("foobar"); }
}
```

4. 測試：執行結果分別為 foo、foobar。

```
fn main() {
    let x = Baz;
    x.foo();
    x.foobar();
}
```

- 注意，FooBar 繼承 Foo，但 FooBar 中不能覆蓋 (Override)foo 函數，這與一般 OOP 的概念不同。

- Foo 也一定要 impl，否則會出現錯誤，如果不想執行任何任務，可以給個空的 impl，例如 impl Foo for Baz {}。

- 在 std 函數庫中有許多繼承，例如

```
trait Eq: PartialEq<Self> {}
trait Ord: Eq + PartialOrd<Self> {}  // Ord 繼承 Eq 及 PartialOrd
```

- Rust 允許使用屬性 (Attribute) 宣告代替 impl，稱為衍生 (Deriving)，可避免
  撰寫一堆 Trait，例如要顯示 struct，必須加 #[derive(Debug)]，其中 Debug 就
  是 Trait bound。

```
#[derive(Debug)]
struct Foo;
fn main() {
    println!("{:?}", Foo);
}
```

如果需要很多 Trait，屬性宣告就相對簡潔許多。

```
#[derive(Copy, Clone, Default, Debug, Hash, PartialEq, Eq, PartialOrd, Ord)]
struct Foo {
    data : i32
}
```

範例 2. struct 包含另一個 struct，稱之為組合 (Composition)，例如一台車輛有 4
個輪子，車輛 / 輪子都以 struct 定義。程式放在 src/ch08/struct_composition 資
料夾。

1. 定義輪子 struct：注意，需註記 Copy、Clone，宣告 Copy 表示在變數值指派、
   函數參數傳遞、函數返回值傳遞都會使用複製變數值 (以值傳遞)，而非原變
   數 (以址傳遞)，而 Clone 是程式碼會使用 Clone，複製另一個變數。

```
#[derive(Copy, Clone, Debug)]
struct Tire {
    no:i32
}
```

2. 定義車輛 struct，含 4 個輪子。

```
#[derive(Debug)]
struct Car {
    tires: [Tire; 4]
}
```

3. 測試：建立 Car 物件，同時建立 4 個 Tire 物件，Tire 的 no 屬性均為 0。

```
let mut x = Car{ tires: [Tire{no:0}; 4] };
```

4. 修改第二個輪子 no 屬性。

```
x.tires[1].no=1;
println!("{:?}", x);
```

5. 執行結果：

```
Car { tires: [Tire { no: 0 }, Tire { no: 1 }, Tire { no: 0 }, Tire { no: 0 }] }
```

6. 但是使用迴圈卻會出現錯誤【no field `no` on type `[Tire]`】。

```
for j in [0..4] {
    x.tires[j].no = j;
    }
```

7. 改用指派物件，也會出現錯誤【x.tires[j] doesn't have a no known at compile-time】，因為編譯器認為索引值 j 的大小 (no) 在編譯階段是無法預知的。

```
for j in [0..4] {
    x.tires[j] = Tire{no:j};
    }
```

8. 需使用迭代器 (Iterator) 的函數 iter_mut 才能修改。

```
for (i, tire) in x.tires.iter_mut().enumerate() {
    tire.no = i as i32;
    }
println!("{:?}", x);
```

9. 執行結果：

```
Car { tires: [Tire { no: 0 }, Tire { no: 1 }, Tire { no: 2 }, Tire { no: 3 }] }
```

以實際案例說明 Trait 繼承，繼承關係如下圖，牛 (cow)、羊 (sheep) 都屬於動物 (animal)，凡是動物都會發出叫聲 (noise)，但發出的聲音都不同。

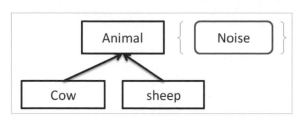

範例 3. Trait 的繼承，此範例修改自【Rust By Example 16.3. Returning Traits with dyn】[4]，程式放在 src/ch08/inheritance_test 資料夾。

1. 加入 rand 套件：

```
cargo add rand
```

2. 引用 rand 套件：rand::prelude::* 表示 rand 套件內預設的函數可直接呼叫，不須前置命名空間 (rand::)，例如 rand:: thread_rng() 可簡寫成 thread_rng()。

```
use rand::prelude::*;
```

3. 由於 Rust 的 struct 不能繼承，故牛 (cow)、羊 (sheep) 要個別宣告，簡單化，都定義為空的 struct，程式碼如下：

```
struct Sheep {}
struct Cow {}
```

4. 定義動物 trait，&'static 表示 &str 的生命週期為全局變數。下一節我們會討論生命週期。

```
trait Animal {
    fn noise(&self) -> &'static str;
}
```

5. 奇特的事情發生了，明明是牛、羊繼承動物，但 Rust 要寫成【為牛、羊實作 動物介面】。

```
//　為 Sheep 類別實作 Animal 介面
impl Animal for Sheep {
    fn noise(&self) -> &'static str {
        "baaaaah!"
    }
}

//　為 Cow 類別實作 Animal 介面
impl Animal for Cow {
    fn noise(&self) -> &'static str {
        "moooooo!"
    }
}
```

- 也許應該將 Animal 改名為 Animal_functions 會比較合理。

6. 定義隨機生成牛或羊物件，回傳的資料型別必須是 Box<dyn …>，因為是在 執行時期動態決定的，稱之為【動態調度】(Dynamic dispatch)。

```
// random_number < 0.5，回傳 Sheep，否則回傳 Cow
fn random_animal(random_number: f64) -> Box<dyn Animal> {
    if random_number < 0.5 {
        Box::new(Sheep {})
    } else {
        Box::new(Cow {})
    }
}
```

7. 測試：

```
fn main() {
    let mut rng = thread_rng();
    for _ in 0..10 {
        let random_number: f64 = rng.gen();
        let animal = random_animal(random_number);
        println!("{}", animal.noise());
```

```
    }
}
```

8. 執行結果：每次都不一樣。

```
moooooo!
baaaaah!
baaaaah!
moooooo!
moooooo!
moooooo!
moooooo!
moooooo!
baaaaah!
baaaaah!
```

這是一個典型的繼承範例，讀者可以參照此方法在專案中進行 OOP 規劃與設計。

以上的範例是修改自【The Rust Programming Language 3.19. Traits】[7]，如果筆者介紹不夠清楚，可詳閱該章節，文末有列出許多標準的 Trait bounds。另外，【Rust By Example 16.1. Derive】[5] 也包括 Derive 的範例介紹，【Rust By Example 16. Traits】還有更多關於 Trait 應用技巧，可進行更深入的研究。

8-4 Trait Object

設計典範 (Design patterns) 中有一種工廠模式 (Factory pattern)，是管理物件創建的模式，只要輸入物件名稱，工廠就會創建對應的物件，使用者不需要去理解這個物件的創建過程，只需傳入正確的參數即可，就像是商店下訂單給工廠，並不需要知道商品是如何製造出來的。Rust 的 Trait Object 就是實現 (Impl) 相同 Trait 的物件，類似相同品牌的商品都是由一家工廠製造出來的，創建的行為稱之為動態分配 (Dynamic dispatch)，呼叫者可以完全忽略物件創建的過程。

範例 1. 工廠模式測試，根據物件名稱創建相對應的物件，程式放在 src/ch08/factory_pattern 資料夾，程式修改自【lpxxn, rust-design-pattern】[6]。

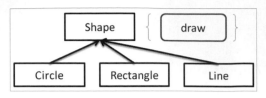

▲ 圖三 圓形 (Circle)、矩形 (Rectangle)、線段 (Line) 繼承【形狀】(Shape)，【形狀】含一個【draw】方法

1. 定義【形狀】(Shape) Trait，含【draw】方法。

```
trait Shape {
    fn draw(&self);
}
```

2. 定義三種形狀。

```
enum ShapeType {
    Rectangle,
    Circle,
    Line
}
```

3. 定義矩形 (Rectangle)，含 draw 的函數，為求簡單化，函數內容只是顯示物件名稱而已，並未實際繪製圖形。

```
struct Rectangle {
    x:i32,
    y:i32,
    width:i32,
    height:i32
}

impl Shape for Rectangle {
    fn draw(&self) {
        println!("draw a rectangle!");
    }
}
```

4. 定義圓形 (Circle)，含 draw 的函數。

```
struct Circle {
    x:i32,
    y:i32,
    radius:i32
}

impl Shape for Circle {
    fn draw(&self) {
        println!("draw a circle!");
    }
```

5. 定義線段 (Line)，含 draw 的函數。

```
struct Line {
    x1:i32,
    y1:i32,
    x2:i32,
    y2:i32,
}

impl Shape for Line {
    fn draw(&self) {
        println!("draw a line!");
    }
}
```

6. 定義工廠，含創建物件的函數 new_shape，回傳物件指標。

```
struct ShapeFactory;
impl ShapeFactory {
    fn new_shape(s: &ShapeType) -> Box<dyn Shape> {
        match s {
            ShapeType::Circle => Box::new(Circle {x:0, y:0, radius:1}),
            ShapeType::Rectangle =>
                        Box::new(Rectangle {x:0, y:0, width:1, height:1}),
            ShapeType::Line => Box::new(Line {x1:0, y1:0, x2:1, y2:1}),
```

```
        }
    }
}
```

7. 測試：指定枚舉的成員名稱，工廠就會創建對應的物件。

```
// 創建圓形物件
let shape = ShapeFactory::new_shape(&ShapeType::Circle);
shape.draw(); // output: draw a circle!

// 創建矩形物件
let shape = ShapeFactory::new_shape(&ShapeType::Rectangle);
shape.draw(); // output: draw a rectangle!

// 創建線段物件
let shape = ShapeFactory::new_shape(&ShapeType::Line);
shape.draw(); // output: draw a line!
```

8. 執行結果：

```
draw a circle!
draw a rectangle!
draw a line!
```

範例 2. 加強範例 1，加入計算面積及周長函數，程式放在 src/ch08/ factory_pattern2 資料夾。

1. 【形狀】(Shape) Trait，額外定義【面積】(area)、【周長】(perimeter) 方法。

```
trait Shape {
    fn draw(&self);
    fn area(&self) -> f64;
    fn perimeter(&self) -> f64;
}
```

2. Rectangle、Circle、Line 也要跟著實現 area、perimeter 函數。以下只列出 Rectangle 程式碼。

```
impl Shape for Rectangle {
    fn draw(&self) {
        println!("draw a rectangle!");
    }

    // 面積
    fn area(&self) -> f64 {
        (self.width * self.height) as f64
    }

    // 周長
    fn perimeter(&self) -> f64 {
        2.0 * self.width as f64 + 2.0 * self.height as f64
    }
}
```

3. 測試：

```
let mut shape = ShapeFactory::new_shape(&ShapeType::Circle);
println!("{}", shape.area());
let shape = ShapeFactory::new_shape(&ShapeType::Line);
println!("{}", shape.perimeter());
```

4. 執行結果：圓形面積 =3.14159，線段周長 = $\sqrt{2}$ =1.414。

5. 以 Rust 實現的工廠模式有一個缺點，創建的物件是沒辦法直接存取子物件的屬性，例如【shape.radius=5】會發生錯誤，因 Rust 編譯器無法判別 shape 是 Circle、Rectangle 或 Line，因此會出現錯誤訊息，修正的作法是在 trait Shape 額外定義一個函數存取屬性，所有子物件都需實現該函數。

```
fn set_radius(&mut self, radius:i32);
    ...
    impl Shape for Circle {
    fn set_radius(&mut self, radius:i32) {
        self.radius = radius;
    }
}
```

6. 測試：

```
shape.set_radius(5);
println!("{}", shape.area());
```

7. 執行結果：圓形面積 = 5*5*π = 78.5398。

範例 3. 開發一專案同時支援網頁程式及桌面程式，修改自【Factory Method in Rust】[7]，程式放在 src/ch08/ factory_pattern3 資料夾。

1. 定義【按鈕】(Button) Trait，含【渲染】(render) 方法、【點擊】(on_click) 事件。

```
pub trait Button {
    fn render(&self);
    fn on_click(&self);
}
```

2. 定義【對話框】(Dialog) Trait，含 create_button、render 及 refresh 方法，create_button 含 Button Trait。

```
pub trait Dialog {
    fn create_button(&self) -> Box<dyn Button>;

    fn render(&self) {
        let button = self.create_button();
        button.render();
    }

    fn refresh(&self) {
        println!("Dialog - Refresh");
    }
}
```

3. 以上內容儲存為 gui.rs。

4. 網頁程式：儲存為 html_gui.rs，繼承 Button、Dialog Trait。

```
use crate::gui::{Button, Dialog}; // import from gui.rs
```

```rust
// 按鈕
pub struct HtmlButton; // empty struct
impl Button for HtmlButton {
    fn render(&self) {
        println!("<button>Test Button</button>");
        self.on_click();
    }

    fn on_click(&self) {
        println!("Click! Button says - 'Hello World!'");
    }
}

// 對話框
pub struct HtmlDialog; // empty struct
impl Dialog for HtmlDialog {
    /// Creates an HTML button.
    fn create_button(&self) -> Box<dyn Button> {
        Box::new(HtmlButton)
    }
}
```

5. 桌面程式：儲存為 windows_gui.rs，繼承 Button、Dialog Trait，與上面程式碼類似。

```rust
use crate::gui::{Button, Dialog}; // import from gui.rs

// 按鈕
pub struct WindowsButton;
impl Button for WindowsButton {
    fn render(&self) {
        println!("Drawing a Windows button");
        self.on_click();
    }

    fn on_click(&self) {
        println!("Click! Hello, Windows!");
    }
}
```

```
}

// 對話框
pub struct WindowsDialog;
impl Dialog for WindowsDialog {
    /// Creates a Windows button.
    fn create_button(&self) -> Box<dyn Button> {
        Box::new(WindowsButton)
    }
}
```

6. 工廠模式：引用上述檔案，定義 initialize 函數創建物件，儲存為 init.rs。

```
use crate::gui::Dialog;
use crate::html_gui::HtmlDialog;
use crate::windows_gui::WindowsDialog;

pub fn initialize() -> &'static dyn Dialog {
    if cfg!(windows) { // 判斷是否為 Windows 作業系統
        println!("-- Windows detected, creating Windows GUI --");
        &WindowsDialog
    } else {
        println!("-- No OS detected, creating the HTML GUI --");
        &HtmlDialog
    }
}
```

7. 測試：呼叫 initialize 函數創建物件，並【渲染】(render) 及【點擊】，儲存
   為 main.rs。

```
mod gui;
mod html_gui;
mod init;
mod windows_gui;

use init::initialize;

fn main() {
```

```
    let dialog = initialize();
    dialog.render();
    dialog.refresh();
}
```

8. 在 Windows 作業系統下執行，結果如下：

```
-- Windows detected, creating Windows GUI --
Drawing a Windows button
Click! Hello, Windows!
Dialog - Refresh
```

9. 在 WSL 下執行，結果如下：

```
-- No OS detected, creating the HTML GUI --
<button>Test Button</button>
Click! Button says - 'Hello World!'
Dialog - Refresh
```

這個範例提供許多創新：

1. Trait 內可以實現程式邏輯，不只是定義規格，參閱 gui.rs 的 Dialog/render。

2. cfg!(windows) 可判斷是否為 Windows 作業系統，參閱 init.rs。

3. &WindowsDialog 可直接創建物件，等於 Box::new(WindowsDialog)，參閱 init.rs。

4. 要使用同一專案的其他檔案，使用【mod windows_gui;】，要引入 Struct，使用【use crate::windows_gui::WindowsDialog;】。

8-5 本章小結

本章介紹 Trait、Trait bound 的使用，也介紹 Trait 與 Struct 結合，作為 OOP 開發的基礎。另外，也以 Trait、Struct 為基礎，實際展示一個完整的工廠模式範例。

還有更多的設計典範 (Design patterns) 可參閱【Design Patterns in Rust】[8]、【lpxxn, rust-design-pattern】[9]。更多的 OOP 開發訣竅可參閱【The Rust Programming Language 的 17.3. Object-Oriented Design Pattern】[10] 及【Object-Orientation in Rust】[11]。

參考資料 (References)

[1] 為何說 composition 優於 inheritance？(https://tw.twincl.com/programming/*662v)

[2] Quora, What makes Rust not an object-oriented programming language (https://www.quora.com/What-makes-Rust-not-an-object-oriented-programming-language-even-though-it-has-classes-and-inheritance-support-in-its-syntax)

[3] 遇到尾數是五時，單入偶不入 (https://en.wikipedia.org/wiki/Rounding)

[4] Rust By Example 16.3. Returning Traits with dyn (https://doc.rust-lang.org/rust-by-example/trait/dyn.html)

[5] Rust By Example 16.1. Derive (https://doc.rust-lang.org/rust-by-example/trait/derive.html)

[6] lpxxn, rust-design-pattern 工廠模式 (https://github.com/lpxxn/rust-design-pattern/blob/master/creational/factory.rs)

[7] Factory Method in Rust (https://refactoring.guru/design-patterns/factory-method/rust/example)

[8] Design Patterns in Rust (https://refactoring.guru/design-patterns/rust)

[9] lpxxn, rust-design-pattern (https://github.com/lpxxn/rust-design-pattern)

[10] The Rust Programming Language 的 17.3. Object-Oriented Design Pattern (https://web.mit.edu/rust-lang_v1.25/arch/amd64_ubuntu1404/share/doc/rust/html/book/second-edition/ch17-03-oo-design-patterns.html)

[11] Object-Orientation in Rust (https://stevedonovan.github.io/rust-gentle-intro/object-orientation.html)

MEMO

巨集 (Macro)

巨集 (Macro) 是一種語法糖 (Syntax sugar)，以特殊的語法形式擴展程式，類似程式產生器，也有人翻譯成【宏】。

Rust 提供許多內建的巨集，例如 println!、format!、vec!、cfg!...，都是以【!】結尾，也可以自行開發巨集，包括依照 macro_rules! 訂定的宣告式巨集 (Declarative macro) 及 3 種程序式巨集 (Procedural macro)：

1. 宣告式巨集：可在結構 (struct)、枚舉 (enum) 前面加註的屬性，例如：

```
#[derive(Debug)]
struct Point {
    x: i32,
    y: i32,
}
```

2. 屬性式巨集 (Attribute-like)：可加註在其他任何項目，例如函數：

```
#[route(GET, "/")]
fn index() {
    ...
}
```

3. 函數式巨集 (Function-like)：可開發類似 Decorator 設計典範的功能，可用於除錯，工作日誌⋯等功能。

9-1 巨集 (Macro) 入門

巨集是一種擴展語法形式的簡化寫法，在編譯時會將巨集定義的內容置換為程式碼，所以也稱為 Metaprogramming，透過撰寫程式碼來產生其他程式碼，類似程式產生器，撰寫巨集的優點如下：

1. 不重複撰寫相同的程式碼 (Don't repeat yourself, DRY)：減少程式碼數量，且易於閱讀與維護，程式結構也較簡潔。

2. 開發領域特定的語言 (Domain-specific languages, DSL)：可自訂一套語法，類似直譯器 (Interpreter)，提供特殊用途使用，例如程式交易 TradeStation，如下圖，依序為：

   - 收盤價線圖

   - 取過去 20 天均價

   - 若當日收盤價 < 隔日收盤價，則買進。

```
Plot1(Close);
Value1 = Average(Close,20);
Condition1 = Close > Close[1];
Buy next bar at Close of this bar limit;
```

▲ 圖一 TradeStation 提供的 EasyLanguage

3. 可變參數 (Variadic interfaces)：可提供不定個數的參數，使呼叫更具彈性，
   例如 println!，println!("{}", x) 是 2 個參數，println!("{}, {}", x, y)，是 3 個參數，兩者都沒有錯，參數個數無限量。

但是，巨集也有缺點：

1. 巨集內容不易閱讀與理解，例如下面的程式碼，一堆 $、()、* 特殊符號，類似正則表示式 (Regular expression)：

```
#[macro_export]
macro_rules! my_vec {
    ( $( $x:expr ),* ) => {
            {
            let mut temp_vec = Vec::new();
                $(
                temp_vec.push($x);
                )*
            temp_vec
            }
    };
}
```

2. 除錯較困難：因為巨集是在編譯時展開，除錯時無法看到原始的巨集內容。

Rust 常見的巨集主要放在 std 套件中，可參閱【std 參考手冊】[1]。以下就挑選幾個巨集實驗。

範例 1. 常見的巨集測試，程式放在 src/ch09/macro_test 資料夾。

1. println!：顯示至螢幕，結果為 Hello, world!。

```
println!("Hello, world!");
```

2. format!：輸出至變數，結果為 format!: 1 + 2 = 3。

```
let (x, y) = (1, 2);
println!("format!: {}", format!("{x} + {y} = 3"));
```

3. stringify!：將表達式轉為字串，結果為 stringify!: 1 + 1。

```
println!("stringify!: {}", stringify!(1 + 1));
```

4. write!：將分段寫入的內容組合為 bytes。writeln! 每次輸出後會加跳行符號。

```
let mut w = Vec::new();
writeln!(&mut w);
writeln!(&mut w, "test");
write!(&mut w, "formatted {}", "arguments");
println!("write!: {:?}", w);
```

5. 執行結果：

```
write!: [10, 116, 101, 115, 116, 10, 102, 111, 114, 109, 97, 116, 116, 101, 100,
32, 97, 114, 103, 117, 109, 101, 110, 116, 115, 10]
```

6. 可再轉換回字串。

```
println!("writeln! to String: {}", String::from_utf8(w).unwrap());
```

7. 執行結果：

```
writeln! to String:
test
formatted arguments
```

8. 顯示環境變數 Path 內容。

```
let path = env!("PATH");
println!("env $PATH: {path}");
```

9. 執行結果：除了環境變數 Path 內容外，還會自動加目前的資料夾下的 target\ debug\deps。

```
env $PATH: F:\src\ch09\macro_test\target\debug\deps;C:\Users\mikec\...
```

10. file!, line!：顯示檔案名稱及行號，可以搭配 Result 的 err 顯示檔案名稱及錯誤行號，幫助測試者找到錯誤的程式碼位置。

```
println!("file: {}, line no.: {}", file!(), line!());
```

11. 執行結果：file: src\main.rs, line no.: 40。

12. dbg!：更方便的除錯訊息顯示。

```
let a = 2;
let b = dbg!(a * 2) + 1;
```

13. 執行結果：[src\main.rs:44] a * 2 = 4。

14. cfg!：判斷是否為 Windows 作業系統？

```
if cfg!(windows) {
    println!("Windows 作業系統 .");
} else {
    println!("Unix 作業系統 .");
};
```

15. todo!：可在程式撰寫過程中加入 todo!，提醒程式設計師這一個函數尚待開發。

```
fn foo() {
    todo!("foo 尚未實作 !!");
}
```

16.執行結果：會顯示錯誤訊息，並中斷執行。

```
thread 'main' panicked at src\main.rs:5:5:
not yet implemented: foo 尚未實作 !!
```

更多的巨集可參閱【std 參考手冊】。

9-2 巨集開發

要自行開發巨集也不難，須先瞭解巨集解析的流程，再熟悉語法即可。解析的流程如下：

1. 分詞 (Tokenization.)：將程式碼的變數 (Identifiers)、常數 (Literals)、關鍵字 (Keywords) 及符號 (Symbols) 全部分離出來。

    識別字 (Identifiers): foo, Bambous, self, we_can_dance, LaCaravane, …

    字串 (Literals): 42, 72u32, 0_____0, 1.0e-40, "ferris was here", …

    關鍵字 (Keywords): _, fn, self, match, yield, macro, …

    符號 (Symbols): [, :, ::, ?, ~, @1, …

2. 將程式解析為【抽象的語法樹】(Abstract Syntax Tree, AST)，例如加總兩個常數 (1+2)，可轉換如下圖：

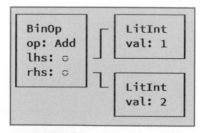

▲ 圖二 抽象的語法樹 (Abstract Syntax Tree, AST)

3. 全部程式碼解析完後，可能是一龐雜的語法樹。

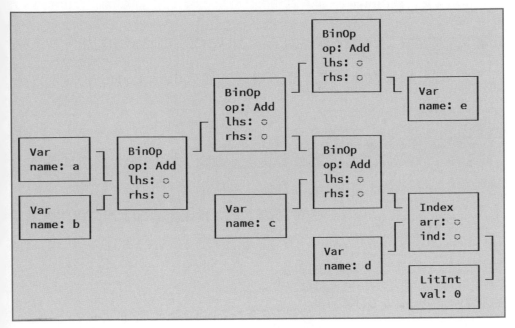

▲ 圖三 龐雜的語法樹

4. Rust 編譯器就會依語法樹轉換程式，因此，瞭解分詞及語法樹概念後，對撰寫巨集會有很大的幫助。

巨集語法主要有以下類型：

1. # [$arg]：例如 #[derive(Clone)], #[no_mangle], …

2. # ! [$arg]：例如 #![allow(dead_code)], #![crate_name="blang"], …

3. $name ! $arg：例如 println!("Hi!"), concat!("a", "b"), …

4. $name ! $arg0 $arg1：例如 macro_rules! dummy { () => {}; }，以 macro_rules! 開頭，定義與函數類似的程序式巨集。

前兩項是宣告式巨集，後兩者是程序式巨集。

以上的說明來自【The Little Book of Rust Macros】[2]，更完整的解說可詳閱該文件，我們直接以範例說明。

範例 1. 最簡單的巨集實作，程式放在 src/ch09/custom_macro1 資料夾。

1. 定義 hello_world Macro：無參數，內容固定顯示 Hello, world!。

```
macro_rules! hello_world {
    () => {
    println!("Hello, world!");
    };
}
```

- macro_rules! hello_world {…}：固定以【macro_rules!】開頭定義巨集，後面接巨集名稱。

- 【=> {…}】：巨集擴展的內容。

2. 測試：呼叫 hello_world 巨集。

```
fn main() {
    hello_world!();
}
```

3. 執行結果：Hello, world!。

範例 2. 帶有參數的巨集實作，程式放在 src/ch09/custom_macro2 資料夾。

1. 定義巨集。

```
macro_rules! say_something {
    ($x:expr) => {
        println!("{}", $x);
    };
}
```

- macro_rules! say_something {…}：固定以【macro_rules!】開頭定義巨集，後面接巨集名稱。

- ($x:expr)：【$x:expr】中的 $x 為參數名稱，須以 $ 開頭，並宣告 x 是一個表達式 (expression, 縮寫為 expr)。

- 【=> {…}】：巨集擴展的內容。

2. 測試：呼叫 say_something 巨集。

```
fn main() {
    say_something!("Hello, world!");
}
```

3. 執行結果：Hello, world!。

4. 再定義 add 巨集，帶有 2 個參數。

```
macro_rules! add {
    ($a:expr, $b:expr) => {
        $a + $b
    };
}
```

5. 測試：呼叫 add 巨集。

```
let result = add!(1, 2);
println!("{}", result);
```

6. 執行結果：3。

範例 3. 模仿簡化的 Vec! 巨集實作，程式放在 src/ch09/custom_macro3 資料夾。

1. 定義巨集。

```
#[macro_export]
macro_rules! my_vec {
    ( $( $x:expr ), *) => {
        {
        let mut temp_vec = Vec::new();
            $(
            temp_vec.push($x);
```

```
                )*
            temp_vec
            }
    };
}
```

- #[macro_export]：匯出巨集，可供其他程式碼使用，只限同一個檔案的呼叫者使用，這一行可以省略。

- ($($x:expr), *)：外面 () 包覆巨集參數，【$x:expr】中的 $x 為參數名稱，【*】表可以是 0 個或多個參數，【+】表是 1 個或多個參數。

- 擴展的內容：宣告一個陣列 temp_vec，將參數逐一填入陣列，最後回傳 temp_vec。

2. 測試。

```
fn main() {
    let vec = my_vec![1,2,3];
    println!("{:?}", vec);
}
```

3. 執行結果：順利印出 [1, 2, 3]。

4. 再看一個巨集：使用遞迴尋找最小值。

```
macro_rules! find_min {
    ($x:expr) => ($x); // 先接收一個參數
    ($x:expr, $($y:expr),+) => ( // 再接收一個或多個參數
    std::cmp::min($x, find_min!($($y),+))  // 遞迴
    )
}
```

- ($x:expr) => ($x)：先接收第一個參數，當作最小值。

- ($x:expr, $($y:expr),+)：再接收一個參數 y，與原來的 x 比較。【+】表一個或多個，至少發生一次。

- std::cmp::min 函數：可尋找最小值，find_min! 呼叫自身函數。

5. 測試。

```
println!("{}", find_min!(5, 2 * 3, 4));
```

6. 執行結果：4，是 (5, 2 * 3, 4) 中的最小值。

9-3 以巨集生成函數

上一節我們以巨集生成單一指令，這一節更進一步，以巨集生成完整的函數。

範例. 以巨集生成函數，程式放在 src/ch09/macro_function_test 資料夾。

1. 定義巨集，生成函數，內容只顯示字串。

```
macro_rules! create_function {
    // ident：表函數名稱或變數名稱
    ($func_name:ident) => {
        fn $func_name() {
            // stringify!：將 $func_name 轉換成字串
            println!(" 建立函數 {:?}", stringify!($func_name));
        }
    };
}
```

- macro_rules! create_function {…}：固定以【macro_rules!】開頭定義 Macro，後面接巨集名稱。

- 函數內容僅是 println!(…)，將函數名稱轉換為字串顯示。

2. 生成 foo、bar 函數。

```
fn main() {
    // 測試函數
    create_function!(foo);
    create_function!(bar);
}
```

3. 測試 foo、bar 函數：在 main 中插入以下程式碼。

```
foo();
bar();
```

4. 執行結果：

```
建立函數 "foo"
建立函數 "bar"
```

5. 再定義一個巨集生成函數，並帶有一個參數，內容只顯示參數字串及計算結果。

```
macro_rules! print_result {
    ($x:expr) => {
        println!("{ } = {:?}", stringify!($x), $x);
    };
}
```

6. 測試巨集。

```
print_result!(1u32 + 1);
```

7. 執行結果：

```
1u32 + 1 = 2
```

8. 測試多行程式：以 {} 包覆。

```
print_result!({
    let x = 1u32;

    x * x + 2 * x - 1
});
```

9. 執行結果：

```
{ let x = 1u32; x * x + 2 * x - 1 } = 2
```

除了 expr，還有許多指示符號 (designator) 或稱 fragment specifiers，可參閱
【Rust By Example 17.1.1. Designators】[3] 文末及【The Rust Reference, Macros
By Example】[4]。以下列出部分說明：

- item：項目，可以是模組 (Module)、外部套件 (ExternCrate)、函數 (Function)、資料型別別名 (TypeAlias)、Struct、Enum、Trait…等。

- ident：變數名稱 (Identifier) 或關鍵字 (Keyword)。

- block：程式區塊。

- stmt：指令，不含【;】。

- ty：特殊資料型別，如 ImplTraitType、TraitObjectType、TupleType、ArrayType…等。

- path：TypePath 風格的定義，例如 type definitions, trait bounds, type parameter bounds, and qualified paths，通常類似 ops::Index<ops::Range <usize>>，指命名空間 + 資料型別或 Trait bound…。

- expr：表達式。

- literal：文字、常數。

需要用到時，可以參閱【The Rust Reference, Macros By Example】各項之超連結，仔細研究。

9-4 客製化衍生巨集 (Custom derive macro)

除了標準的標註，例如 Debug、Copy、Clone…等，我們可以利用客製化衍生巨集開發自訂的宣告式標註，如下：

```
#[derive(HelloMacro)]
struct Pancakes;
```

以實際範例說明作法。

範例. 以客製化衍生巨集開發自訂的宣告式標註，此範例來自【The Rust Programming Language 的 19.5. Macros】[5]，3 個專案均放在 src/ch09/Custom_derive_ Macro 資料夾。

1. 建立巨集專案 hello_macro：

```
cargo new hello_macro --lib
```

2. 修改 src/lib.rs 內容如下：建立 Trait。

```
pub trait HelloMacro {
    fn hello_macro();
}
```

3. 新增 main.rs，內容如下：實現上述的 Trait。

```
use hello_macro::HelloMacro;

struct Pancakes;

impl HelloMacro for Pancakes {
    fn hello_macro() {
        println!("Hello, Macro! My name is Pancakes!");
    }
}

fn main() {
    Pancakes::hello_macro(); // 呼叫 hello_macro
}
```

4. 測試：cargo run，執行結果為 Hello, Macro! My name is Pancakes!。但這只是單純呼叫 hello_macro 的結果。

5. 定義程序式巨集 (procedural macro) 專案在上述專案 hello_macro 內。

```
cargo new hello_macro_derive --lib
```

6. 在專案內增加以下套件，並指定 proc-macro = true，表示要使用程序式巨集：

```
[lib]
proc-macro = true

[dependencies]
syn = "1.0"
quote = "1.0"
```

7. 修改 hello_macro_derive/src/lib.rs 內容如下：

```
use proc_macro::TokenStream;
use quote::quote;
use syn;


#[proc_macro_derive(HelloMacro)]
pub fn hello_macro_derive(input: TokenStream) -> TokenStream {
    // 建立語法樹
    let ast = syn::parse(input).unwrap();

    // 呼叫 impl_hello_macro，實現 HelloMacro trait
    impl_hello_macro(&ast)
}

// 實現 HelloMacro trait
fn impl_hello_macro(ast: &syn::DeriveInput) -> TokenStream {
    let name = &ast.ident; // 取得宣告的物件：struct
    let gen = quote! {// quote 將變數置換為物件屬性
        impl HelloMacro for #name {   // #name：物件名稱
            fn hello_macro() {
                println!("Hello, Macro! My name is {}!", stringify!(#name));
            }
        }
    };
    gen.into()
}
```

- quote! 類似 Jinja 樣板引擎 (Template engine)，可以將定義的變數置換為物件
  參數的屬性。

- syn 套件可將 token 解析成語法樹。

8. 建立測試巨集專案 pancakes：

```
cargo new pancakes
```

9. 在專案加入參考上述 2 個專案，修改 Cargo.toml。

```
[dependencies]
hello_macro = { path = "../hello_macro" }
hello_macro_derive = { path = "../hello_macro/hello_macro_derive" }
```

10. 修改 src/main.rs 內容如下：使用 #[derive(HelloMacro)]，測試 Macro。

```
use hello_macro::HelloMacro;
use hello_macro_derive::HelloMacro;

#[derive(HelloMacro)]
struct Pancakes;   // Pancakes 會指派給 Macro 內的 name

fn main() {
    Pancakes::hello_macro(); // 呼叫 Macro 內的 hello_macro
}
```

11. 執行結果：Hello, Macro! My name is Pancakes!

9-5 屬性巨集與函數巨集

還有兩種巨集：屬性巨集 (Attribute-like macro)、函數巨集 (Function-like macro)。屬性巨集與上一節的衍生巨集 (derive macro) 的差別是：

1. 衍生巨集 (derive Macro) 的對象是 struct 或 enum。

2. 屬性巨集 (Attribute-like macro) 的對象是其他任何項目，例如函數，如下：

```
#[route(GET, "/")]
fn index() {…}
```

- 網頁的後端處理函數常會指定 URL 及 Get/Post 傳遞方式。

屬性巨集的定義如下，開發方式與衍生巨集很類似。

```
#[proc_macro_attribute]
pub fn route(attr: TokenStream, item: TokenStream) -> TokenStream {…}
```

範例 1. 屬性巨集測試，程式放在 macro_attribute_test 資料夾。

1. 建立巨集檔案 lib.rs，內容如下：

```rust
use proc_macro::TokenStream;
use quote::quote;
use syn::{parse_macro_input, ItemFn};

#[proc_macro_attribute]
pub fn log(_attr: TokenStream, item: TokenStream) -> TokenStream {
    let function = parse_macro_input!(item as ItemFn);

    let name = &function.sig.ident;
    let inputs = &function.sig.inputs;
    let output = &function.sig.output;
    let block = &function.block;

    // 擴展
    let expanded = quote! {
        fn #name(#inputs) #output {
            println!("Calling function: {}", stringify!(#name));
            #block
            }
    };

    TokenStream::from(expanded)
}
```

- 重點在 let expanded = quote! {…}，包覆的內容即擴展的程式碼，主要是 println!("Calling function: {}", stringify!(#name));。

2. 主程式 main.rs，內容如下：

```
use macro_attribute_test::log;

#[log]
fn hello_world() {
    println!("Hello, world!");
}

fn main() {
    hello_world();
}
```

- hello_world 函數前面加【#[log]】，表示執行 hello_world 之前會先呼叫 log 巨集。

3. 執行結果：

```
Calling function: hello_world
Hello, world!
```

屬性巨集類似 Python 的 Decorator，可用於除錯，工作日誌…等功能，非常好用，Decorator 的功能可參閱【10 Python Decorators To Take Your Code To The Next Level】[6]。

接著介紹函數巨集，它類似前面提到的 macro_rules! 巨集，但前者可以接收不定個數的參數，開發方式與 derive 巨集很類似。

範例 2. 函數巨集測試，程式放在 src/ch09/macro_function_like 資料夾。

1. 建立巨集專案。

```
cargo new macro_function_like_test --lib
```

2. 修改 Cargo.toml 檔案，增加段落如下：

```
[lib]
proc-macro = true
```

3. 檔案 lib.rs，內容如下：

```
use proc_macro::TokenStream;

#[proc_macro]
pub fn print_and_replace(input: TokenStream) -> TokenStream {
    println!("Inputs: {}", input.to_string());
    "fn add(a:i32, b:i32) -> i32 { a+ b }".parse().unwrap()
}
```

- 使用【#[proc_macro]】，與範例 1 的【#[proc_macro_attribute]】不同。
- 函數除了 println!() 外，還輸出一個函數 add，須使用字串，即以 "" 包覆。
- 函數內容可直接撰寫程式碼，比較直覺。

4. 建置專案：

```
cargo build
```

5. 建立呼叫巨集的專案。

```
cargo new call_macro
```

6. 修改 Cargo.toml 檔案，[dependencies] 增加一列如下：

```
[dependencies]
macro_function_like_test = { path = "../macro_function_like_test" }
```

7. 主程式 main.rs，內容如下：

```
use macro_function_like_test::print_and_replace;

print_and_replace!(100); // 引進巨集

fn main() {
    println!("{}", add(1,2)); // 呼叫巨集定義的函數 add
}
```

8. 測試：

```
cargo run
```

9. 執行結果：第一行是重新建置巨集專案時出現的訊息，第二行才是主程式執行出現的訊息。

```
Inputs: 100
3
```

10.直接執行二進位檔：

```
target\debug\call_macro.exe
```

11.執行結果：只出現 3。

9-6 領域特定語言 (Domain-specific languages, DSL)

有一些非常有彈性的軟體，自訂一套語法，允許使用者撰寫簡單程式，應用系統會負責解析這些程式並執行，例如，股票交易策略系統，提供使用者自訂交易策略，系統可以提供回顧測試 (Backtesting)，以歷史資料計算績效，讓使用者驗證策略的有效性，這種方式類似提供直譯器 (Interpreter)，例如非常有名的程式交易軟體 TradeStation，自訂股票交易的語法稱之為【領域特定語言】(Domain-specific language, DSL)。

範例 . 以巨集開發領域特定的語言 (Domain-specific languages, DSL)，程式放在 src/ch09/macro_dsl_test 資料夾。

1. 定義巨集生成指令，顯示計算結果。

```
macro_rules! calculate {
    (eval $e:expr) => { // eval 是自訂的指令
        {
        let val: usize= $e; // 計算結果，並強制轉換資料型別
        println!("{} = {}", stringify!{$e}, val);
```

```
            }
    };
}
```

- eval：自訂的指令，可自由發揮。

- let val: usize= $e;：會自動依 val 的資料型別，自動轉換 $e。

2. 測試 1：

```
calculate! {
    eval 1 + 2
}
```

3. 執行結果：3。

4. 測試 2：

```
calculate! {
    eval (1 + 2) * (3 / 4)
}
```

5. 執行結果：0，因為 (3 / 4) 轉換為整數，一律無條件捨去。

9-7　本章小結

本章簡單介紹各種巨集的使用技巧，並說明如何自行開發巨集，包括開發領域特定語言 (DSL)，善用巨集可以節省大量的開發人力，顯著提升生產力。

參考資料 (References)

[1]　std 參考手冊 (https://doc.rust-lang.org/std/#macros)

[2]　The Little Book of Rust Macros (https://veykril.github.io/tlborm/introduction.html)

巨集 (Macro)

[3] Rust By Example 17.1.1. Designators (https://doc.rust-lang.org/rust-by-example/macros/designators.html#designators)

[4] The Rust Reference, Macros By Example (https://doc.rust-lang.org/reference/macros-by-example.html)

[5] The Rust Programming Language 的 19.5. Macros (https://doc.rust-lang.org/book/ch19-06-macros.html)

[6] 10 Python Decorators to Take Your Code to the Next Level (https://python.plainenglish.io/10-python-decorators-to-take-your-code-to-the-next-level-887eac41e2f4)

閉包 (Closure)

閉包 (Closure) 是一種匿名函數 (Anonymous function)，或稱 Lambda expression、Lambda function，扮演【函數式程式設計】(Functional Programming) 的關鍵角色，由於閉包辭不達意，以下直接使用 Closure。

現在大部分的程式語言都支援 Closure，只是名稱不同而已，例如 JavaScript 稱為 Arrow function，也同時支援 Closure，兩者有些微差異，可參閱【JavaScript Arrow Functions and Closures】[1]，Rust 的 Closure 同時支援 JavaScript 的 Arrow function、Closure，比較近似於 Python 的 Lambda function。

匿名函數就是沒有為函數取名,函數內容通常只有一行程式碼,Rust 支援多行,以 {} 包覆,匿名函數可當作參數傳遞給其他函數,故稱為【函數式程式設計】。

10-1 Closure 概念

以 Python 程式為例說明,先在 cmd 下輸入 python,再輸入以下程式碼測試。

1. 計算每個數目的對數 (log):map 對陣列 [10,100,1000] 內每個元素當作 log10 的參數,即 log10(N),N 分別為 10、100、1000。

```
import math
map(math.log10, [10,100,1000])
```

- 執行結果 = [1.0, 2.0, 3.0],map 會把每個元素當參數,放進 log10 求解。

```
>>> import math
>>> map(math.log10, [10,100,1000])
<map object at 0x00000159C7AAFCA0>
>>> list(map(math.log10, [10,100,1000]))
[1.0, 2.0, 3.0]
```

- 必須使用 list() 包覆,才能顯示結果。

2. 篩選 (filter):只篩選出偶數 (x%2==0),lambda x:x%2==0 為匿名函數,陣列 [10,100,1000] 內每個元素分別帶入 x,找出符合條件的元素。

```
filter(lambda x:x%2==0, [1,2,3])
```

- 執行結果 = [2]

```
>>> list(filter(lambda x:x%2==0, [1,2,3]))
[2]
```

3. 自行開發也 OK,定義 do_filter 函數,第一個參數是匿名函數,第二個參數是 list,即陣列。直接把函數當參數,並在另一個函數中呼叫它,這就是【函數式程式設計】(Functional Programming) 的精神。

```
def do_filter(func, list1):
        return [func(i) for i in list1]

func = lambda x:x%2==0
do_filter(func, [1,2,3])
```

- 執行結果 = [False, True, False]

map、filter 都是 Python 內建的 Functional Programming 高階函數 (Higher Order Functions, HOF)，Rust 支援更多的高階函數。

10-2 Closure 入門

Rust 的 Closure 概念與 Python 類似，只是語法不同而已，Rust 本身支援很多高階函數，使用也很容易。

範例 1. Closure 測試，程式放在 src/ch10/closure_test1 資料夾。

1. 定義 Closure 函數。

```
let add = | a :i32, b:i32 | -> i32 { return a + b; };
```

- add 是一個變數名稱而非函數名稱。
- 輸入參數以 || 包覆，而非 ()。
- 輸出參數型別寫在 -> 之後。
- 程式內容以 {} 包覆。

2. 呼叫 Closure。

```
let x = add(1, 2);   // 執行 Closure，並指定輸入參數值
println!("result is {}", x);
```

3. 執行結果：result is 3。

4. 簡化寫法：以下三種寫法均 OK。

- 因變數預設為 i32，故 add 函數可簡化為：

```
let add = |a , b| {return a + b;};
```

- 不要 return：

```
let add = |a, b| { a + b };
```

- 不使用 {}：

```
let add = |a, b| a + b;
```

範例 2. 匿名函數可當作參數傳遞給其他函數執行，程式放在 src/ch10/closure_test2 資料夾。

1. 定義呼叫 Closure 的函數。

```
fn simple_call<F>(closure1: F) -> i32
    where F: Fn(i32) -> i32 {

    closure1(1)
}
```

- simple_call<F>(closure1: F)：定義函數接收參數 closure1，它的資料型別為 F，F 定義在下一行的 where 後面，simpl_call 需加【<F>】，表示 F 的有效範圍。

- where F: Fn(i32) -> i32：定義函數接收參數 closure1 的規格。

- Closure 接收參數的方式有三種，可詳閱【Rust By Example】的【9.2.2. As input parameters】[2]：

  - Fn：Closure 接收參數採用參考 (&T) 的方式。

  - FnMut：Closure 接收參數採用參考 (&T) 的方式，且可修改。

  - FnOnce：Closure 接收參數採用複製 (T) 的方式，不會影響外部變數值。

- closure1(1)：呼叫 Closure 函數，並指定輸入參數值 1。

2. 測試：

```
let result = simple_call(|x| x + 2);
println!("result is {}", result);
```

- 定義 Closure 函數為【|x| x + 2】。
- simple_call(|x| x + 2)：呼 叫 simple_call 函 數，並 指 定 輸 入 參 數 值 為
  Closure 函數。

3. 修改 Closure 函數為【|x| x + 5】再測試一次。

4. 執行結果：6。

5. 定義呼叫範例 1 的 Closure 的函數。

```
fn call_add<F>(closure1: F) -> i32
    where F: Fn(i32, i32) -> i32 {

    closure1(2, 3)
}
```

- 須修改 Closure 函數的定義 F: Fn(i32, i32)。

6. 測試：在 main 中加入 Closure 函數，並呼叫 call_add。

```
let add = | a:i32, b:i32 | -> i32 { return a + b; };

// 呼叫 Closure
let result = call_add(add);
println!("result is {}", result);
```

7. 執行結果：5。

8. 再變化一下，建立呼叫 Closure 的函數 call_function，除了接收 Closure 函數，
   也接收 Closure 函數的輸入參數。

```
fn call_function<F>(closure1: F, a:i32, b:i32) -> i32
    where F: Fn(i32, i32) -> i32 {
```

```
    closure1(a, b)
}
```

9. 測試：建立呼叫 Closure 的函數 call_function，也傳送 Closure 函數的輸入參數。

```
let result = call_function(add, 5, 10);
println!("result is {}", result);
```

10. 執行結果：15。

11. 我們可以更改 Closure 的函數內容，就可以達成不同的功能，例如原來是相加 (add)，可以改為相乘、相減、相除，動態擴充功能，這對於提供指令集式的應用程式幫助非常大。以下使用乘法，呼叫 call_function。

```
let result = call_function(|a, b| a * b, 5, 10); // 簡略的寫法
println!("result is {}", result);
```

12. 執行結果：50。

從上述的範例可以體會到【函數式程式設計】(Functional Programming) 的意涵，將函數當作參數傳遞，我們就可以在程式中隨時定義 Closure，傳給【通用函數】，例如 call_function，應用程式就可以無限擴充，完全不用修改既有的架構及程式碼。

範例 3. 高階函數測試，程式放在 src/ch10/closure_test3 資料夾。

1. Option 提供 map 方法。

```
let multiple2 = | a | a * 2;  // Closure
let val = Some(3);           // Option
let x: Option<i32> = val.map(multiple2);
println!("{}", x.unwrap());
```

2. 執行結果：6。

3. None 測試：

```
let val:Option<i32> = None;
let x: Option<i32> = val.map(multiple2);
println!("{:?}", x);
```

4. 執行結果：None，因為 None 作任何運算，結果都是 None。

5. 陣列支援高階函數 sort_by_key 方法，可指定 struct 的欄位排序。先定義一個
   struct，內含寬度、高度 2 個欄位。

```
#[derive(Debug)]
struct Rectangle {
    width: u32,
    height: u32,
}
```

6. 宣告 3 筆資料。

```
let mut list = [
    Rectangle { width: 10, height: 1 },
    Rectangle { width: 3, height: 5 },
    Rectangle { width: 7, height: 12 },
];
```

7. 測試：依照寬度 (width) 排序。

```
let mut num_sort_operations = 0;
list.sort_by_key(|r| {
    num_sort_operations += 1;
    r.width
});
println!("{:#?}, sorted in {num_sort_operations} operations", list);
```

8. 執行結果：很有意思，還可以知道排序經過 6 個步驟。

```
[
    Rectangle {
        width: 3,
        height: 5,
        },
    Rectangle {
        width: 7,
        height: 12,
        },
    Rectangle {
        width: 10,
        height: 1,
        },
], sorted in 6 operations
```

9. 一樣宣告 3 筆資料。

```
let mut list2 = [
    Rectangle { width: 10, height: 1 },
    Rectangle { width: 3, height: 5 },
    Rectangle { width: 7, height: 12 },
];
```

10. 測試：依照寬度 (width) 過濾。

```
let result = list2.into_iter().filter(|r| {
    r.width > 5
}).collect::<Vec<_>>();
println!("\n 過濾：\n{:#?}", result);
```

- filter 只適用 Iterator 資料型別，必須以 into_iter() 轉換。

- collect：可以一次取出 Iterator 所有元素，取出是 Vec 資料型別，必須設定型別 <Vec<_>>。

11.執行結果：過濾【寬度 >5】。

```
[
    Rectangle {
        width: 10,
        height: 1,
    },
    Rectangle {
        width: 7,
        height: 12,
    },
]
```

12.再看一個例子，直接使用 Vec，並依照單字長度排序。

```
let mut fruits = vec!["banana", "apple", "orange", "grape"];
fruits.sort_by(|a, b| a.len().cmp(&b.len()));
println!("Sorted fruits: {:?}", fruits);
```

13.執行結果：

```
Sorted fruits: ["apple", "grape", "banana", "orange"]
```

經過上面的測試，可以知道 Rust 與 Python 一樣，也有提供很多高階函數，如 map、filter…等，但用法有些差異：

比較項目	Python	Rust
處理的對象	匿名函數的第二個參數是陣列	Closure 參數是單一元素，高階函數通常是類別的方法，而類別通常是陣列資料型態
使用方法	以函數呈現，例如 map(sum, [1,2,3])	以方法呈現，接在物件後面，例如 x.map(| a | a * 2)
函數（第一個參數）	可接受命名函數或匿名函數	只接受匿名函數

由於 Rust 是以類別的方法實作高階函數，因此，它的彈性更大，高階函數幾乎無所不在，開發應用程式時可參考標準函數庫的作法，應該會受益良多。

範例 4. 所有權轉移 (move) 測試，程式放在 src/ch10/closure_test4 資料夾。

1. Closure 未使用 move。

```
let mut num = 5;
    {
        let mut add_num = |x: i32| num += x;
        add_num(5);
    }
println!("without move：{:#?}\n", num);
```

2. 執行結果：10，num 會被 Closure 借用，{} 執行會影響 num。

3. Closure 使用 move。

```
let mut num = 5;
    {
        let mut add_num = move |x: i32| num += x;
        add_num(5);
    }
println!("with move：{:#?}\n", num);
```

4. 執行結果：5，因為 move 會複製一份 num 給 Closure，即 Closure 會有 {} 裡面的 num 所有權，{} 執行不會影響外部的 num。

5. Closure 也可以回傳結果，並記錄執行結果，類似 JavaScript 的 Closure。

```
let mut counter = || {
    let mut count = 0;
    move || {
        count += 1;
        count // 回傳結果
        }
    }(); // 須加 ()
println!("Counter: {}", counter()); // Output: Counter: 1
println!("Counter: {}", counter()); // Output: Counter: 2
```

6. 執行結果：每次執行 counter()，count 會加 1，注意，Closure 定義結尾要加 ()。

回頭再觀察 src\ch03\arc_test 的 arc_test2 函數，以 thread 實作訪客數更新，通常要加 move，將指標複製一份至執行緒內，以免被鎖住。

範例 5. 若 Closure 參數未指定資料型別，Rust 會記憶用過的資料型別 (Capture the environment)，程式放在 src/ch10/closure_test5 資料夾。

1. 若 Closure 參數未指定資料型別，Rust 會記憶用過的資料型別 (Capture the environment)，例如以下定義的 Closure 的 x 未指定資料型別：

```
let env_closure = |x| x;
```

2. 測試：第一行 Closure 參數使用字串 (String)，之後，使用該 Closure 的參數就必須一樣是字串，否則會出現錯誤。相對的一般命名函數並不會有記憶的功能，這是 Closure 與命名函數最大的差別。

```
let s = env_closure(String::from("hello"));
let n = env_closure(5);  // error
```

3. 錯誤訊息：第 2 行發生錯誤，期望輸入參數是字串，與第 1 行一致。

```
let n = env_closure(5);  // error
           ----------- ^- help: try using a conversion method: `.to_string()`
           |           |
           |           expected `String`, found integer
```

4. 將上述兩行程式碼對調，再測試一次。

```
let n = env_closure(5);
let s = env_closure(String::from("hello")); // error
```

5. 錯誤訊息：依然是第 2 行發生錯誤，期望輸入參數是整數，與第 1 行一致。

```
let s = env_closure(String::from("hello"));
           ----------- ^^^^^^^^^^^^^^^^^^^^^ expected integer, found `String`
           |
           arguments to this function are incorrect
```

10-3 Closure 應用

我們可以根據上述的概念來撰寫一個非常有彈性的應用程式,依據指令動態決定要呼叫哪一個函數。

範例 . 動態呼叫 Closure,程式放在 src/ch10/dynamic_closure 資料夾。

1. 定義函數共同規格:使用資料型別別名 (Type alias),可避免重複撰寫冗長的規格,Box<dyn…> 為動態智慧指標,可支援多個函數實作同一規格。

```
type DynamicClosure = Box<dyn Fn(i32, i32) -> i32>;
```

2. 假設有兩個函數會分別回傳 a+b 及 a-b 的 Closure,回傳 Closure 時使用動態智慧指標。

```
fn closure1() -> DynamicClosure {
    Box::new(| a:i32, b:i32 | -> i32 { return a + b; })
}

fn closure2() -> DynamicClosure {
    Box::new(| a:i32, b:i32 | -> i32 { return a - b; })
}
```

3. 定義一個函數,執行 Closure。

```
fn execute_closure(f: DynamicClosure, arg1: i32, arg2: i32) -> i32 {
    f(arg1, arg2)
}
```

4. 測試 1:指定【add】,執行結果 =50。

```
let mut action = "add"; // 指令
let mut func;
match action { // 依據指令動態決定要取得哪一個函數
    "add" => func = closure1(),
    _ => func = closure2(),
    };
```

```
let x = execute_closure(func, 30, 20);  // 動態呼叫函數
println!("result is {}", x);
```

5. 測試 2：指定【minus】，執行結果 =10。

```
action = "minus"; // 指令
match action { // 依據指令動態決定要取得哪一個函數
    "add" => func = closure1(),
    _ => func = closure2(),
    };
let x = execute_closure(func, 30, 20); // 動態呼叫函數
println!("result is {}", x);
```

6. 我們也可以再製作【乘】、【除】等等的函數，可彈性擴充功能，程式架構都不需調整，非常符合 Command pattern 設計規範，隨著需求增加擴充 Command，筆者曾經利用此一架構開發電信業的服務開通系統 (Provisioning)，面對數十種交換機、數百種指令，且隨著時間不斷增加交換機與服務，如何設計一個穩定的架構，在增修程式碼時，不會影響既有的服務，是公司營運穩定的關鍵要素。

10-4 高階函數 (Higher Order Functions, HOF)

再深入討論 Rust 高階函數，它不僅比 Python 更容易實現，還有更有彈性的用法：

1. 連鎖性 (Chainability)：多個高階函數可自由組合，串聯成一管道 (Pipe)，是資料處理的利器。

2. 結合彙總函數 sum、count…等，進行資料統計。

3. 高階函數 zip 可產生成對的 tuple 資料型別，與 Python 類似。

4. 其他高階函數 and_then 結合 Option 泛型、Result 例外處理，篩選合理值。

範例 1. 使用 Rust 內建的高階函數 (Higher Order Functions, HOF)，包括 map、take_while、filter，程式放在 src/ch10/hof_closure 資料夾。

1. 在 closure_test3 使用 Rust 內建的高階函數 map 處理單一數值，如下：

```
let multiple2 = | a | a * 2; // 將變數值乘以 2
let val = Some(2);
let x: Option<i32> = val.map(multiple2);
println!("{}", x.unwrap());
```

2. 執行結果：4。

3. 要像 Python 一樣，使用 map 處理陣列，需使用 into_iter 轉換為 Iterator，才能使用 map，以下程式將字串陣列內所有元素轉換為大寫。

```
let capitalize = |value: &str| value.to_uppercase(); // 將變數值轉換為大寫
let cities = vec!["rome", "barcelona", "berlin"];
let cities_caps: Vec<String> = cities.into_iter().map(capitalize).collect();
println!("{:?}", cities_caps);
```

- map 必須搭配 collect，否則甚麼事都不會發生。

4. 執行結果：["ROME", "BARCELONA", "BERLIN"]。

5. 使用另一個 Rust 內建的高階函數 for_each，它會將陣列內每一個元素當作參數，執行 Closure。

```
let capitalize_for = |value: &str| println!("{:?}", value.to_uppercase());
cities.clone().into_iter().for_each(capitalize_for);
```

6. 執行結果：

```
"ROME"
"BARCELONA"
"BERLIN"
```

7. for_each 結合 Vec，將結果存入陣列。

```
let mut vec = Vec::new();
let capitalize_for = |value: &str| vec.push(value.to_uppercase());
```

```
cities.into_iter().for_each(capitalize_for);
println!("{:?}", vec);
```

8. 執行結果：["ROME", "BARCELONA", "BERLIN"]。

9. 注意，轉換為 Iterator 的方式有 3 種：

   - into_iter：視上下文，可能回傳 T、&T 或 &mut T。

   - iter：固定回傳 &T。

   - iter_mut：固定回傳 &mut T。

10. unwrap_or_else 結合 Vec，可設定取不到元素時回傳的預設值。

```
let vec = vec![8, 9, 10];
let fourth = vec.get(3).unwrap_or_else(|| &0);
println!("fourth element：{}", fourth);
```

11. 執行結果：0，陣列只有 3 個元素，要取第 4 個元素，會發生錯誤，unwrap_or_else 回傳 0，記得要加【&】，以回傳參考，unwrap_or_else 內也可以撰寫較複雜的程式邏輯。

12. 多種高階函數合併使用：map、take_while、filter 等。

```
let combined_closure: u32 =
    (0..6).map(|n| n * n) // 將變數值平方
        .take_while(|&n| n < 50) // 篩選 < 50 的值
        .filter(|&n| is_odd(n))  // 篩選單數
        .sum();  // 加總
println!("v1. map + take_while + filter：{}", combined_closure);
```

   - map 使用的 Closure 為整數 (n)，而 take_while、filter 則使用參考 (&n)。

   - 一行指令可使用多個 map、take_while、filter。

13. 執行結果：35，因 $1^2+3^2+5^2=35$。

14. 可將 Closure 指派給變數，以利重複使用。

```
let exp = |n: u32| n * n; // 將變數值平方
let upper_limit = |n: &u32| n < &50; // 篩選 < 50 的值
let is_odd = |n: &u32| n % 2 == 1;  // 判斷是否為單數
```

- 注意 take_while、filter 使用 |&n: u32|，但指派給變數時，需使用 |n: &u32|，常數 (50) 也要加【&】，改為【&50】。

15. 測試：

```
let combined_closure: u32 =
    (0..6).map(exp)       // 平方
        .take_while(upper_limit) // 不可大於或等於上限
        .filter(is_odd)      // 篩選單數
        .sum();   // 加總
println!("v2. map + take_while + filter：{}", combined_closure);
```

16. 執行結果：35，與上例相同。

17. 重複測試：使用相同的 Closure 變數，計算 0~9。

```
let combined_closure2: u32 =
    (0..10).map(exp)         // 平方
        .take_while(upper_limit) // 不可大於或等於上限
        .filter(is_odd)      // 篩選單數
        .sum();   // 加總
println!("v3. map + take_while + filter：{}", combined_closure2);
```

18. 執行結果：84，因 $1^2+3^2+5^2+7^2=84$，$9^2=81>50$ 被 take_while 過濾掉。

19. sum 改為 count：計算筆數。

```
let combined_closure2: u32 =
    (0..10).filter(is_odd)      // 篩選單數
        .count().try_into().unwrap();  // 筆數
println!("count：{}", combined_closure2);
```

20. 執行結果：5，共有 1、3、5、7、9 五個元素。

21. 還有 filter_map 高階函數，等於 filter + map，透過【x.parse::<i32>().ok()】篩選能解析成整數的元素。

```
let vec = vec!["8", "9", "ten", "11", "twelve"];
let filter_vec = vec
    .into_iter()
    .filter_map(|x| x.parse::<i32>().ok())
    .collect::<Vec<i32>>();
println!("{:?}", filter_vec);
```

22. 執行結果：[8, 9, 11]。

23. fold：類似 Python 的 Reduce 高階函數，可將多維的資料，以其中一維小計總和。

```
let vec = vec![1, 2, 3, 4, 5];
let filter_vec = vec.iter()
    .filter(|&x| x % 2 == 1)  // 篩選單數
    .fold(0, |acc, x| acc + x); // 累加
println!("{:?}", filter_vec);
```

24. 執行結果：9，因 1+3+5=9，fold 第一個參數為初始值。

25. 要連乘可改為 fold(1, |acc, x| acc * x)，執行結果 =15。

範例 2. zip 高階函數測試，可產生成對的 tuple 資料型別，程式放在 src/ch10/hof_zip 資料夾。

1. 準備 2 個陣列。

```
let a = ["a", "b", "c"];
let b = [1, 2, 3];
```

2. 使用 zip 結合 a、b，產生成對的 tuple 資料，常用於對照表，例如商品代碼及名稱對照表。

```
let arr: Vec<_> = a.into_iter().zip(b.into_iter()).collect();
println!("{:?}", arr);
```

3. 執行結果：[("a", 1), ("b", 2), ("c", 3)]。

範例 3. and_then 結合 Option 泛型測試，可取得二維資料的特定元素，程式放在 src/ch10/hof_and_then 資料夾。and_then 表示前面指令無誤後，可接著執行各項任務。

1. 準備二維資料。

```
let arr_2d = [["A0", "A1"], ["B0", "B1"]];
```

2. 測試 1：arr_2d.get(0) 先取得第一列，OK 的話，and_then(|row| row.get(1)) 再取得第二行，即 arr_2d [0, 1]= "A1"。

```
let item_0_1 = arr_2d.get(0).and_then(|row| row.get(1));
assert_eq!(item_0_1, Some(&"A1"));
```

3. 測試 2：arr_2d.get(2) 先取得第三列，發生錯誤，不會執行 and_then(|row| row.get(0))，會得到 None。

```
let item_2_0 = arr_2d.get(2).and_then(|row| row.get(0));
assert_eq!(item_2_0, None);
```

4. Option 泛型的運用可詳閱【標準函數庫 Enum std::option::Option】[3]。

範例 4. and_then 結合 Result 泛型測試，程式放在 src/ch10/hof_and_then_result 資料夾。

1. 測試 1：Path::new("src/main.rs").metadata() 先取得檔案資訊，OK 的話，and_then(|md| md.modified()) 再取得檔案資訊中的最後修改時間。

```
let result = Path::new("src/main.rs").metadata()
            .and_then(|md| md.modified());
```

2. 轉換 SystemTime 為字串。

```
let _ = match result {
    Ok(root_modified_time) => {
```

```
        let dt: chrono::DateTime<chrono::offset::Local> =
                            root_modified_time.into();
        println!("{}", dt.format("%Y-%m-%d %H:%M:%S"))
        },
    Err(_) => println!("")
    };
```

3. 執行結果：2024-02-17 19:21:13。

4. 測試 2：改用錯誤路徑 "bad/main.rs"，顯示一個空白行。

5. Result 泛型的運用可詳閱【標準函數庫 Enum std::result::Result】[4]。

10-5 本章小結

本章程式碼係參考許多篇文章所整理而成的：

1. 【Easy Rust】[5] 的【38. Closures】[6]

2. 【Rust By Example】的【9.2. Closures】[7]

3. 【48. Closures in functions】[8]

4. 【The Rust Programming Language】 的【13.1. Closures: Anonymous Functions that Capture Their Environment】[9]、【3.23. Closures】[10]。

5. Understanding Closures in Rust[11]。

Closures 是邁向高階程式設計師重要的基石，利用 Closures 可以實現【函數式程式設計】(Functional Programming)，有志於擔任程式設計師的朋友，泛型、Closures、OOP 都是必須深入研究的課題，不只是 Rust 程式設計師，其他程式語言也是如此。

參考資料 (References)

1   JavaScript Arrow Functions and Closures (https://vmarchesin.medium.com/javascript-arrow-functions-and-closures-4e53aa30b774)

2   Rust By Example 的 9.2.2. As input parameters (https://doc.rust-lang.org/rust-by-example/fn/closures/input_parameters.html)

3   標準函數庫 Enum std:: option::Option (https://doc.rust-lang.org/stable/std/option/enum.Option.html)
    中文：https://rustwiki.org/zh-CN/std/option/enum.Option.html

4   標準函數庫 Enum std::result::Result (https://doc.rust-lang.org/std/result/enum.Result.html)
    中文：https://rustwiki.org/zh-CN/std/result/enum.Result.html

5   Easy Rust (https://dhghomon.github.io/easy_rust/Chapter_1.html)

6   Easy Rust 的 38. Closures (https://dhghomon.github.io/easy_rust/Chapter_37.html)

7   Rust By Example 的 9.2. Closures (https://doc.rust-lang.org/rust-by-example/fn/closures.html)

8   Easy Rust 48. Closures in functions (https://dhghomon.github.io/easy_rust/Chapter_47.html)

9   The Rust Programming Language 的 13.1. Closures: Anonymous Functions that Capture Their Environment (https://doc.rust-lang.org/book/ch13-01-closures.html)

10 The Rust Programming Language 的 3.23. Closures (https://web.mit.edu/rust-lang_v1.25/arch/amd64_ubuntu1404/share/doc/rust/html/book/first-edition/closures.html)

11 Understanding Closures in Rust (https://medium.com/@ajml/understanding-closures-in-rust-2ca11c9683fd)

並行處理 (Concurrency)

目前電腦的 CPU 都是多核心 (Multi-core)，同時也支援多工，因此，要提高處理效能，程式要充分利用 CPU 運算效能，盡量不讓 CPU 閒置，實際作法就是將工作拆分成多個小任務，每一任務交給一個核心處理，這就是並行處理 (Concurrency)，另一種方式是產生多個執行緒 (Thread)，以非同步 (Asynchronous) 方式同時進行多個工作，稱之為平行處理 (Parallel programming)，進行網路傳輸或硬碟存取時，可以暫時將 CPU 資源釋放掉，讓 CPU 先執行其他程式。

不管是並行處理或平行處理，每一個工作或執行緒都不能互相影響，例如更新同一個變數值，會造成資料爭用 (Data racing)，資源鎖死，程式當掉。因此，程式設計與撰寫必須非常小心，Rust 對此特別設計一些機制，降低撰寫的困難度，【The Rust Programming Language】一書稱此 Rust 特色為【無懼並行】(Fearless concurrency)[1]。

11-1 多執行緒 (Multi-thread)

在第五章已經撰寫過多執行緒 (Multi-thread) 程式，可參考 src/ch05/grep_threading 專案。不過我們還是從最簡單的範例開始說明。

範例 1. 多執行緒測試，程式修改自【The Rust Programming Language 的 16.1. Using Threads to Run Code Simultaneously】[2]，程式放在 src/ch11/thread_simple_test 資料夾。

1. 引入 std 套件。

```
use std::thread;
use std::time::Duration;
```

2. 建立 10 個執行緒，每個執行緒不執行任何工作，只休眠 1 毫秒。thread::spawn 可建立執行緒。move 確保變數 i 會轉移所有權至執行緒，Closure 要取得外部的變數均需使用 move。

```
    // 建立多執行緒
for i in 1..11 {// 10 個執行緒
    thread::spawn(move || {
        println!("hi number {} from the spawned thread!", i);
        // 休眠 1 毫秒
        thread::sleep(Duration::from_millis(1));
            }
        );
    }
```

3. 主程式啟動 5 個迴圈，各休眠 1 毫秒。

```
for i in 1..6 {
    println!("hi number {} from the main thread!", i);
    thread::sleep(Duration::from_millis(1));
}
```

4. 執行結果：有以下特殊之處。

- 主程式迴圈後啟動，但部分會先執行完畢。

- 每次執行序號順序不固定，先啟動的執行緒，未必先被執行。

- 10 個執行緒未必會全部被執行，因為主程式可能先結束，執行緒會被提前結束。

- 結論：執行緒被執行的時間不可預測。執行緒需要加 join 指令，才能保證所有執行緒會執行完畢，才結束主程式。

```
hi number 1 from the spawned thread!
hi number 3 from the spawned thread!
hi number 4 from the spawned thread!
hi number 1 from the main thread!
hi number 5 from the spawned thread!
hi number 2 from the spawned thread!
hi number 8 from the spawned thread!
hi number 7 from the spawned thread!
hi number 9 from the spawned thread!
hi number 6 from the spawned thread!
hi number 10 from the spawned thread!
hi number 2 from the main thread!
hi number 3 from the main thread!
hi number 4 from the main thread!
hi number 5 from the main thread!
```

範例 2. 加 join 指令保證所有執行緒會執行完畢,才結束主程式,程式放在 src/ch11/ thread_join 資料夾。

1. 複製範例 1 的 main.rs 程式碼。

2. 建立一個陣列,準備儲存執行緒 handle。

```
let mut vec_handle = vec![];
```

3. thread::spawn 會得到一個執行緒代碼 (handle),將該代碼儲存至陣列中。

```
vec_handle.push(thread::spawn(move || {…}))
```

4. 在 main 函數最後,加 join 指令保證所有執行緒會執行完畢,才結束主程式。

```
for handle in vec_handle {
    handle.join().unwrap();
}
```

5. 測試結果:所有執行緒都會被執行,顯示 spawned thread 1~10。

```
hi number 1 from the spawned thread!
hi number 2 from the spawned thread!
hi number 1 from the main thread!
hi number 8 from the spawned thread!
hi number 3 from the spawned thread!
hi number 10 from the spawned thread!
hi number 6 from the spawned thread!
hi number 4 from the spawned thread!
hi number 5 from the spawned thread!
hi number 7 from the spawned thread!
hi number 9 from the spawned thread!
hi number 2 from the main thread!
hi number 3 from the main thread!
hi number 4 from the main thread!
hi number 5 from the main thread!
```

11-2 執行緒訊息傳遞

如果主程式與執行緒要互相傳遞訊息或執行緒間要協同合作,該如何處理呢?
標準函數庫 (std) 提供通道 (channel) 機制,我們可以透過通道傳送 (Send) 及接
收 (Receive) 訊息。

範例 1. 執行緒與主程式交換訊息,程式修改自【The Rust Programming
Language 的 16.2. Using Message Passing to Transfer Data Between Threads】[3],
程式放在 src/ch11/thread_channel_test1 資料夾。

1. 引入 std 套件。

```
use std::sync::mpsc;
use std::thread;
```

2. 建立通道,會回傳兩個變數,用於傳送 (Send) 及接收 (Receive) 訊息。

```
// 建立通道
let (tx, rx) = mpsc::channel();
```

3. 建立執行緒,並傳送訊息【嗨】。

```
thread::spawn(move || {
    let val = String::from(" 嗨 ");
    // 傳送訊息
    tx.send(val).unwrap();
});
```

4. 接收訊息,並顯示內容。

```
let received = rx.recv().unwrap();
println!(" 取得：{}", received);
```

5. 執行結果:【取得:嗨】。

範例 2. 所有權轉移處理,程式放在 src/ch11/thread_channel_test2 資料夾。

1. 與範例 1 類似,只是在 tx.send(val) 後,加上顯示 val 的指令如下:

```
println!("val 為 {}", val);
```

2. 程式發生錯誤,tx.send 會轉移變數 val 所有權,無法 println,錯誤訊息為 【value borrowed here after move】。

3. 修正:tx.send(val) 可改為 tx.send(val.clone())。

範例 3. 可使用陣列傳遞較多的訊息,程式放在 src/ch11/thread_channel_test3 資料夾。

1. 引入 std 套件。

```
use std::sync::mpsc;
use std::thread;
use std::time::Duration;
```

2. 建立通道。

```
// 建立通道
let (tx, rx) = mpsc::channel();
```

3. 建立訊息。

```
let vals = vec![
    String::from(" 執行緒 "),
    String::from(" 傳來 "),
    String::from(" 的 "),
    String::from(" 嗨 "),
];
```

4. 建立執行緒，分段傳送訊息。

```
thread::spawn(move || {
            // 分段傳送訊息
    for val in vals {
        tx.send(val).unwrap();
                // 傳送遲延，讓接收者不會一次收到所有訊息
        thread::sleep(Duration::from_secs(1));
        }
});
```

5. 主程式分段接收訊息。

```
for received in rx {
    println!("取得：{}", received);
}
```

6. 執行結果：

```
取得：執行緒
取得：傳來
取得：的
取得：嗨
```

11-3 執行緒狀態共享

有時候執行緒之間會需要共享記憶體，記錄共同完成的事項，例如網站訪客數 (Visitor count) 或所有執行緒共同計算彙總值，例如矩陣相加或相乘，每一格輸出都可以獨立計算，因此，NVidia 的 CUDA 就利用多執行緒進行計算，使 GPU 的效能遠比 CPU 顯著提升。

共享記憶體表示多個執行緒都可存取，必須有一個鎖定機制，避免同時更新共享記憶體，Rust 提供 Mutex API 實現此一機制，

範例. 共享記憶體測試，程式修改自【The Rust Programming Language 的 16.3. Shared-State Concurrency】[4]，程式放在 src/ch11/thread_mutex_test 資料夾。

1. 引入 std 套件。

```
use std::rc::Rc;
use std::sync::Mutex;
use std::thread;
```

2. 建立 Mutex 控制 counter 變數鎖定：必須以智慧指標 Rc::new 建立 Mutex 參考。

```
let counter = Rc::new(Mutex::new(0));
```

3. 建立 10 個執行緒：複製 (clone) counter 指標以避免所有權轉移，並且存取 num 前，先鎖定。

```
for _ in 0..10 {
    let counter = Rc::clone(&counter);   // 複製指標
    let handle = thread::spawn(move || {
        let mut num = counter.lock().unwrap(); // 存取 num 前，先鎖定
        *num += 1;
            });
    handles.push(handle);
}
```

4. 保證所有執行緒會執行完畢，才結束主程式。

```
for handle in handles {
    handle.join().unwrap();
}
```

5. 顯示 counter 變數值。

```
println!("結果：{}", *counter.lock().unwrap());
```

6. 測試：結果出現錯誤訊息【Rc<Mutex<i32>> 不能在執行緒之間傳送】 (Rc<Mutex<i32>> cannot be sent between threads safely)。

7. Rc 不保證執行緒安全 (Thread safe)，必須改用 Arc(Atomic Rc)，Arc 是專用在並行處理的智慧指標。

8. 執行結果：10，每個執行緒對 counter 加 1。

11-4 多執行緒實戰

本節我們利用多執行緒來實作一個簡單的網站 (Web server)，以下範例主要參考【Rust 語言聖經】第五章 [5]，內容說明循序漸進，非常詳細，若筆者講解不夠清楚，可參閱該文件。

範例 1. 實現單一執行緒的網站，程式放在 src/ch11/simple_web_server 資料夾。

1. 引入 std 套件。

```
use std::{
    fs,
    io::{prelude::*, BufReader},
    net::{TcpListener, TcpStream},
};
```

2. 建立 TCP Listener，監聽 8000 埠 (port)，一旦收到請求就交由 handle_connection 函數處理。監聽的埠可任意指定，大於 1024 即可，瀏覽器輸入的 URL 需與本程式設定一致。

```
fn main() {
    // 建立 TCP Listener，監聽 8000 埠 (port)
    let listener = TcpListener::bind("127.0.0.1:8000").unwrap();

    // 接收到請求，由 handle_connection 處理
    for stream in listener.incoming() {
        let stream = stream.unwrap();
        handle_connection(stream);
    }
}
```

3. 定義 handle_connection 函數：單純顯示瀏覽器提出的請求 (Request) 內容。

```rust
fn handle_connection(mut stream: TcpStream) {
    let buf_reader = BufReader::new(&mut stream);
    let http_request: Vec<_> = buf_reader
        .lines()
        .map(|result| result.unwrap())
        .take_while(|line| !line.is_empty())
        .collect();

    println!("Request: {:#?}", http_request);
}
```

4. 測試：在瀏覽器輸入 http://localhost:8000/，會得到以下內容，主要說明瀏覽器相關資訊，為 JSON 格式，即成對的 Key：Value，內容如下：

```
Request: [
    "GET / HTTP/1.1",
    "Host: localhost:8000",
    "Connection: keep-alive",
    "Cache-Control: max-age=0",
    "sec-ch-ua: \"Chromium\";v=\"122\",",
    "sec-ch-ua-mobile: ?0",
    "sec-ch-ua-platform: \"Windows\"",
    "Upgrade-Insecure-Requests: 1",
        ...
]
```

5. 最重要是第 1 行，可取得【請求方法】(Post/Get)、網址 (URI) 及通訊協定 / 版本，其中網址為根目錄 (/)，網站預設會回應 index.html 內容。

6. 接著我們把顯示請求內容的指令註解掉，改為解析第一行請求內容。

```rust
let request_line = buf_reader.lines().next().unwrap().unwrap();
```

7. 接著解析網址，若對應的 Html 檔案存在的話，就將檔案內容回傳給瀏覽器，
   若對應的 Html 檔案不存在，則回傳 404.html 內容。

```
match request_line.as_str() {
    "GET / HTTP/1.1" | "GET /index.html HTTP/1.1" => {
            // 準備回應內容
        status_line = "HTTP/1.1 200 OK";
            // 讀取 index.html 內容
        file_name = "index.html";
            },
    "GET /register.html HTTP/1.1" => {
            // 準備回應內容
        status_line = "HTTP/1.1 200 OK";
            // 讀取 index.html 內容
        file_name = "register.html";
            },
        _ => {
            // 準備回應內容：404 無此網頁
        status_line = "HTTP/1.1 404 NOT FOUND";
            // 讀取 404.html 內容
        file_name = "404.html";
            },
    }
let contents = fs::read_to_string(file_name).unwrap();
// 計算 index.html 內容長度
let length = contents.len();
// 回應要求
let response =
    format!("{status_line}\r\nContent-Length: {length}\r\n\r\n{contents}");
stream.write_all(response.as_bytes()).unwrap();
```

8. HTTP 通訊協定規定回應的內容須符合以下格式：

```
HTTP-Version Status-Code Reason-Phrase CRLF
headers CRLF
message-body
```

9. 完整程式碼請參閱範例檔案。

10. 測試前準備好 Html 檔案，放在專案目錄下：index.html、register.html 及 404. html。

11. 測試 1：在瀏覽器輸入 http://localhost:8000/，會得到 index.html 內容。

12. 測試 2：在瀏覽器輸入 http://localhost:8000/index.html，會得到 index.html 內容，點選【註冊】超連結，會得到 register.html 內容。

13. 測試 3：在瀏覽器輸入 http://localhost:8000/1，會得到 404.html 內容。

以上程式有個缺點，每個請求都要依序處理，前面的請求未處理完，後面的請求就必須等待，我們可以在 handle_connection 函數倒數第 2 行插入

```
thread::sleep(Duration::from_secs(5));
```

每個請求的回應都延遲 5 秒，再使用兩個瀏覽器頁籤輸入 URL，會發現第 2 個請求會等到第一個請求完成後才被處理，一般使用者是無法接受的，因為網站的同時瀏覽人數都是很多的，過久的延遲會讓使用者不再光顧網站，因此，下一個範例將使用多執行緒，非同步的回應每一個請求。

範例 2. 實現多執行緒的網站，程式放在 src/ch11/multi_thread_web_server 資料夾。

1. 複製範例 1。

2. 將 main() {…} 中的 handle_connection(stream) 以多執行緒包覆。

```
thread::spawn(|| {
    handle_connection(stream);
});
```

3. 測試：故意將每個請求的回應都延遲 5 秒，同時使用兩個瀏覽器頁籤輸入 URL，發現第 2 個請求與第一個請求會同時完成，表示多執行緒發生效果。

4. 若記憶體有限或 CPU 效能不強，為防止一下子湧入太多請求，可設定執行緒池 (Thread pool)，限制同一時間最大的執行緒服務數量。

- 增加 threadpool 套件：cargo add threadpool。

- 引進套件：use threadpool::ThreadPool;

- 設定 Thread pool 最大的執行緒服務數量 =10。

```
let pool = ThreadPool::new(10);
```

- 使用 Thread pool，將 thread::spawn(|| {…} 改為：

```
pool.execute(|| {…}
```

- 完整範例放在 src/ch11/thread_pool_web_server 資料夾。

【Rust 語言聖經】未使用 threadpool 套件，採用自行開發，讀者想增進程式撰寫功力，可參閱【5.2. 多執行緒版本】[6]。

以上是討論網站後端的作法，使用多執行緒加快處理速度，用戶端 (Client) 也可以如法炮製，假設我們要撰寫爬蟲程式，希望同時抓取上百個網站資料，又或者要開發網站壓力測試工具，模擬上百台 PC，對網站送出大量請求，我們都可以使用多執行緒，完成相關任務。

範例 3. 對 Thread pool 進行壓力測試，程式放在 src/ch11/thread_pool_test 資料夾。

1. 先啟動範例 2。

2. 建立新專案 thread_pool_test，增加 reqwest 套件。

```
cargo add reqwest -F blocking
```

3. 定義送出請求的函數：注意一定要引進【use std::io::Read;】，雖然程式碼未直接使用。

```
fn get_data() -> Result<String, Box<dyn Error>> {
    let mut res = reqwest::blocking::get("http://localhost:8000")?;
    let mut body = String::new();
    res.read_to_string(&mut body)?;
```

```
        Ok(body)
}
```

4. 建立 10,000 個請求，並以多執行緒同時送出。

```
fn main() {
    // 計時開始
    let start = Instant::now();

    let mut vec_handle = vec![];
    for _ in 0..10000 {
        vec_handle.push(thread::spawn(|| {
            let body = get_data();
                }));
        }
    // println!("Count:{}", vec_handle.len());

    // 保證所有執行緒會執行完畢，才結束主程式
    for handle in vec_handle {
        handle.join().unwrap();
        }

    let duration = start.elapsed();
    println!(" 耗時 : {:?}", duration);
}
```

5. 測試：使用 Thread pool 比未使用 Thread pool 慢一倍，犧牲一些效能，買個保險，確保 CPU/ 記憶體不會爆掉。

   • 未使用 Thread pool：耗時 13~17 秒。

   • 使用 Thread pool：耗時 33 秒。

11-5 非同步 (Asynchronous)

我們還可以採用非同步 (Asynchronous) 執行，加快處理速度，譬如一個任務需要大量的 I/O 或網路傳輸，如果程式癡癡的等待 I/O 或網路傳輸完成，那 CPU 使用權就跟著一直被占據且閒置，其他的處理 (Process) 也沒辦法使用 CPU，因此，Rust 提供 async/await 語法，支援非同步執行。

最完整的資訊可參閱【Asynchronous Programming in Rust】[7]文件，我們僅就觀念說明，因為有一個很棒的 Tokio 套件，支援簡易的非同步實作，後續會詳細討論。

【Asynchronous Programming in Rust】闡述非同步擁有的執行效能優勢：

1. 由於處理器及作業系統的支援，多執行緒變得非常簡單，但是執行緒之間的溝通還是有困難度，另外，IO-bound、網路傳輸的程式效能仍然未獲得解決，需利用非同步執行，才能加快整體系統的處理效能。

2. 事件導向程式設計 (Event-driven programming) 常會使用 Callback 來定義事件發生時應執行的工作，例如，GUI 程式的鍵盤或滑鼠處理程式，就會定義按下鍵盤或滑鼠左 / 右鍵時，程式應該如何回應，這種設計模式的底層就是非同步。

3. 支援【協程】(Coroutine)：Coroutine 是輕量級的 thread，可參閱【Coroutine 停看聽】的【Day4：Coroutine 的四大特點】[8]說明，執行緒是採取 Preemption multitasking，搶佔 CPU，而 Coroutine 是採用協作式多工 (Cooperative multitasking)，由調度器 (Dispatcher) 分配執行權。Rust 支援【協程】有助於低階的系統程式設計 (system programming)。

4. 支援 Actor model：分散式處理系統 (Distributed system) 支援更小的計算單元切割，稱為 Actor，可用於流程控制及重作 (Retry) 功能。

Rust 支援的非同步不需額外成本，在單一執行緒或多執行緒均可使用非同步機制，async 指令會將一個程式區塊包覆在一個實作 future trait 的狀態機中，等待啟動時機，相較於在同步執行，程式區塊會阻塞整個執行緒。以下以範例說明 async/await 用法。

範例 1. 非同步測試，程式放在 src/ch11/asynchronous_test1 資料夾。

1. 引用套件。

```
use std::future::Future;
```

2. 定義非同步函數。

```
async fn borrow_x(x: &u8) -> u8 { *x + 1 }
```

3. 呼叫非同步函數：須實作 Future trait，才能呼叫非同步函數。

```
fn test1() -> impl Future<Output = u8> {
    async {
        let x = 5;
        println!("{}", x);
        borrow_x(&x).await
    }
}
```

4. 呼叫 test1 函數。

```
fn main() {
    let x = test1();
    println!("{}", x);
}
```

5. 測試：

- 呼叫 test1() 只會被記錄 (pooled)，不會被執行，必須使用 Waker 把它喚醒。或者使用一個【執行器】(Executor) 包覆才會被馬上執行。

- main() 使用 println!，無法顯示回傳值，得到的錯誤訊息是【impl Future <Output = u8> cannot be formatted with the default formatter】，x 是 Future <Output = u8> 資料型別，無法顯示。

6. 增加 future 套件，內含執行器 block_on，會等待 () 內的工作執行完，才跳下一行指令。

```
cargo add future;
```

7. 引用套件。

```
use futures::executor::block_on;
```

8. 在 main() 加 1 行測試：

```
block_on(test1());
```

9. 執行結果：5。

10. 直接寫一個 async 函數，將 x 加 1，再顯示。

```
async fn test2(x: &mut i32) {
    *x = *x + 1;
    println!("{}", x);
}
```

11. 在 main() 加 2 行測試：

```
let mut x2 = 5;
block_on(test2(&mut x2));
```

12. 執行結果：6。

總結以上測試，async 函數必須搭配執行器 block_on，才會被馬上執行，否則只會 pooled，等待被喚醒，並不會出現錯誤，背後的原理可參閱【Asynchronous Programming in Rust】的【2. Under the Hood: Executing Futures and Tasks】[9]。這樣作很麻煩，因此，tokio 套件直接在呼叫者的函數加標註，就可以省略執行器，以一般同步的方式撰寫就可以了，只要加個 async 或 await 即可。

上一節範例 3 專案 thread_pool_test，程式使用 reqwest::blocking::get 送出請求，依【阻塞】(blocking) 字面意思，就是等待網站回傳結果才會執行下一行程式，程式效能就會受到網路延遲影響，因此，reqwest 也提供非同步的執行方式，改用 reqwest::get("<URL>").await，在等待網站回傳結果期間，先將 CPU 資源交出去，直到結果傳回，再取得 CPU 處理後續程式，以下就來改寫 thread_pool_test 程式。

範例 2. 非同步爬蟲測試，程式放在 src/ch11/Asynchronous_crawl_test 資料夾。

1. 增加 reqwest、tokio 套件。

```
cargo add reqwest
cargo add tokio -F full
```

2. 複製範例上一節範例 3 程式，get_data 函數改為 reqwest::get，記得函數前要加 async，才能呼叫 reqwest::get。

```
async fn get_data() -> Result<String, Box<dyn Error>> {
    let body = reqwest::get("http://localhost:8000")
        .await?
        .text()
        .await?;
    Ok(body)
}
```

3. 要呼叫 async 函數，main 函數前也要加 async，而且要加標註 #[tokio::main]。

```
#[tokio::main]
async fn main() {…}
```

4. 要在多執行緒中使用 async 函數，需改用 tokio::spawn，並加 async。

```
let mut vec_handle = vec![];
for _ in 0..n_jobs {
    vec_handle.push(tokio::spawn(async {
```

```
        get_data().await;
        // let body = match get_data().await {
            // Ok(content) => println!("Body:{}", content),
            // Err(err) => println!("{}", err),
                // };
        }));
    }
```

5. handle.join 也要改為 handle.await。

```
// 保證所有執行緒會執行完畢，才結束主程式
for handle in vec_handle {
    handle.await;
}
```

6. 測試：先啟動 multi_thread_web_server 專案，模擬網站伺服器，再執行本專案，進行爬蟲。

7. 執行結果：可由原來的 13 秒縮短為 7 秒左右，可見非同步執行方式，確實有效加快處理速度。

11-6 非同步應用 -- 股價資料爬蟲

接下來使用非同步執行方式，抓取證交所股票每日收盤行情，開發時有以下幾個重點：

1. 證交所股票每日收盤行情的 CSV 檔案為 Big5 內碼，並非 UTF-8 內碼，必須要轉碼。

2. 證交所股票每日收盤行情的 URL 有固定格式，內含日期參數，要如何套用不同的日期？

範例 1. 使用非同步執行方式，抓取證交所股票每日收盤行情，程式放在 src/ch11/get_quote 資料夾。

1. 增加 reqwest、tokio、encoding 及 strfmt 套件。

```
cargo add reqwest
cargo add tokio -F full
cargo add strfmt
cargo add encoding
```

2. 引進套件。

```
use std::error::Error;
use reqwest;
use strfmt::strfmt;
use std::collections::HashMap;
use encoding::{Encoding, EncoderTrap, DecoderTrap};
```

3. 定義每日收盤行情的網址。

```
const URL_TEMPLATE: &str =
"http://www.twse.com.tw/exchangeReport/MI_INDEX?response=csv&date={da
te1}&type=ALL";
```

4. 下載每日收盤行情。

```
async fn get_data(date1: String) -> Result<(), Box<dyn Error>> {
    // 格式化網址
    let mut vars = HashMap::new();
    vars.insert("date1".to_string(), date1.clone());
    let url: String = strfmt(&URL_TEMPLATE, &vars).unwrap();

    // 每日收盤行情 BIG5 內碼，需使用 bytes
    let body = reqwest::get(url)
        .await?
        .bytes()
        .await?;

    // bytes 轉換為 Big5 字串
    let decoding_data = encoding::all::BIG5_2003.decode(&body,
                    DecoderTrap::Strict).unwrap();
    println!("{}", decoding_data);
```

```
    // std::fs::write 寫入的檔案預設內碼是 UTF-8
    std::fs::write(date1 + ".txt", decoding_data)?;

    Ok(())
}
```

- 格式化網址：使用 format! macro 第 1 個參數必須為文字 (String literal)，不能為變數，可使用 strfmt 套件，將參數填入 HashMap，再呼叫 strfmt 替換變數。

- 證交所股票每日收盤行情的 CSV 檔案為 Big5 內碼，因為 Rust 預設內碼是 UTF-8，不能使用 text()，會產生亂碼，要改採 bytes()，這是網路傳輸常常會碰到的問題。另外，證交所有限制一段時間可下載的天數，請勿一次下載過多資料，否則會得到錯誤訊息。

- bytes 轉換為 Big5 字串：使用 encoding 套件的 BIG5_2003.decode 可將 bytes 轉換為 Big5 字串。

- 寫入檔案：std::fs::write 寫入的檔案預設內碼是 UTF-8，可使用【Notepad++】驗證，如下圖。

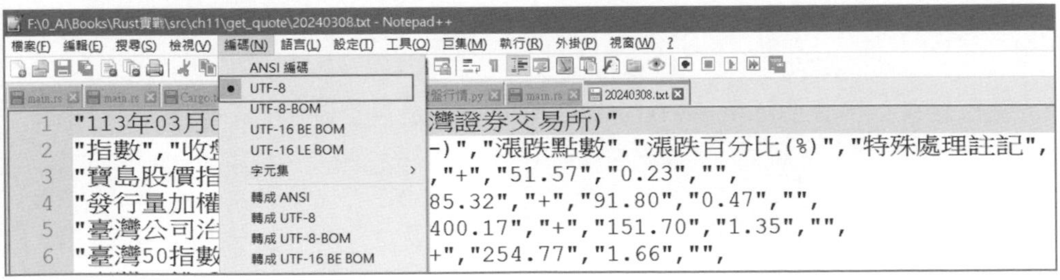

5. 測試。

```
#[tokio::main]
async fn main() {
    // 下載特定日期的股價
    get_data("20240308".to_string()).await;
}
```

6. 執行結果：檢查 20240308.txt 是否正確，DOS 視窗顯示預設是 Big5 內碼，不是 UTF-8，因此，顯示也是正常的。

```
"9943","好樂迪","192,924","263","17,581,968","91.20","91.70","90.80","91.00","-","0.60","91.00","4","91.10","1","14.17"
"9944","新麗","122,203","207","2,464,582","20.20","20.20","20.05","20.15","-","0.10","20.05","15","20.20","57","6.03",
"9945","潤泰新","5,066,604","4,053","181,869,632","35.80","36.15","35.70","35.85"," ","0.00","35.85","32","35.90","85",
17.24",
"9946","三發地產","1,617,811","1,089","40,404,063","25.40","25.40","24.70","24.95","-","0.35","24.95","16","25.00","15"
"92.41",
"9955","佳龍","1,415,014","961","35,525,873","25.50","25.90","24.65","24.90","-","0.30","24.75","5","24.90","8","0.00",
"9958","世紀鋼","6,440,831","6,309","1,540,085,306","242.00","246.00","232.00","238.50","-","2.50","238.50","3","239.00"
,"8","53.72",
```

範例 2. 使用【多執行緒】+【非同步執行】方式，抓取證交所股票每日收盤行情，程式放在 src/ch11/get_quote_Asynchronous 資料夾。

1. 與範例類似，只有 main() 函數內容不同，加上 tokio::spawn() 包覆 get_data 即可。

```
 let dates = vec!["20240304", "20240305", "20240306", "20240307", "20240308", ];
    …
let mut vec_handle = vec![];
for date1 in dates {
    vec_handle.push(tokio::spawn(async {
        get_data(date1).await;
        }));
}
```

2. 執行結果：檢查 20240304.txt ~ 20240308.txt 是否正確。

11-7 Tokio 套件

前面已經多次使用 Tokio 套件，效果非常好，有必要對它進一步研究，徹底瞭解套件的正確使用方法。依照 Tokio 教學文件 [10] 所述，主要包括 3 大功能：

1. 可在多執行緒程式中採用非同步執行 (A multi-threaded runtime for executing asynchronous code)，上一節【股價資料爬蟲】已經使用過。

2. 非同步的標準函數庫：在非同步執行的程式碼中不可以使用會阻塞的函數 (blocking API)，因此，Tokio 模仿標準函數庫規格開發一套非同步的標準函數庫。

3. 龐大的函數庫生態：網路上有許多的套件或應用程式都使用 Tokio，可以參閱 Tokio GitHub 說明 [11]。

Tokio 優點就是簡單、快速、穩定、具有彈性，但也不是每一個程式都要改用非同步，文件提出一些觀點，Tokio 主要用於改善 IO-bound 的程式，即部分程式碼需等待磁碟 IO 或網路傳輸，改採非同步執行會獲得很大的改善，如果單純要 CPU 進行平行處理，可考慮使用 Rayon 套件 [12]。

範例 1. Tokio 套件簡單測試，程式放在 src/ch11/tokio_simple_test 資料夾。

1. 增加 tokio 套件。

```
cargo add tokio -F full
```

2. 撰寫一簡單函數，將輸入的參考變數值加 1，並顯示。

```
async fn test2(x: &mut i32) {
    *x = *x + 1;
    println!("{}", x);
}
```

3. 測試。

```
#[tokio::main]
async fn main() {
    let mut x1 = 5;
    test2(&mut x1).await;
    println!(" 程式結束 !!");
}
```

4. 執行結果：6 及【程式結束 !!】。若呼叫 test2 後面未加 await，程式依然會正常結束，無錯誤訊息，但不會顯示 6，因為，程式不等待 test2 執行就結束了，await 的意思就是等待該行指令執行完成，才會跳下一行。

範例 2. Tokio 套件結合多執行緒測試，程式放在 src/ch11/tokio_simple_test2 資料夾。

1. 增加 tokio 套件。

```
cargo add tokio -F full
```

2. 直接在 main() 非同步呼叫一段程式碼，並將外部的變數值加 1，再顯示。

```
#[tokio::main]
async fn main() {
    let mut x = 5;
    let task = tokio::spawn(async move {
        x = x + 1;
        println!("x={}", x);
        x
    });

    let x2 = task.await;
    println!("x2={}", x2.unwrap());
    println!(" 程式結束 !!");
}
```

- tokio::spawn：產生執行緒。

- async：執行緒內的程式碼採非同步執行。

- move：將外部的變數所有權轉移。

- let x2 = task.await：等待執行緒執行完成，並將結果回傳給 x2。

- x2.unwrap()：因執行緒有可能執行錯誤，故須使用 unwrap 擷取 Result<…
  > 的結果。

3. 執行結果：

```
x=6
x2=6
程式結束 !!
```

再開發一個較具規模的程式，從實作中體驗 Tokio 套件的撰寫方法，修改 multi_thread_web_server 專案，改採 Tokio 套件，撰寫之前原以為改寫 (porting) 很簡單，沒想到又費了一番功夫，主要原因是標準函數庫的相關函數，必須以 Tokio 套件取代，包括檔案 (std:fs)、串流 (Stream)…等，函數規格還是有些許差異，須不時查閱 Tokio 參考文件 [13]，強烈建議讀者自己動手作一遍。

範例 3. 修改 multi_thread_web_server 專案，改採 Tokio 套件，程式放在 src/ch11/tokio_web_server 資料夾。

1. 複製 multi_thread_web_server 專案。

2. 增加 tokio 套件。

```
cargo add tokio -F full
```

3. 引用 tokio 套件：標準函數庫的相關函數須以 Tokio 套件取代，函數名稱大部分相同，只是命名空間由 std 改為 tokio。

```
use tokio::net::TcpListener;
use tokio::net::TcpStream;
use tokio::fs;
use tokio::io::{self, BufReader, AsyncBufReadExt};
use tokio::io::AsyncReadExt; // for read_to_end()
```

4. 檢查檔案是否存在。

- 原來程式只限定幾個 Html 檔案，現改為只要檔案存在於專案根目錄，均可以被瀏覽。

- 使用 tokio 函數均須加 await。

- 使用 io::Result 作為回傳值，await 後面要加【?】。

```
async fn check_file_exist(path: &str) -> io::Result<bool> {
    let file = fs::File::open(path).await?;  // 開啟檔案
    let metadata = file.metadata().await?; // 讀取檔案屬性
    Ok(metadata.is_file()) // 以上執行成功，則回傳是否為檔案，而非目錄
}
```

5. 以下修改 handle_connection 函數,處理連線請求。

```
// 讀取請求表頭第 1 行
let mut buf_reader = BufReader::new(&mut stream);
let mut request_line = String::new();
buf_reader.read_line(&mut request_line).await;
```

6. 讀取請求的表頭第 1 行。

```
let mut buf_reader = BufReader::new(&mut stream);
let mut request_line = String::new();
buf_reader.read_line(&mut request_line).await;
```

7. 讀取網址:從請求的表頭第 1 行中解析網址。

```
let mut file_name = "".to_string();
let mut status_line = "";
let mut vec = request_line.as_str().split(" "); // 以空白切割字串
let mut uri = vec.next().unwrap(); // 取第 1 個分割字串
uri = vec.next().unwrap(); // 取第 2 個分割字串
```

8. 將檔案名稱設為 "." + 第 1 個分割字串,後續可確認檔案存在於專案目錄下。

```
let mut uri_full: String = ".".to_string() + uri;
```

9. 準備回應內容及檔案。

- 若為【/】,回傳 index.html 檔案內容。

- 若檔案存在於專案根目錄,回傳檔案內容。

- 若檔案不存在於專案根目錄,回傳【404.html】檔案內容。

```
if uri == "/".to_string() { // 讀取 index.html 內容
    status_line = "HTTP/1.1 200 OK";
    file_name = "index.html".to_string();
} else if let Ok(b) = check_file_exist(&uri_full).await {
    status_line = "HTTP/1.1 200 OK";
    file_name = uri_full;
} else { // 讀取 404.html 內容
```

```
    status_line = "HTTP/1.1 404 NOT FOUND";
    file_name = "404.html".to_string();
}
```

10. 計算檔案大小:稍作修改,希望也能顯示圖檔,這裡未檢查檔案類別,應該
    只允許特定副檔名,以免原始碼或執行檔也曝光。

```
let mut contents = vec![];
let mut file = fs::File::open(file_name).await.unwrap();
file.read_to_end(&mut contents).await;
let length = contents.len();
```

11. 回傳結果:稍作修改,圖檔也能回傳。

```
// 回應格式
let response =
    format!("{status_line}\r\nContent-Length: {length}\r\n\r\n");
// 回傳結果
stream.try_write(response.as_bytes()).unwrap();
stream.try_write(&contents).unwrap();
```

12. 撰寫主程式:建立 TCP Listener,原來是 listener.incoming,改為 listener.
    accept(),並使用 tokio::spawn(async…)。

```
#[tokio::main]
async fn main() {
        // 建立 TCP Listener, 監聽 8000 埠 (port)
    let listener = TcpListener::bind("127.0.0.1:8000").await.unwrap();

        // 接收到請求,由 handle_connection 處理
    loop {
        let (stream, _) = listener.accept().await.unwrap();

        tokio::spawn(async {
            handle_connection(stream).await;
            });
    }
}
```

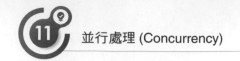
13. 測試 1：在瀏覽器輸入 http://localhost:8000/，會得到 index.html 內容，index.
html 稍作修改，包括 CSS、超連結、圖檔⋯。執行結果如下：

14. 測試 2：在瀏覽器輸入 http://localhost:8000/index.html，會得到 index.html 內容，
點選【註冊】超連結，會得到 register.html 內容。

15. 測試 3：在瀏覽器輸入 http://localhost:8000/1，會得到 404.html 內容。

Tokio 套件功能眾多，無法逐一解說，還是需要讀者再詳讀【Tokio 教學文件】
[10]，其中有介紹一套 Mini-Redis 套件，是快取伺服器 (Cache server) 的簡化版，
非常值得研究。

11-8 本章小結

並行處理 (Concurrency) 是開發高效能的應用程式或工具必備的技能，結合 Rust
的所有權管理機制，可以更正確的管理多執行緒的共享資料及狀態，再加上
Closure，可以簡單的完成執行緒的工作內容，本章的內容幾乎都用到之前介紹
的所有觀念，是一大整合，讀到這裡，相信大家對 Rust 會深具信心，認為它是
繼 Python 之後又一個偉大的程式語言。

參考資料 (References)

[1] The Rust Programming Language 的 16. Fearless concurrency (https://rust-lang.tw/book-tw/ch16-00-concurrency.html)

[2] The Rust Programming Language 的 16.1. Using Threads to Run Code Simultaneously (https://doc.rust-lang.org/book/ch16-01-threads.html)

[3] The Rust Programming Language 的 16.2. Using Message Passing to Transfer Data Between Threads (https://doc.rust-lang.org/book/ch16-01-threads.html)

[4] The Rust Programming Language 的 16.3. Shared-State Concurrency (https://doc.rust-lang.org/book/ch16-01-threads.html)

[5] Rust 語言聖經 , 第五章 (https://course.rs/advance-practice1/intro.html)

[6] Rust 語言聖經 , 5.2. 多執行緒版本 (https://course.rs/advance-practice1/web-server.html)

[7] Asynchronous Programming in Rust (https://rust-lang.github.io/async-book/01_getting_started/01_chapter.html)

[8] 【Coroutine 停看聽】的【Day4：Coroutine 的四大特點】 (https://ithelp.ithome.com.tw/articles/10261501)

[9] Asynchronous Programming in Rust 的 2. Under the Hood: Executing Futures and Tasks (https://rust-lang.github.io/async-book/02_execution/01_chapter.html)

[10] Tokio 教學文件 (https://tokio.rs/tokio/tutorial)

[11] Tokio GitHub 說明 (https://github.com/tokio-rs/tokio?tab=readme-ov-file#related-projects)

[12] Rayon 套件 (https://docs.rs/rayon/latest/rayon/)

[13] Tokio 參考文件 (https://docs.rs/tokio/latest/tokio/index.html)

第三篇

Rust 實戰

Rust 進階篇介紹許多核心概念，包括泛型 (Generics)、特徵 (Trait)、閉包 (Closure)、巨集 (Macro) 及並行處理 (Concurrency)，本篇的目標就是靈活運用這些觀念，開發出各式各樣的應用系統。

實戰篇會包含以下內容：

1. WebAssembly：簡稱 wasm，是一種新形態的網頁運行方式，它以類似 Assembly 低階程式語言的二進位格式 (Binary format) 在瀏覽器的虛擬機內運行，執行效能大幅提升。

2. Foreign Function Interface (FFI)：可透過此介面規格與其他程式語言互通，包括 C、Python…等。

3. 常見及最新應用的開發：包括網站、資料庫、資料科學、機器學習 / 深度學習及區塊鏈…等。

WebAssembly

WebAssembly：簡稱 wasm，是一種新形態的網頁運行方式，它以類似 Assembly 低階程式語言的二進位格式 (Binary format) 在瀏覽器的 JavaScript 虛擬機內運行，執行效能直逼原生程式。WebAssembly 的開發團隊分別來自 Mozilla、Google、Microsoft、Apple 四大網路公司，主要著眼點是要改善 JavaScript 執行效能，使用低階語言執行檔在安全的沙箱 (Sandbox) 中運行，提供比傳統 com 元件更安全的環境，總結它的優點就是快速 (Fast)、安全 (Safe) 及開放 (Open)。

12-1 WebAssembly 入門

Rust 官方提供一本專書【Rust and WebAssembly】[1] 介紹 WebAssembly，非常詳細，本章主要濃縮該書內容，並參照【MDN Web Assembly】[2] 及其他文章，希望讓讀者在最短時間內瞭解 WebAssembly 概念與開發方式。

Rust WebAssembly 開發環境安裝如下：

1. wasm-pack：在安裝 Rust 時已預設安裝好了，可執行以下指令確認。

```
cargo install wasm-pack
```

2. cargo-generate：可自動產生專案的骨架，執行以下指令。

```
cargo install cargo-generate
```

3. npm：可根據 package.json 內容下載必要的 JavaScript 模組，先至【Node 下載頁面】[3] 安裝 Node.js，會同時安裝 npm，但因 npm 更新較頻繁，執行以下指令，升級至最新版的 npm。

```
npm install npm@latest -g
```

接著我們就來開發第一支 WebAssembly 程式，先遵循【MDN Web Assembly】的【Compiling from Rust to WebAssembly】指引，手動操作每一步驟。

範例 1. WebAssembly 測試，程式修改自【Rust and WebAssembly】，程式放在 src/ch12/wasm_simple_test 資料夾。。

1. 建立函數庫 (Library) 專案。

```
cargo new --lib hello-wasm
```

2. 將 hello-wasm/src/lib.rs 檔案內容置換如下：

```
use wasm_bindgen::prelude::*; // Rust 與 JavaScript 溝通的橋樑

// JavaScript 函數，Rust 可呼叫
#[wasm_bindgen]
extern {
    pub fn alert(s: &str);
}

// Rust 函數，JavaScript 可呼叫
#[wasm_bindgen]
pub fn greet(name: &str) {
    alert(&format!("Hello, {}!", name));
}
```

3. 修改 Cargo.toml，指定專案編譯成 WebAssembly(.wasm)，以下個人資訊可修改。

```
[package]
name = "hello-wasm"
version = "0.1.0"
authors = ["Your Name <you@example.com>"]
description = "A sample project with wasm-pack"
license = "MIT/Apache-2.0"
repository = "https://github.com/yourgithubusername/hello-wasm"
edition = "2021"

[lib]
crate-type = ["cdylib"]

[dependencies]
wasm-bindgen = "0.2.92"
```

4. 也可以使用指令安裝最新版的 wasm-bindgen 套件，先把 Cargo.toml 最後一行刪除，再執行以下指令：

```
cargo add wasm-bindgen
```

5. 建置成網站專案：

```
wasm-pack build --target web
```

- 編譯 Rust 程式碼，轉換為 WebAssembly。

- 執行 wasm-bindgen，生成 JavaScript 檔案，包覆 WebAssembly，讓瀏覽器看的懂。

- 建立 pkg 資料夾，將 JavaScript、WebAssembly 移至 pkg 資料夾。

- 依據 Cargo.toml 產生 package.json 檔案。

- 如果 README.md 檔案存在，會複製至 pkg 資料夾。

6. 在專案根目錄新增 index.html，內容如下：

```
<!doctype html>
<html lang="en-US">
  <head>
    <meta charset="utf-8" />
    <title>hello-wasm example</title>
  </head>
  <body>
    <script type="module">
      import init, { greet } from "./pkg/hello_wasm.js";
      init().then(() => {
        greet("WebAssembly");
          });
    </script>
  </body>
</html>
```

- 引用 hello_wasm.js，該檔是上一步驟自動產生的。

- JavaScript 呼叫 Rust greet 函數，greet 函數中又會呼叫 JavaScript alert 函數。

7. 測試：執行以下指令使用 npm 啟動網站，並啟動瀏覽器。

```
python -m http.server
```

8. 執行結果：瀏覽 http://localhost:8000/，會出現彈出式視窗，內容為【Hello, WebAssembly!】，至此測試成功。

- 注意，使用下一步驟重新建置後，再以 python -m http.server 啟動網站，瀏覽 http://localhost:8000/，不會出現彈出式視窗，會發生錯誤，因為 Rust 已轉換為 WebAssembly，而非 JavaScript。

9. 將程式打包成 npm 套件，以 WebAssembly 方式執行，以下指令將 Rust 重新轉換為 WebAssembly：

```
wasm-pack build --target bundler
```

10. 在專案根目錄新增 site 資料夾，並依據 package.json 安裝相關 hello-wasm JavaScript 模組。

```
mkdir site
cd site
npm i ../pkg
```

11. 執行以下指令，安裝 webpack 及依賴之 JavaScript 模組，放在 node_modules 資料夾內。

```
npm i -D webpack@5 webpack-cli@5 webpack-dev-server@4 copy-webpack-plugin@11
```

12. 新增 webpack.config.js 檔案,設定 WebAssembly 的啟動 Html、Java Script 檔案名稱,內容如下:

```javascript
const CopyPlugin = require("copy-webpack-plugin");
const path = require("path");

module.exports = {
  entry: "./index.js",
  output: {
    path: path.resolve(__dirname, "dist"),
    filename: "index.js",
  },
  mode: "development",
  experiments: {
    asyncWebAssembly: true,
  },
  plugins: [
    new CopyPlugin({
      patterns: [{ from: "index.html" }],
      }),
    ],
  };
```

13. 修改 package.json,增加 scripts 段落。

```json
{
  "scripts": {
    "build": "webpack --config webpack.config.js",
    "serve": "webpack serve --config webpack.config.js --open"
  },
  "dependencies": {
    ...
  },
  "devDependencies": {
    ...
  }
}
```

14.新增 index.js 檔案，呼叫 WebAssembly 內的 greet 函數，內容如下：

```
import * as wasm from "hello-wasm";   // 引進 hello-wasm 模組
wasm.greet("WebAssembly with npm");   // 呼叫 WebAssembly 內的 greet 函數
```

15.新增 index.html 檔案，呼叫 index.js，內容如下：

```
<!doctype html>
<html lang="en-US">
  <head>
    <meta charset="utf-8" />
    <title>hello-wasm example</title>
  </head>
  <body>
    <script src="./index.js"></script>
  </body>
</html>
```

16.測試：

```
npm run serve
```

17.執行結果：會自動啟動瀏覽器，瀏覽 http://localhost:8080/，會出現彈出式視窗，
內容為【Hello, WebAssembly with npm!】，至此測試 Web Assembly 成功。

18.按【Ctrl+C】鍵，可結束程式。

19.打包 WebAssembly 程式，提供其他主機佈署，會產生 hello-wasm-0.1.0.tgz，
　　放在 pkg 資料夾內：

```
wasm-pack pack
```

20.要發行至 npm 網站，需先至 npm 網站[4] 註冊一個帳號。

```
npm adduser
```

21.發行至 npm 網站：中間有一些資訊要修正，筆者並不打算發行，故省略此一
　　步驟。

```
wasm-pack publish
```

以上是手動的過程，步驟非常多，建議讀者改用其他專案名稱，自己動手作一
次，會比較清楚整個程序的步驟。

另外，【Rust and WebAssembly】的【Hello, World!】[5] 提供一個較簡便的程序，
可直接生成樣板 (Template) 骨架程式，再作修改。

範例 2. 依據樣板 (Template) 建立 WebAssembly 程式，程式放在 src/ch12/wasm_
simple_test2 資料夾。。

1. 生成樣板專案：執行以下指令，並輸入專案名稱 wasm-simple-test2。

```
cargo generate --git https://github.com/rustwasm/wasm-pack-template
```

2. wasm-simple-test2 資料夾產生的檔案列表如下：

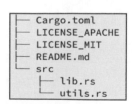

```
├── Cargo.toml
├── LICENSE_APACHE
├── LICENSE_MIT
├── README.md
└── src
    ├── lib.rs
    └── utils.rs
```

3. 開啟 wasm-simple-test2\Cargo.toml，可注意幾件事：

- authors：會自動填上 npm 的註冊 email。

- 引用 wasm-bindgen 套件。

- 建置成函數庫：crate-type = ["cdylib", "rlib"]。

- 步驟 1 自動完成範例 1 好幾個步驟。

4. 開啟 wasm-simple-test2\src\lib.rs，內容也與範例 1 類似。

5. wasm-simple-test2\src\utils.rs 提供公用函數可以讓我們除錯容易一點。

6. 建置專案：與範例 1 類似，將建置產生的檔案放入 pkg 資料夾。

```
wasm-pack build
```

- *.wasm：WebAssembly 二進位檔，包括 lib.rs 定義的函數 greet。

- *.js：wasm-bindgen 套件生成的 JavaScript 檔案，JavaScript 函數會直接呼叫 WebAssembly 對應的函數。其中 wasm_simple_test2_bg.js 就是 JavaScript 呼叫 Rust 的程式碼，其中含有 greet 函數，會呼叫 wasm.greet。bg 就是 bindgen 的縮寫。

- *.ts：TypeScript 檔案，如果改用 TypeScript，不用 JavaScript，可引用此檔案。

7. 執行以下指令建立網站，將 WebAssembly 檔案複製到 www 資料夾。相當於範例 1 的第 10~15 步驟。

```
npm init wasm-app www
```

8. www 資料夾產生的檔案列表如下：

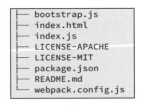

```
├── bootstrap.js
├── index.html
├── index.js
├── LICENSE-APACHE
├── LICENSE-MIT
├── package.json
├── README.md
└── webpack.config.js
```

9. 在 www 資料夾執行以下指令：安裝 JavaScript 模組於 node_modules 資料夾內。

```
npm install
```

10. 修改 www/package.json 檔案，在 devDependencies 該行前插入以下段落：

```
"dependencies": {
  "wasm-simple-test2": "file:../pkg"
  },
```

- 注意，wasm-simple-test2 是目前專案名稱，需視專案調整。

11. 再執行以下指令：安裝本專案之 JavaScript 模組。

```
npm install
```

12. 執行以下指令，啟動網站及瀏覽器。

```
npm run start
```

- start 對應 wasm-simple-test2\www\package.json 內的 scripts>start。

```
 9  白  "scripts": {
10        "build": "webpack --config webpack.config.js",
11        "start": "webpack-dev-server"
12     },
```

- 範例 1 的 package.json 定義為 serve，執行就須改為 npm run serve。

13. 測試：瀏覽 http://localhost:8080/，會出現彈出式視窗，內容為【Hello, WebAssembly with npm!】。

14. 按【Ctrl+C】鍵，可結束程式。

使用 cargo generate 複製樣板，產生專案骨架確實簡便很多，但手動方式讓我們瞭解 webpack 的指令及背後的原理，相輔相成。

12-2 WebAssembly 實戰

【Rust and WebAssembly】在【4.2. Hello, World!】之後就實作一個 Game of Life 遊戲,筆者覺得有點複雜,而且還要瞭解遊戲規則,因此就不採用了,另外找到【wasm-bindgen GitHub】[6],examples 目錄有許多範例,我們就來測試幾個範例,相關文件說明請參閱【The wasm-bindgen Guide】[7]。

範例 1. 與上一節的 hello-wasm 範例類似,只是顯示彈出式視窗,放在 src\ch12\hello_world 資料夾。

1. 自【wasm-bindgen GitHub】[6] 下載整個專案。

2. 複製 wasm-bindgen-main\examples\hello_world 資料夾至你的測試資料夾,筆者放在 src\ch12\hello_world 資料夾。

3. hello_world 專案並未使用骨架,只有必要檔案,先建置 Rust wasm 專案,將建置產生的檔案放入 pkg 資料夾。

```
wasm-pack build
```

4. 再執行以下指令:安裝本專案之 JavaScript 模組。

```
npm install
```

5. 啟動網站及瀏覽器:package.json 內的 scripts 定義為 serve,執行就須改為:

```
npm run serve
```

```
{
  "scripts": {
    "build": "webpack",
    "serve": "webpack serve"
  },
```

6. 測試:瀏覽 http://localhost:8080/,會出現彈出式視窗,內容為【Hello, World
   !】。

7. 在 Chrome 瀏覽器按【F12】鍵,點選【原始碼】頁籤,再點選【b73b623c
   6016fbfb4325.module.wasm】,往下移程式碼,可以看到類似 Assembly 的原
   始碼,可以驗證程式確實使用 wasm 執行。

8. 再來查看 webpack.config.js 內容,專案啟動程式為 index.js。

```
6  ⊟module.exports = {
7      entry: './index.js',
```

9. 查看 index.js 內容,並未在 package.json 內定義 wasm 別名,而是直接引用
   (import) pkg 資料夾,並呼叫 Rust 定義的 greet 函數。

```
import { greet } from './pkg';
greet('World');
```

10. 本例並未使用網頁檔案 index.html。

11. 按【Ctrl+C】鍵,可結束網站程式。

範例 2. JavaScript 呼叫 Rust 函數,並傳送參數,程式放在 src\ch12\add 資料夾。

1. 複製 wasm-bindgen-main\examples\add 資料夾至你的測試資料夾。

2. 與上例一樣,依序執行下列指令:

```
wasm-pack build
npm install
npm run serve
```

3. 測試：啟動瀏覽器，瀏覽 http://localhost:8080/，會出現彈出式視窗，內容為
   【1+2=3】。

4. 查看 src\lib.rs 檔案內容，定義 add 函數，含 a、b 兩個參數，輸出整數：

```
use wasm_bindgen::prelude::*;

#[wasm_bindgen]
pub fn add(a: u32, b: u32) -> u32 {
    a + b
}
```

5. 查看 index.js 內容，引用 (import) pkg 資料夾，並呼叫 Rust 定義的 greet 函數。

```
import { add } from './pkg';
alert('1 + 2 = ' + add(1, 2))
```

6. JavaScript 並不須宣告變數資料型別，因此，與 Rust 定義並不需要一致，所以，
   將 src\lib.rs 檔案 add 函數的 a、b 兩個參數改為 f32，也 OK。npm 會在檔案
   有異動時會自動重新載入 (Reload) 程式，不需重新啟動程式，測試非常方便。

```
pub fn add(a: f32, b: f32) -> f32 {
    a + b
}
```

7. 按【Ctrl+C】鍵，可結束網站程式。

範例 3. 遊戲製作常使用 Canvas 繪圖，以下就針對 Canvas 作一簡單測試，程式
放在 src\ch12\canvas 資料夾。

1. 複製 wasm-bindgen-main\examples\canvas 資料夾至你的測試資料夾。

2. 與上例一樣，依序執行下列指令：

```
wasm-pack build
npm install
npm run serve
```

3. 測試：啟動瀏覽器，瀏覽 http://localhost:8080/，出現如下。

4. 再來查看 webpack.config.js 內容，專案啟動程式為 index.js，且樣板 (template) 為 index.html。

```
 6  module.exports = {
 7      entry: './index.js',
 8      output: {
 9          path: path.resolve(__dirname, 'dist'),
10          filename: 'index.js',
11      },
12      plugins: [
13          new HtmlWebpackPlugin({
14              template: 'index.html'
```

5. 查看 index.js 內容，引用 (import) pkg 資料夾，並未呼叫任何函數。

```
import('./pkg')
  .catch(console.error);
```

6. 查看 index.html 內容，定義一個 canvas 標籤。

```
5  <body>
6    <canvas id="canvas" height="150" width="150"></canvas>
7  </body>
```

7. 查看 src\lib.rs 部分內容：

```
4   #[wasm_bindgen(start)]
5   fn start() {
6       let document = web_sys::window().unwrap().document().unwrap();
7       let canvas = document.get_element_by_id("canvas").unwrap();
8       let canvas: web_sys::HtmlCanvasElement = canvas
9           .dyn_into::<web_sys::HtmlCanvasElement>()
10          .map_err(|_| ())
11          .unwrap();
12
13      let context = canvas
14          .get_context("2d")
15          .unwrap()
16          .unwrap()
17          .dyn_into::<web_sys::CanvasRenderingContext2d>()
18          .unwrap();
19
20      context.begin_path();
21
22      // Draw the outer circle.
23      context
24          .arc(75.0, 75.0, 50.0, 0.0, f64::consts::PI * 2.0)
25          .unwrap();
```

- 第 4 行：#[wasm_bindgen(start)] 表示 wasm 啟動時就會自動執行備標註的 start 函數。

- 第 7 行：document.get_element_by_id("canvas") 取 得 index.html 內 的 canvas 標籤。

- 第 8~11 行：轉為 web-sys 套件的 HtmlCanvasElement 資料型別，即可以 Rust 操作 canvas 標籤。

- 第 13~17 行：取得 canvas 的上下文 (context)，以便修改 canvas 內容。

- 第 20~25 行：在 context 畫一個弧線 (Arc)，後續程式碼再畫其他圖案，請 參見範例。

8. 查看 Cargo.toml 內容，除了 wasm-bindgen 套件，還增加 js-sys、web-sys 套件， 供 src\lib.rs 引用。

9. 以上示範如何在 Rust 操控 Html 標籤。

範例 4. 利用 Canvas 製作貪吃蛇 (Snake) 遊戲，本範例修改自【Creating a Small Game with WebAssembly and Rust】[8]， 程 式 放 在 src\ch12\webassembly-rust-snake 資料夾。

1. 複製【webassembly-rust-snake GitHub】[9] 程式至測試資料夾。

2. 安裝 devserver 二進位套件 [10]，它是 webpack server，可以取代 npm run，適合在測試環境中使用，因缺乏安全保護機制，請勿在正式環境使用：

```
cargo install devserver
```

3. 依序執行下列指令，編譯成 Web 專案：

```
wasm-pack build --target web
devserver
```

4. 測試：啟動瀏覽器，瀏覽 http://localhost:8080/，出現如下。遊戲規則很簡單，點選滑鼠左鍵，貪吃蛇 (長方形) 就會轉向，想辦法吃到食物 (點狀)，就 OK。

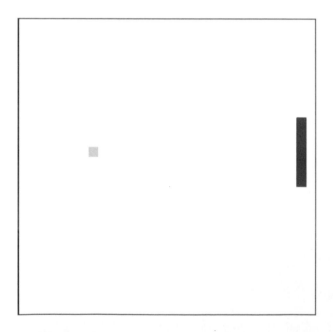

5. 專案內沒有 webpack.config.js 內容，Web 專案會自動以 index.html 為首頁。

6. 查看 index.html 內容，定義一個 canvas 標籤，並引用 index.js。

```
10    <body>
11      <p>Click or tap to turn!</p>
12      <canvas id="canvas"></canvas>
13      <script type="module" src="index.js"></script>
14    </body>
```

7. 查看 index.js 內容，引用 (import) pkg/snake.js 的 Game 物件。

```
1  import init, { Game } from "./pkg/snake.js";
2
3  const canvas = document.getElementById("canvas");
4  let lastFrame = Date.now();
5
6  init().then(() => {
7    const game = Game.new();
8    canvas.width = game.width();
9    canvas.height = game.height();
10   canvas.addEventListener("click", (event) => onClick(game, event));
11   requestAnimationFrame(() => onFrame(game));
12 });
```

- 第 3 行：取得 index.html 內的 canvas 標籤。

- 第 6 行：啟動時就會自動執行 init()。

- 第 7 行：取得 wasm Game 物件。

- 第 10 行：指定點選滑鼠左鍵的事件處理函數 onClick，它定義在 23~28 行，其中呼叫 game.click 函數，它是在 src\lib.rs 內實作。

- 第 11 行：requestAnimationFrame 會產生無限循環的動畫，內容由 onFrame 函數決定，它定義在 14~21 行。

8. 查看 src 資料夾的 Rust 程式：

- lib.rs：定義 Game 物件的屬性及方法。

- world.rs：定義 World、Screen 物件的屬性及方法，實現螢幕畫面的處理。

- world\coord.rs：定義座標。

9. 查看 Cargo.toml 內容，除了 wasm-bindgen 套件，還增加 web-sys、rand、getrandom 套件，供 src\lib.rs 引用。

以上示範如何在 Rust 定義 Html 的事件處理函數，無法在 Html 標籤直接定義 onclick 的事件處理函數為 wasm 的函數，必須在 index.js 定義。

整個網站的速度非常快，與桌面程式無太大差異，可見 WebAssembly 確實有希望成為新一代的網站架構標準。

12-3 本章小結

本章以 Rust 實現 WebAssembly 程式，透過樣板 (Template) 產生 WebAssembly 程式骨架，之後再修飾程式，將原本很複雜的程序簡化，再透過 wasm-bindgen 套件可以串連 JavaScript 及 Rust，並透過 web-sys 套件可以存取 Html 標籤，定義事件處理函數，以上種種工具構成很完善的支援，可以輕鬆完成 WebAssembly 程式的撰寫，官方的文件及 wasm-bindgen 套件的範例還有更多的內容等待我們去挖掘。

參考資料 (References)

[1] Rust and WebAssembly (https://rustwasm.github.io/docs/book/introduction.html)

[2] MDN WebAssembly (https://developer.mozilla.org/en-US/docs/WebAssembly/Rust_to_wasm)

[3] Node 下載頁面 (https://nodejs.org/en/download)

[4] npm 網站 (https://www.npmjs.com/)

[5] 【Rust and WebAssembly】 的【Hello, World!】 (https://rustwasm.github.io/docs/book/game-of-life/hello-world.html)

[6] wasm-bindgen GitHub (https://github.com/rustwasm/wasm-bindgen/tree/main)

[7] The wasm-bindgen Guide (https://rustwasm.github.io/docs/wasm-bindgen/examples/index.html)

[8] Creating a Small Game with WebAssembly and Rust (https://medium.com/comsystoreply/creating-a-small-game-with-webassembly-and-rust-20c6945efa1d)

[9] webassembly-rust-snake GitHub (https://github.com/joern-kalz/webassembly-rust-snake)

[10] devserver (https://github.com/kettle11/devserver)

MEMO

檔案系統

檔案系統與資料庫存取是撰寫程式的家常便飯，本章詳細討論各種檔案讀寫方式、資料夾檢視與搜尋。

13-1、13-2 節的程式碼大部分修改自【標準函數庫 std::fs】[1]，該文件說明有非常詳盡的解說，值得仔細研究。

13-1 檔案存取

Rust 標準函數庫 (std) 的 fs 模組提供非常完整、多樣化的函數，包括同步 / 非同步、文字 / 二進位、一次 / 分段讀寫、…等功能。以下就以範例實際測試各項功能。

注意，結束檔案操作後並不需要下指令關閉檔案，Rust 會在超出有效範圍時，自動關閉檔案，因此，將檔案操作撰寫成一個獨立的函數是最適合的作法，因為函數結束時，檔案自動就關閉了。

範例 1. 檔案基本測試，包括新增 (Create)、開啟 (Open)、讀 (Read)、寫 (Write)，程式放在 src/ch13/file_io_test 資料夾。。

1. 引用標準函數庫 (std)，不需使用 cargo add std，專案會自動加入 std 套件。

2. 引用 std：基本的檔案讀寫模組其命名空間為 use std::fs::File，另外，prelude 是套件預設會自動載入的函數 / 結構 /Trait/ 巨集…等。

```
use std::fs::File;
use std::io::prelude::*;
```

3. 新增 (Create) 檔案：使用 File::create，若檔案不存在，會新增檔案，反之，會開啟檔案，並清除既有內容，預設是寫入的模式，write_all 可一次寫入所有內容。

```
fn create_file(file_name:&str) -> std::io::Result<()> {
    let mut file = File::create(file_name)?;
    file.write_all(b"Hello, world!")?;
    Ok(())
}
```

4. 測試：可執行多次也不會發生錯誤，執行後內容永遠是【Hello, world! 】。

```
fn main() {
let _ = match create_file("foo.txt") {
```

```
    Err(err) => println!("{err}"),
    Ok(_) => ()
    };
}
```

5. 使用 File:: create_new，若檔案存在，會發生錯誤。

```
fn create_file(file_name:&str) -> std::io::Result<()> {
    let mut file = File::create_new(file_name)?;
    file.write_all(b"Hello, world!")?;
    Ok(())
}
```

6. 開啟 (Open) 檔案：若檔案不存在會發生錯誤，預設是讀取的模式，使用 file. read_to_string 可一次讀取檔案所有內容。

```
fn open_file(file_name:&str) -> std::io::Result<()> {
    let mut file = File::open(file_name)?;
    let mut contents = String::new();
    file.read_to_string(&mut contents)?;
    Ok(())
}
```

7. 測試：

```
let _ = match open_file("foo.txt") {
    Err(err) => println!("{err}"),
    Ok(_) => ()
    };
```

8. 執行結果：Hello, world!。

9. 也可以使用 file.read_to_end 讀取檔案所有內容，放入 byte 陣列。

```
fn open_file_vec(file_name:&str) -> Result<(), Box<dyn Error>> {
    let mut file = File::open(file_name)?;
    let mut contents = vec![];
```

```
    file.read_to_end(&mut contents)?;
    println!("{:?}", contents);
    Ok(())
}
```

10.測試：

```
let _ = match open_file_vec("foo.txt") {
    Err(err) => println!("{err}"),
    Ok(_) => ()
    };
```

11.執行結果： [72, 101, 108, 108, 111, 44, 32, 119, 111, 114, 108, 100, 33]。

12.轉換為 UTF-8 的字串：

```
let s = std::str::from_utf8(&contents)?;
println!("{}", s);
```

13.執行結果：Hello, world!。

14.透過 OpenOptions[2]，可以更改操作模式，例如：

• 寫入模式：

```
use std::fs::OpenOptions;
let file = OpenOptions::new().write(true).open("foo.txt");
```

• 附加 (append) 模式：不清除既有檔案內容，將新寫入的資料附加在後面。

```
use std::fs::OpenOptions;
let file = OpenOptions::new().append(true).open("foo.txt");
```

• 截斷 (truncate) 模式：開啟檔案後，先清除既有檔案內容。

```
use std::fs::OpenOptions;
let file = OpenOptions::new().write(true).truncate (true).open("foo.txt");
```

- create 模式：等同 File::create。

```
use std::fs::OpenOptions;
let file = OpenOptions::new().write(true).create(true).open("foo.txt");
```

- create_new 模式：若檔案存在，會發生錯誤。

```
use std::fs::OpenOptions;
let file = OpenOptions::new().write(true).create_new(true).open("foo.txt");
```

15. 測試：執行會發生錯誤，foo1.txt 改為 foo1.txt 後再執行。

```
let _ = match open_file("foo1.txt") {
    Err(err) => println!("{err}"),
    Ok(_) => ()
    };
```

16. 執行結果： Hello, world!。

17. 為了效能考量，檔案寫入會將資料先儲存到緩衝區記憶體 (RAM)，之後系統以背景執行的方式，將累積的大量緩衝區資料寫入硬碟，這個作法可有效降低硬碟頻繁運行的次數，但是，要注意，必須記得在程式結束前把暫存的緩衝區資料寫入硬碟，以免流失部分資料。強制緩衝區資料寫入硬碟 (Flush) 的指令有兩種：

- sync_all：緩衝區資料寫入硬碟外，也會更新檔案屬性 (Metadata)，例如檔案長度。

- sync_data：只將緩衝區資料寫入硬碟，不會更新檔案屬性 (Metadata)。

```
fn flush_file(file_name:&str) -> std::io::Result<()> {
    let mut file = OpenOptions::new().write(true)
                .create(true).open(file_name)?;
    file.write_all(b"Hello, world!")?;
    println!("\n{:?}", file.metadata()); // .unwrap().len()
    file.sync_all()?;
```

```
    println!("\n{:?}\n", file.metadata()); // .unwrap().len()
    Ok(())
}
```

18. 測試：使用 sync_all 前後呼叫 file.metadata()，以顯示檔案屬性，比較並無不同，應該是要使用大量的資料寫入，才會使用到緩衝區。

```
let _ = match flush_file("data.txt") {
    Err(err) => println!("{err}"),
    Ok(_) => ()
    };
```

範例 2. 檔案讀取測試，包括一次讀取、分段讀取，程式放在 src/ch13/file_read_test 資料夾。

1. 引用 std 套件。

```
use std::fs::File;
use std::io::prelude::*;
use std::fs::OpenOptions;
use std::io::Error;
```

2. 一次讀取檔案所有內容，傳回 u8 陣列，適用二進位檔案，如圖檔、音訊…等，也適用文字檔，可呼叫 String::from_utf8 轉換為字串。

```
fn simplest_read_file(filepath:&str) -> Result<Vec<u8>, Error> {
    let data = std::fs::read(filepath)?;
    Ok(data)
}
```

3. 測試：執行結果請比較 data.txt。

```
fn main() {
    let _ = match simplest_read_file("data.txt") {
        Err(err) => println!("{err}"),
        Ok(data) => {
            let data2 = String::from_utf8(data).unwrap();
            println!("{}\n", data2)
```

```
                }
        };
}
```

4. 一次讀取檔案所有內容，傳回字串，適用文字檔。

```
fn read_file(filepath:&str) -> Result<String, Error> {
    let mut file = File::open(filepath)?;
    let mut data = String::new();
    file.read_to_string(&mut data)?;
    Ok(data)
}
```

5. 測試：

```
fn main() {
    let _ = match read_file("data.txt") {
        Err(err) => println!("{err}"),
        Ok(data) => println!("{}\n", data)
        };
}
```

6. 每次讀取檔案一列 (reader.lines)，適用巨量的文字檔，通常每讀取一列，即
   進行解析，並做後續處理，例如寫入資料庫。

```
fn read_file_by_line(filepath:&str) -> Result<Vec<String>, Error> {
let file = File::open(filepath)?;
let reader = std::io::BufReader::new(file);

let mut contents = vec![];
for line in reader.lines() {
    contents.push(line?);
    }
Ok(contents)
}
```

7. 測試：

```
fn main() {
    let _ = match read_file_by_line("data.txt") {
        Err(err) => println!("{err}"),
        Ok(data) => println!("{}\n", data.join("\n"))
        };
}
```

8. 分段讀取檔案 (file.read)：適用巨量的二進位檔，一次讀取檔案所有內容，可能造成記憶體不足，因此採分段處理，以下程式碼每次讀取 512 bytes。

```
fn read_file_by_block(filepath:&str) -> Result<Vec<u8>, Error> {
    const BUFFER_LEN: usize = 512;
    let mut buffer = [0u8; BUFFER_LEN];
    let mut file = File::open(filepath)?;

    let mut contents = vec![];
    loop {
        let read_count = file.read(&mut buffer)?;
            // extend_from_slice：將陣列附加至另一陣列後面
        // buffer[..read_count]：一次讀取的內容
        contents.extend_from_slice(&buffer[..read_count]);

            // 讀取的長度不足，表示已讀至檔尾
        if read_count != BUFFER_LEN {
            break;
            }
    }
    Ok(contents)
}
```

9. 測試：可使用 String::from_utf8，將 byte 陣列轉換為字串，要注意字串的內碼，轉換錯誤會造成亂碼。其他內碼的轉換可使用【encoding_rs】[3] 套件，支援的內碼參閱【Enums】頁籤 [4]。

```
let _ = match read_file_by_block("data.txt") {
    Err(err) => println!("{err}"),
```

```
    Ok(data) => {
        let data2 = String::from_utf8(data).unwrap();
        println!("{}\n", data2)
        }
};
```

範例 3. 檔案寫入測試，程式放在 src/ch13/file_write_test 資料夾。

1. 引用 std 套件。

```
use std::fs::File;
use std::io::prelude::*;
use std::io::Error;
```

2. 一次寫入檔案所有內容，輸入格式為 u8 陣列，適用二進位檔案，如圖檔、音訊…等，使用 std::fs::write。

```
fn simplest_write_file(filepath:&str, data: &[u8]) -> std::io::Result<()> {
    std::fs::write(filepath, &data)?;
    Ok(())
}
```

3. 測試：b"Hello world!" 為 byte 陣列。

```
fn main() {
    let _ = match simplest_write_file("data1.txt", b"Hello world!") {
        Err(err) => println!("{err}"),
        Ok(_) => ()
    };
}
```

4. 另一種一次寫入檔案所有內容，使用 File::create 及 file.write_all。

```
fn write_file(filepath:&str, data: &[u8]) -> std::io::Result<()> {
    let mut file = File::create(filepath)?;
    file.write_all(&data)?;
    Ok(())
}
```

5. 測試：

```
let _ = match write_file("data2.txt", b"Hello world!") {
    Err(err) => println!("{err}"),
    Ok(_) => ()
};
```

6. 分段寫入檔案 (BufWriter)，適用二進位檔案，以下程式碼寫入 1~10。使用 File::create、std::io::BufWriter::new、stream.write。

```
fn write_file_by_block(filepath:&str) -> std::io::Result<()> {
    let file = File::create(filepath)?;
    let mut stream = std::io::BufWriter::new(file);

    for i in 0..10 {
        stream.write(&[i+1])?;
    }
    Ok(())
}
```

7. 測試：

```
let _ = match write_file_by_block("data3.txt") {
    Err(err) => println!("{err}"),
    Ok(_) => ()
};
```

8. 執行結果： 為 1~10 的內碼。

SOH STX ETX EOT ENQ ACK BEL BS

9. 驗證：使用分段讀取的方式，並進行資料型別轉換，驗證寫入內容。

```
fn read_file_by_block(filepath:&str) -> std::io::Result<()> {
    const BUFFER_LEN: usize = 1;
    let mut buffer = [0u8; BUFFER_LEN];
    let mut file = File::open(filepath)?;
```

```
    loop {
        let read_count = file.read(&mut buffer)?;
        if read_count != BUFFER_LEN {
            break;
            }
        let i: u8 = u8::from_le_bytes(buffer);
        println!("{i}");
        }
        Ok(())
}
```

10.測試：

```
let _ = match read_file_by_block("data3.txt") {
    Err(err) => println!("{err}"),
    Ok(_) => ()
    };
```

11.執行結果為 1~10。

範例 4. 分段讀寫 (BufReader、BufWriter) 常用於通訊程式，Server 程式放在 src/ch13/tcp_server 資料夾，Client 程式放在 src/ch13/tcp_client 資料夾。

• Server 程式：

1. 複製 src/ch11/simple_web_server 專案。

2. 引用套件：

```
use std::{
fs,
io::{prelude::*, BufReader},
net::{TcpListener, TcpStream},
 };
```

3. 建立 TCP Listener，監聽 8000 埠 (port)，若接收到請求，由 handle_connection 函數處理。

```
fn main() {
    // 建立 TCP Listener， 監聽 8000 埠 (port)
```

```
    let listener = TcpListener::bind("127.0.0.1:8000").unwrap();

    // 接收到請求，由 handle_connection 處理
    for stream in listener.incoming() {
        let stream = stream.unwrap();
        handle_connection(stream);
    }
}
```

4. handle_connection 函數接收資料後全部串接後顯示出來。

```
fn handle_connection(mut stream: TcpStream) {
    let mut buf_reader = BufReader::new(&mut stream);
    const BUFFER_LEN: usize = 512;
    let mut buffer = [0u8; BUFFER_LEN];
    let mut contents = vec![];
    loop {
        let read_count = buf_reader.read(&mut buffer).unwrap();
        contents.extend_from_slice(&buffer[..read_count]);

        if read_count != BUFFER_LEN {
            break;
            }
    }
    println!("{:?}", contents);
}
```

* Client 程式放在 src/ch13/tcp_client 資料夾。

1. 引用套件：

```
use std::io::prelude::*;
use std::io::BufWriter;
use std::net::TcpStream;
```

2. TcpStream::connect 連接 server，BufWriter 採分段寫入網路。

```
fn main() {
    let mut stream = BufWriter::new(
```

```
        TcpStream::connect("127.0.0.1:8000").unwrap());

    for i in 0..10 {
        stream.write(format!("{}", i).as_bytes()).unwrap();
    }
    stream.flush().unwrap();
}
```

3. 測試：先啟動 tcp_server，再啟動 tcp_client 多次，每次都送 0~9，檢查 tcp_
   server 顯示結果為 0~9 內碼。

13-2 檔案系統操作

檔案系統操作包括檔案 / 資料夾的複製、改名、移動、刪除⋯等，另外還有資料
夾的掃瞄、篩選⋯等功能。

範例 1. 檔案複製、刪除、改名、移動，程式放在 src/ch13/file_manipulation 資
料夾。

1. 引用套件：

```
use std::fs;
use std::path::Path;
```

2. 先建立 test 資料夾。

```
const TEST_FOLDER_STR: &str = "./test/";

// check test folder exist
if Path::new(&TEST_FOLDER_STR).exists() { // test 資料夾是否存在
    fs::remove_dir(TEST_FOLDER_STR); // 刪除 test 資料夾
}
fs::create_dir(TEST_FOLDER_STR); // 建立 test 資料夾
```

3. 檔案複製：要字串連接，先將資料夾名稱轉為 String 資料型別，要重複使用，呼叫 clone，複製一份。

```
let test_folder: String = TEST_FOLDER_STR.to_string();
fs::copy("data1.txt", test_folder.clone() + "tmp.txt");
```

4. 檔案刪除：指定檔案路徑。

```
fs::remove_file(test_folder.clone() + "tmp.txt");
```

5. 檔案改名：指定來源及目標檔案路徑。

```
// 先複製一個檔案，以利測試
fs::copy("data1.txt", test_folder.clone() + "tmp.txt");
fs::rename(test_folder.clone() + "tmp.txt", test_folder.clone() + "data.txt");
```

6. 檔案移動：使用改名也可以移動檔案。

```
fs::rename(test_folder.clone() + "data.txt", test_folder.clone() + "data1.txt");
```

7. 取得檔案屬性：呼叫 fs::metadata 取得檔案屬性，它是 JSON 格式，要取得內層屬性，要呼叫方法。

```
let attr = fs::metadata("data1.txt").unwrap();
println!("{:?}", attr);
println!("{}", attr.len());
println!("{}", attr.file_type().is_dir());
```

8. 執行結果：

```
Metadata { file_type: FileType(FileType { attributes: 32, reparse_tag: 0 }), is_dir: false, is_file: true, permissions:
Permissions(FilePermissions { attrs: 32 }), modified: Ok(SystemTime { intervals: 133550662589258915 }), accessed: Ok(Sys
temTime { intervals: 133551162169756516 }), created: Ok(SystemTime { intervals: 133551162169746521 }), .. }
12
false
```

9. 取得資料夾屬性：與檔案相同方式。

```
// print file attributes
let attr = fs::metadata("test").unwrap();
```

```
println!("\n{:?}", attr);
println!("{}", attr.len());
println!("{}", attr.file_type().is_dir());
```

10.執行結果：

```
Metadata { file_type: FileType(FileType { attributes: 16, reparse_tag: 0 }), is_dir: true, is_file: false, permissions:
Permissions(FilePermissions { attrs: 16 }), modified: Ok(SystemTime { intervals: 133551193062585251 }), accessed: Ok(Sy
temTime { intervals: 133551193062585251 }), created: Ok(SystemTime { intervals: 133551184078850178 }), .. }
0
true
```

範例 2. 資料夾操作，包括建立、刪除、掃描，程式放在 src/ch13/directory_manipulation 資料夾。

1. 引用套件：

```
use std::fs;
use std::path::Path;
```

2. 先建立 test/test2/test3 三層資料夾，create_dir 及 remove_dir 只能建立及刪除一層資料夾，加【_all】可建立及刪除資料夾及其下子資料夾。

```
const TEST_FOLDER_STR: &str = "./test/test2/test3";

// check test folder exist
if Path::new("./test").exists() {
    // 刪除資料夾及其下檔案與子資料夾
    fs::remove_dir_all("./test");
}

// 建立資料夾及其下子資料夾
fs::create_dir_all(TEST_FOLDER_STR);

// 只能建立一層資料夾
fs::create_dir("./test/test1");
```

3. fs::read_dir 只能掃描一層資料夾。

```
let mut entries = fs::read_dir(".\\test").unwrap()
    .map(|res| res.map(|e| e.path()))
    .collect::<Result<Vec<_>, io::Error>>().unwrap();
entries.sort();
println!("{:?}\n", entries);
```

4. 執行結果：

```
[".\\test\\test1", " .\\test\\test2"]
```

5. 另一種方式掃描一層資料夾。

```
fn list_dir(dir: &str) -> std::io::Result<Vec<String>> {
    let mut contents = vec![];
    for entry in fs::read_dir(dir)? {
        let dir = entry?;
        contents.push(dir.path().into_os_string().into_string().unwrap());
    }
    Ok(contents)
}
```

6. 測試：

```
let mut entries = list_dir(".\\test").unwrap();
println!("{:?}\n", entries);
```

7. 執行結果：

```
[".\\test\\test1", " .\\test\\test2"]
```

8. 掃描資料夾及其下子資料夾的檔名。

```
// 先準備測試資料：複製檔案
fs::copy("data1.txt", "./test/test1/data1.txt");
fs::copy("data2.txt", "./test/test2/data2.txt");
fs::copy("data3.txt", "./test/test2/test3/data3.txt");
```

9. 定義取得檔案的函數：撰寫方式非常特別，先定義匿名函數 (cb)，取得所有特定資料夾下所有檔案名稱，再呼叫遞迴函數 visit_dirs，並將此匿名函數作為輸入參數。

```rust
fn get_files(path: &Path) -> Vec<String> {
    let result = fs::read_dir(path).unwrap();

    let mut files: Vec<String> = Vec::new();

    // cb：匿名函數，取得所有檔案名稱
    let mut cb = |entry: &DirEntry| {
        // 儲存所有檔案名稱
        let path = entry.path();
        if path.is_file() {
            files.push(path.into_os_string().into_string().unwrap())
        }
    };
    visit_dirs(path, &mut cb);
    files
}
```

10. 定義遞迴函數 visit_dirs：掃描所有子資料夾，呼叫 cb，蒐集檔案名稱。

```rust
fn visit_dirs(dir: &Path, cb: &mut dyn FnMut(&DirEntry)) -> io::Result<()> {
    if dir.is_dir() {
        for entry in fs::read_dir(dir)? {
            let entry = entry?;
            let path = entry.path();
            if path.is_dir() {
                visit_dirs(&path, cb)?;
            } else {
                cb(&entry);
            }
        }
    }
    Ok(())
}
```

11. 測試：

```
let files = get_files(Path::new(".\\test"));
println!("{:?}", files);
```

12. 執行結果：

```
[".\\test\\test1\\data1.txt", ".\\test\\test2\\data2.txt",
".\\test\\test2\\test3\\data3.txt"]
```

13-3 檔案總管 (File explorer)

整合上述 API，我們可以開發類似檔案總管 (File explorer) 的應用程式，網路上可以搜尋到許多專案，筆者試了幾個，其中【rdpFX GitHub】[5] 程式結構較單純，而且效能也非常好，值得一看。

程式功能：

1. 資料夾及檔案瀏覽。

2. 檔案複製 / 貼上、刪除、建立和改名。

3. 瀏覽模式：清單、圖示。

4. 搜尋、排序。

5. 檔案壓縮 / 解壓縮。

6. 拖曳 (Drag and drop)。

7. 批次改名。

8. 其他：請參閱 GitHub 說明。

建置專案：

1. 自 GitHub 下載專案，並解壓縮。

2. 切換至 rdpFX-master\src-tauri 資料夾。

3. 建置專案：cargo build。

執行：

1. 切換至 rdpFX-master\src-tauri\target\debug 資料夾。

2. 執行：Double click app.exe。

畫面如下：操作方式類似檔案總管，詳細說明請參閱 GitHub。

程式碼放在 rdpFX-master\src-tauri\src 資料夾，只有 3 個檔案，主要功能都定義在 main.rs，可以仔細研究，介面主要是用 Tauri 套件，它內含 WebView 引擎，可使用 Html/CSS/JavaScript 撰寫成桌面程式。

13-4 本章小結

本章介紹開發應用系統不可或缺的技巧【檔案系統與資料夾的操作】，包括檔案的讀寫、檔案 / 資料夾的增刪 / 改名、資料夾掃描 / 過濾。檔案的讀寫涉及一般文字檔 / 二進位檔、字串內碼的轉換、巨量資料的處理方式…等等。

參考資料 (References)

[1]　標準函數庫 std::fs (https://doc.rust-lang.org/std/fs/index.html)

[2]　Open file 的模式選項 (OpenOptions) (https://doc.rust-lang.org/std/fs/struct.Open Options.html#method.open)

[3]　encoding_rs (https://docs.rs/encoding_rs/latest/encoding_rs/)

[4]　encoding_rs【Enums】頁籤 (https://docs.rs/encoding_rs/latest/encoding_rs/#enums)

[5]　rdpFX GitHub (https://github.com/RickyDane/rdpFX)

資料庫存取

檔案系統與資料庫存取是撰寫程式的家常便飯，繼上一章討論檔案系統後，本章接著討論各種資料庫存取方式。

資料庫目前主要分為關聯式資料庫 (Relational database, 簡稱 RDB) 及 NoSQL 資料庫。

關聯式資料庫係透過正規化 (Normalization) 的設計原則定義資料表及其關聯，確保資料不會有冗餘 (Redundancy) 或不一致的依賴 (Inconsistent dependency)，避免造成資料損失或資料不一致。常見的資料庫類型有關聯式資料庫 (Relational database, 簡稱 RDB) 及 NoSQL 資料庫，主流的關聯式資料庫包括：

1. MySQL：另一分支 MariaDB 是完全相容於 MySQL。

2. PostgreSQL。

3. Microsoft SQL Server。

4. Oracle Database。

5. SQLite。

透過正規化設計，關聯式資料庫會將資料拆分成許多資料表，資料分散儲存，要查詢時，常需結合 (join) 多個資料表，才能查到一筆完整的資料，例如訂單，分為表頭及表身，表頭記載客戶代碼、訂單日期、交貨日期 / 地點…等，而表身記錄購買的商品的代碼、數量、單價、折扣等，要查詢一筆完整的訂單，除了要結合表頭及表身外，還要結合客戶主表、商品主表…等，這些結合所需的比對需要花費很長的運算及 I/O 時間，另外因業務需求要新增欄位也需要修改資料表定義及重整資料表，也很麻煩，因此，才會有 NoSQL 資料庫的崛起。

NoSQL 資料庫不使用正規化設計拆分成許多資料表，直接將資料完整存入一個集合 (Collection)，例如訂單，表頭及表身直接以 JSON 格式表達階層式關係，也允許半結構性 (Semi-structured) 資料，即每一筆資料可以有不固定的欄位，徹底解決關聯式資料庫的缺點，這種設計方式稱為文件式資料庫 (Document database)，當然，它也有缺點，要篩選或彙總資料時，速度不如關聯式資料庫，同時設計準則不如正規化設計那麼嚴謹。

主流的 NoSQL 資料庫包括：

1. MongoDB。

2. Microsoft Azure Cosmos DB。

3. Amazon DynamoDB。

以下我們就分別來研究這些課題。

14-1 關聯式資料庫存取

關聯式資料庫 (RDB) 存取方式有兩種類別：

1. SQL 指令：透過 DML 指令進行新增 (Insert)、更正 (Update)、刪除 (Delete) 及查詢 (Select)，透過 DDL 指令進行資料庫 / 資料表的操作。

2. ORM(Object Relational Mapping)：定義物件與資料表的對照，直接對物件操作，包括新增 / 更正 / 刪除 / 查詢，ORM 套件會自動轉化為 SQL，送到資料庫管理系統內執行，這種方式只要專注在程式語言即可，不需撰寫複雜的 SQL，ORM 是目前的主流。

14-2 以原生驅動程式存取資料庫

要連接關聯式資料庫，以 SQL 存取資料庫，有兩種方式：

1. 原生驅動程式 (Native driver)：每一種資料庫管理系統 (RDBMS) 會各自提供驅動程式，支援各種程式語言連接，資料庫管理系統之間無共通標準。

2. ODBC/OLEDB：由資料庫大廠共同訂定規格，透過不同的連接字串 (Connection string) 可連接各式資料庫，統一透用 ODBC/OLEDB 驅動程式連接資料庫，也包括 MS Access、CSV、Excel…等表格式的檔案。

以下分別介紹兩個套件 SQLx、ODBC-API，前者是原生驅動程式，後者是 ODBC 函數庫。

SQLx[1] 支援 MySQL、PostgresSQL 及 SQLite，不支援 Microsoft SQL Server、Oracle Database，後兩者有廠商提供專屬的函數庫。SQLx 支援各種非同步的執行環境，例如 async-std、tokio、actix，全部以 Rust 開發，未使用不安全的 C 程式。相關使用說明可參見 SQLx GitHub4 及 SQLx 官方文件 [2]，以下直接使用範例說明。

範例 1. 以 SQLx 連接 SQLite 資料庫，程式放在 src/ch14/sqlx_sqlite_test 資料夾。

1. 安裝 SQLx CLI 執行檔：可使用 sqlx 指令操作資料庫，相關用法參閱【SQLx CLI】[3]。

```
cargo install sqlx-cli
```

2. 建立 SQLite 資料庫：必須使用環境變數設定資料庫連線字串，再建立空的資料庫 test.db。

```
set DATABASE_URL=sqlite:test.db
sqlx database create
```

3. 專案加入套件：要使用特定資料庫類型，必須指定套件 feature，例如 SQLite 需加【-F sqlite】。

```
cargo add tokio -F full
cargo add sqlx -F runtime-tokio
cargo add sqlx -F sqlite
cargo add futures-util
```

4. 引用套件：

```
use sqlx::sqlite::SqlitePool;
use std::fs::File;
use std::io::BufRead; // for BufReader
```

5. 使用 tokio 非同步的執行環境。

```
#[tokio::main]
async fn main() {
    ...
}
```

6. 建立資料庫連線：以下均在 main 中插入程式碼。

```
let pool = SqlitePool::connect("sqlite:test.db").await.unwrap();
let mut conn = pool.acquire().await.unwrap();
```

7. 刪除並重建 user 資料表：

```
// 如果 user 資料表已存在，則刪除 user 資料表
let sql = "DROP TABLE IF EXISTS user";
sqlx::query(sql).execute(&mut *conn).await.unwrap();

// 執行 create_table.sql，重建 user 資料表
let sql = String::from_utf8(std::fs::read("create_table.sql").unwrap()).unwrap();
sqlx::query(&sql).execute(&mut *conn).await.unwrap();
```

8. create_table.sql 內容：

```
CREATE TABLE "user"
(
    "id" INTEGER NOT NULL PRIMARY KEY AUTOINCREMENT,
    "first_name" TEXT NOT NULL,
    "last_name" TEXT NOT NULL,
    "age" INTEGER
);
```

9. 讀取資料檔 data.txt。

```
let file = File::open("data.txt").unwrap();
let reader = std::io::BufReader::new(file);
```

10.解析 data.txt，將資料新增至 user 資料表。

```
// 解析每一列資料
let line = line.unwrap();
let vec1:Vec<&str> = line.split(",").collect();
let first_name = vec1[0].trim();
let last_name = vec1[1].trim();
let age:i32 = vec1[2].trim().parse().unwrap();

// 新增至 user 資料表：bind 可填入參數值
sqlx::query("insert into user (first_name, last_name, age) values (?, ?, ?)")
        .bind(first_name).bind(last_name).bind(age)
        .execute(&mut *conn).await.unwrap();
```

11. 檢視 test.db：筆者使用 SQLiteSpy[4]，只適用 Windows 作業系統，若使用其他作業系統，可自行挑選其他 SQLite 工具。

id	first_name	last_name	age
1	John	Wang	30
2	Tom	Chen	20
3	Helen	Chang	40
4	Mary	Huang	25
5	Allen	Lin	50

12. 查詢：篩選 30 歲以上的記錄。

```
let mut rows = sqlx::query("SELECT * FROM user WHERE age >= ?")
.bind(30)
.fetch(&mut *conn);
```

13. 顯示查詢結果。

```
while let Some(row) = rows.try_next().await.unwrap() {
    let first_name: &str = row.try_get("first_name").unwrap();
    let age: i32 = row.try_get("age").unwrap();
    println!("first_name:{}, age:{}", first_name, age);
}
```

14. 執行結果：

```
first_name:John, age:30
first_name:Helen, age:40
first_name:Allen, age:50
```

15. 其他更正及刪除的 DML 及 DDL 指令作法均類似，不在此贅述。

範例 2. 以 SQLx 連接 MySQL 資料庫，程式放在 src/ch14/sqlx_mysql_test 資料夾。

1. 下載 MySQL server：筆者下載並安裝與 MySQL 相容的 MariaDB[5] 資料庫，執行 mysqld.exe 啟動 server。

2. 建立 MySQL 資料庫：必須使用環境變數設定資料庫連線字串，再建立資料
   庫 testdb。注意，root:1234 為帳號及密碼，請視讀者環境修改。

```
set DATABASE_URL=mysql://root:1234@localhost/testdb
sqlx database create
```

3. 複製範例 1 專案。

4. 專案加入 MySQL feature。

```
cargo add sqlx -F mysql
```

5. 引用套件：修改 use sqlx::sqlite::SqlitePool; 為 use sqlx::mysql::MySql Pool;

6. 修改資料庫連線：root:1234 為帳號及密碼。

```
let pool = MySqlPool::connect("mysql://root:1234@localhost/testdb")
            .await.unwrap();
```

7. 建立 user 資料表：create_table.sql 需修改為 MySQL 語法。

```
CREATE TABLE user
(
    id BIGINT PRIMARY KEY AUTO_INCREMENT,
    first_name VARCHAR(10) NOT NULL,
    last_name VARCHAR(10) NOT NULL,
    age INT
);
```

8. 執行結果：

```
first_name:John, age:30
first_name:Helen, age:40
first_name:Allen, age:50
```

9. 可使用 MariaDB 安裝的 HeidiSQL 工具檢視結果。

範例 3. 以 SQLx 連接 PostgreSQL 資料庫,程式放在 src/ch14/sqlx_ postgres _test 資料夾。

1. 在 EDB Postgres 官網[6] 下載 PostgreSQL 資料庫管理系統,安裝程序很簡單, 不在此贅述。

2. 新增一個 superuser 權限的帳號:test,密碼:1234,方便以下範例使用。

3. 建立 PostgreSQL 資料庫:必須使用環境變數設定資料庫連線字串,再建立資 料庫 testdb。注意,root:1234 為帳號及密碼,請視讀者環境修改。

```
set DATABASE_URL=postgres://test:1234@localhost/testdb
sqlx database create
```

4. 修改 create_table.sql 內容如下:user 為關鍵字,資料表名稱需改為 users。

```
CREATE TABLE users
(
    id SERIAL,
    first_name VARCHAR(10) NOT NULL,
    last_name VARCHAR(10) NOT NULL,
    age INT
);
```

5. 修改 Cargo.toml 內容如下:

```
sqlx = { version = "0.7.4", features = ["runtime-tokio", "postgres"] }
```

6. 修改下列 PostgreSQL 連線指令：test:1234 為帳號及密碼。

```
use sqlx::postgres::PgPool;
...
let pool = PgPool::connect("postgres://test:1234@localhost/testdb")
                .await.unwrap();
```

7. 修改下列 SQL 指令：PostgreSQL 不支援 ?，需使用 $1, $2, $3 取代。

```
let sql = "insert into users (first_name, last_name, age) values ($1, $2, $3)";
sqlx::query(sql)
        .bind(first_name).bind(last_name).bind(age)
        .execute(&mut *conn).await.unwrap();
...
let mut rows = sqlx::query("SELECT * FROM users WHERE age >= $1")
```

14-3 以 ODBC 存取資料庫

上一節使用原生性的驅動程式，要改用另一種資料庫時，相關的程式更換幅度相當大，若要同時支援多種資料庫或 porting 都非常困難，因此，由資料庫大廠訂定 ODBC 共同規格，只要更換資料庫連接字串 (Connection string) 就可以連上各種資料庫，還包括 MS Access、CSV、Excel…等表格式的檔案。

Windows 作業系統已預設安裝好 ODBC 驅動程式，可以透過 ODBC driver manager 設定資料來源名稱 (DSN)，之後程式可指定 DSN，連接資料庫或檔案，相關設定可詳閱【Configuring an ODBC Driver Manager on Windows, macOS, and Linux】[7] 或【MIR 18-1 ODBC 與 DSN 簡介】[8]，Linux/Mac 需額外安裝 unixODBC，可至【The unixODBC Project home page】[9] 下載。

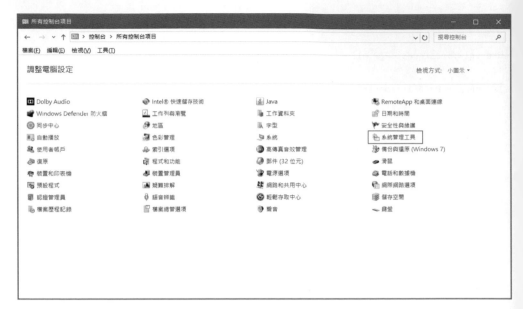

▲ 圖一 由【控制台】>【系統管理工具】>【ODBC 資料來源】開啟 ODBC driver manager

▲ 圖二 點擊【新增】按鈕，可設定 DSN

OLEDB 則是另一種效能更好的規格,但普遍性不及 ODBC,兩者的差異比較可參閱【StackOverflow, what is the difference between OLE DB and ODBC data sources?】[10]。

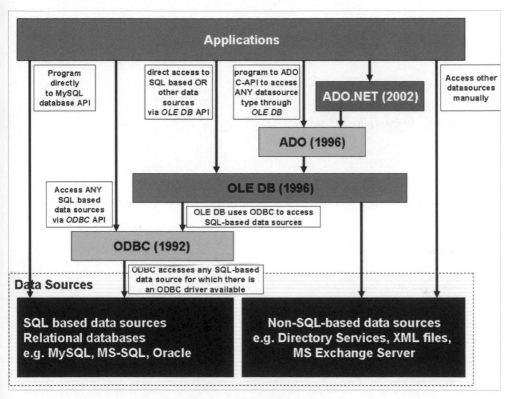

▲ 圖三 OLE DB vs. ODBC

以下我們使用 ODBC-API 套件[11],它支援 SQLite、MySQL、PostgreSQL 及 Microsoft SQL Server,在上一節已測試過前 3 項,這次我們來測試 Microsoft SQL Server 的連線與新增、更正、刪除與查詢功能。

範例 . 以 ODBC-API 套件連接 Microsoft SQL Server 資料庫,程式放在 src/ch14/ odbc_mssql_test 資料夾。

1. 安裝 Microsoft SQL Server:自微軟網站下載免費的 Developer 或 Express 版本並安裝。

2. 使用 Microsoft SQL Server Management Studio 建立空的資料庫 testdb。

3. 建立資料表 user：在 SQL Server Management Studio 中建立資料表，也可以執行以下 SQL。id 為主鍵 (Primary Key)，且為自動給號 (Identity)，新增／更正時不須設定該欄位值。

```
CREATE TABLE users
(
    id BIGINT PRIMARY KEY IDENTITY,
    first_name VARCHAR(10) NOT NULL,
    last_name VARCHAR(10) NOT NULL,
    age INT
);
```

4. 先在資料表中新增 2 筆資料，欄位為 id , first_name, last_name, age。

```
1,John,Lin,30
2,Mary,Huang,20
```

5. 專案加入套件。

```
cargo add odbc-api
cargo add anyhow
cargo add csv
```

6. 引用套件：

```
use anyhow::Error;
use odbc_api::{buffers::TextRowSet, Cursor, Environment, ConnectionOptions,
            Connection, ResultSetMetadata, IntoParameter};
use std::{
    ffi::CStr,
    io::{stdout, Write},
    path::PathBuf,
};
```

7. 在 main 中建立資料庫連線：需先初始化環境 (Environment)，再以資料庫連線字串建立資料庫連線 (Connection)。

```
// 建立環境
let environment: Environment = Environment::new().unwrap();

// 資料庫連線字串：testdb 為資料庫名稱，test 為帳號，1234 為密碼
let connection_string = "
    Driver={ODBC Driver 17 for SQL Server};\
    Server=localhost;Database=testdb;UID=test;PWD=1234;";

// 建立資料庫連線
let connection = environment.connect_with_connection_string(
        connection_string, ConnectionOptions::default()).unwrap();
```

8. 也可以使用 DSN 建立資料庫連線。

```
let connection = environment.connect(
    "DataSourceName",
    "Username",
    "Password",
    ConnectionOptions::default(),
)?;
```

9. 定義【新增資料】函數：使用資料庫連線執行 INSERT INTO 的 SQL 指令。【?】代表要填補的參數值，參數值若為字串，需加 into_parameter 方法，產生單引號，包覆參數值。

```
fn insert(conn: &Connection, record: UserRecord) -> Result<(), Error>{
    conn.execute(
        "INSERT INTO users VALUES (?, ?, ?)",
        (&record.first_name.into_parameter(),
         &record.last_name.into_parameter(),
         &record.age)
        )?;
    Ok(())
}
```

10.定義【更正資料】函數:使用資料庫連線執行 UPDATE 的 SQL 指令。

```
fn update(conn: &Connection, record: UserRecord) -> Result<(), Error>{
    conn.execute(
        "UPDATE users SET first_name = ?, last_name= ?, age= ? where
        first_name = ?",
        (&record.first_name.clone().into_parameter(),
         &record.last_name.into_parameter(),
         &record.age,
         &record.first_name.into_parameter()
         )
    )?;
    Ok(())
}
```

11.定義【刪除資料】函數:使用資料庫連線執行 DELETE FROM 的 SQL 指令。

```
fn delete(conn: &Connection, first_name: &str) -> Result<(), Error>{
    conn.execute(
        "DELETE FROM users Where first_name = ?",
        (&first_name.into_parameter())
    )?;
    Ok(())
}
```

12.定義【查詢資料】函數:使用資料庫連線執行 SELECT 的 SQL 指令。一次讀取整批資料,再逐筆解析並顯示至螢幕。

```
fn query(connection: &Connection, sql: &str) -> Result<(), Error> {
    // 輸出至螢幕 ( 標準輸出 )
    let out = stdout();
    let mut writer = csv::Writer::from_writer(out);

    match connection.execute(sql, ())? {
        Some(mut cursor) => {
            // 將欄位名稱顯示在螢幕上
            let mut headline : Vec<String> =
                ursor.column_names()?.collect::<Result<_,_>>()?;
```

```rust
            writer.write_record(headline)?;

            // 設定欄位最大長度為 4KB
            let mut buffers = TextRowSet::for_cursor(
                BATCH_SIZE, &mut cursor, Some(4096))?;
            // 使用 cursor，將資料填入變數內
            let mut row_set_cursor = cursor.bind_buffer(&mut buffers)?;

            // 使用 cursor 讀取每一批資料
            while let Some(batch) = row_set_cursor.fetch()? {
                // 讀取每一筆資料
                for row_index in 0..batch.num_rows() {
                    let record = (0..batch.num_cols()).map(|col_index| {
                        batch
                            .at(col_index, row_index) // 讀取一個欄位
                            .unwrap_or(&[]) // 讀不到資料時以空陣列表示
                    });
                    // 寫入標準輸出
                    writer.write_record(record)?;
                }
            }
        }
        None => {
            eprintln!(
                "無資料 !!"
            );
        }
    }
    Ok(())
}
```

13.測試：在 main 中呼叫【新增資料】函數：先設定欄位值，再呼叫函數。

```rust
// insert
let record = UserRecord {
    first_name: "Tom".to_string(),
    last_name: "Chen".to_string(),
    age: 27
```

```
};
insert(&connection, record);
```

14. 測試：在 main 中呼叫【更正資料】函數：先設定欄位值，再呼叫函數。

```
let record = UserRecord {
    first_name: "Tom".to_string(),
    last_name: "Wang".to_string(),
    age: 30
};
update(&connection, record);
```

15. 測試：在 main 中呼叫【查詢資料】函數：先撰寫 SQL，再呼叫函數。

```
query(&connection, "SELECT * FROM users");
```

16. 測試：在 main 中呼叫【刪除資料】函數：先指定 first_name 條件，再呼叫函數。

```
delete(&connection, "Tom");
```

17. 執行結果：

```
id,first_name,last_name,age
1,John,Lin,30
2,Mary,Huang,20
10012,Tom,Wang,30
```

14-4 以 ORM 存取資料庫

以上章節都是以 SQL 存取資料庫，雖然各種資料庫支援的 SQL 都遵循 1992 或 2003 年制定的標準，但每個廠商為了凸顯自身產品的優勢，均會額外增加功能，造成各家 SQL 語法不一致，假設應用系統要同時支援多種資料庫，採用以上方式就會非常複雜，因此，ORM(Object Relational Mapping) 架構因應而生，改以物件與資料表一一對應，只要操作物件的新增 / 更正 / 刪除 / 查詢，ORM 就會將物件操作自動轉化為 SQL，再送到資料庫管理系統內執行，各家 SQL 的差異就由 ORM 套件負責，通常 ORM 不會支援太特殊性的 SQL，以達到最大的共通性。

Rust 支援 ORM 的套件很多，但以 Diesel 及 SeaORM 最多人下載，可參閱 crate. io ORM 統計 [12]，兩者的比較如下：

Library	SeaORM	Diesel
Migrations	Yes	Yes
Query building	Yes	Yes
Models	Yes	Yes
Lazy loading	Yes	No
Compile time checks	No	Yes
Raw SQL support	Yes	Yes
Extendable?	Not particularly although you can extend the ActiveModels	Yes - you can extend Diesel as well as the CLI
Async friendly?	Yes	Plugins required
Extra dependencies	Depends what features are enabled	Depends what features are enabled

▲ 圖二 Diesel、SeaORM 比較，資料來源：A Guide to Rust ORMs in 2024[13]

也可以參考下表，其中 SeaORM 是基於 SQLx，可參考：

Feature	`diesel`	`sqlx`	`tokio-postgres`
Asynchronous support	Yes with `diesel-async`	Yes	Yes
Synchronous support	Yes	No	Yes (`postgres`)
ORM (Object Relational Mapping)	Yes	No	No
Compile-time SQL verification	Yes	Yes	No
Raw SQL execution	Yes	Yes	Yes
Connection pooling	Via `bb8` or `deadpool`	Built-in	Via `bb8` or `deadpool`
Macros for query generation	Yes	Yes	No
Supports multiple databases	Yes	Yes	No (PostgreSQL specific)
Integrated migration tools	Yes	Yes	No
Query Interface	DSL & Raw SQL	Raw SQL with Macros	Raw SQL

▲ 圖三 Diesel、SeaORM 比較，資料來源：Choosing a Rust Database Crate in 2023[14]

筆者認為主要的差異點如下：

1. SeaORM 是非同步的 (Asynchronous)，而 Diesel 預設是同步的 (Synchronous)，需外掛程式 (Plugin)，才能支援非同步。

2. SeaORM 支援 MS SQL Server，Diesel 不支援。

3. Diesel 支援 DSL，它是以程式構建 SQL 的方式。

4. 利用 SeaORM 建構的工具、框架及應用系統相當多，可參閱【SeaORM GitHub 的 Community】[15]

以下就分別介紹 Diesel、SeaORM。

14-5 Diesel ORM

在之前章節已測試過 Diesel，但都簡單帶過，這次我們仔細的研究一下每一個環節。

Diesel 支援 SQLite、MySQL 及 PostgreSQL，之前測試過 SQLite、MySQL，這次我們測試 PostgreSQL 資料庫，並以較完整的資料庫 Northwind 為例測試，資料表間有 Foreign key 繫結，可觀察 ORM 如何定義 struct，如何使用物件操作多個資料表，並包覆在一個交易 (Transaction) 中更新資料庫。

14-5-1 安裝 PostgreSQL

1. 在 EDB Postgres 官網 [6] 下載 PostgreSQL 資料庫管理系統，安裝程序很簡單，不在此贅述。

2. 安裝完成後需設定環境變數：啟動【環境變數編輯器】可使用檔案總管操作或在左下角視窗圖示 (開始)，按滑鼠右鍵，選【執行】，輸入【rundll32 sysdm.cpl,EditEnvironmentVariables】後按 Enter 即可，若要以系統管理員身分開啟，可按【Ctrl+Shift+Enter】。

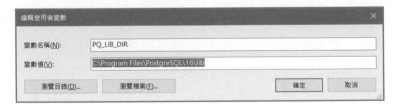

在環境變數 Path 加上：

```
C:\Program Files\PostgreSQL\16\lib
C:\Program Files\PostgreSQL\16\bin
```

1. 新增一個 superuser 權限的帳號：test，密碼：1234，方便以下範例使用。

2. 安裝 Northwind 資料庫：它是微軟 SQL Server 早期的資料庫範例，主要用於銷售系統，它被改寫 (Porting) 成各種資料庫管理系統的版本，PostgreSQL 版本可自【northwind_psql】[16] 下載，先利用 PostgreSQL 的管理工具 pgAdmin4 建立一個新的資料庫 northwind，再執行其中的 northwind.sql，即可建立相關的資料表，資料關聯圖 (ERD) 如下：

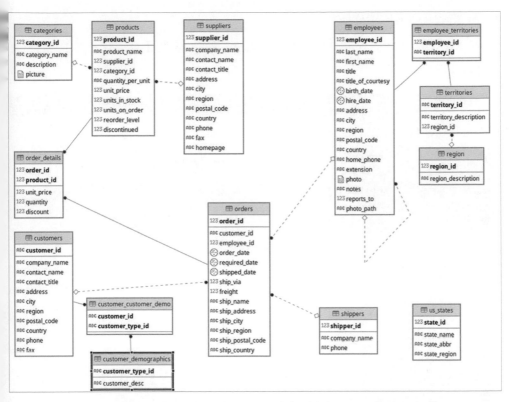

▲ 圖四 northwind 資料庫 ERD，資料來源：northwind_psql[19]

14-5-2 Diesel 安裝

1. diesel_cli 支援 3 種資料庫用戶端函數庫 (Client library) 如下，要全部支援，
   則需安裝所有資料庫伺服器及用戶端。也可以選擇只安裝其中一種資料庫，
   其他不支援。

   - libpq：PostgreSQL。
   - libmysqlclient：MySQL。
   - libsqlite3：SQLite。

2. 安裝 MySQL Server，內含所需的 mysqlclient.lib，相容的 MariaDB 並未提供
   該檔案，步驟如下：

- 需要註冊 Oracle 帳號。

- 至 MySQL 官網 [17] 下載 MySQL Installer，執行後按【Add】，安裝 MySQL Server。

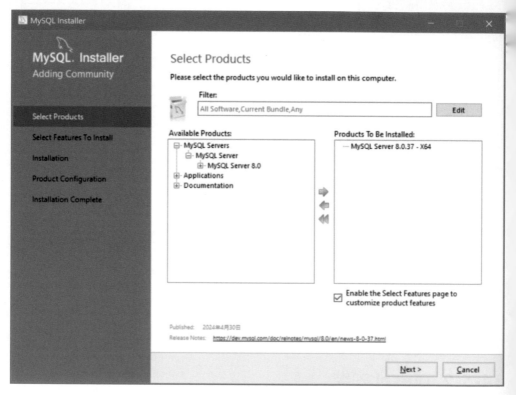

- 新增環境變數：

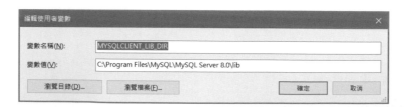

3. 安裝 SQLite 函數庫：SQLite 不需 Server，只要至 SQLite 官網 [18] 下載 sqlite-dll-win-x64-3450300.zip，並解壓縮即可，再將路徑必須設定在環境變數中。

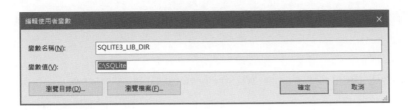

4. 安裝全功能的 Diesel CLI：需要安裝 PostgreSQL、MySQL 及 SQLite，且路徑必須設定在環境變數中，才能執行 Diesel CLI 安裝指令：

```
cargo install diesel_cli
```

- 若是以 Windows 作業系統開發，請開啟 Microsoft Visual Studio 或 Microsoft C++ Build Tools 的開始選單【Developer command prompt for VS 2022/2019】，而非普通的 cmd，因為 diesel_cli 是以 C/ C++ 開發，必須借助 VS 編譯。

▲ 圖五 開啟 VS2022 的 Developer Command Prompt

- 若在建置 (cargo build 或 cargo run) 過程中常出現【link.exe returned an unexpected error】，必須不斷重複執行 cargo build 或 cargo run，直到成功為止。

```
 Compiling khronos-egl v6.0.0
error
     : "C:\\Program Files\\Microsoft Visual Studio\\2022\\Community\\VC\\Tools\\MSVC\\14.39.33519\\bin\\HostX64\\x64\
```

```
 ...
```

```
acros-4c6fb71771cc1684.dll.exp

note
note
note
 Compiling ttf-parser v0.19.2
error: could not compile `com_macros` (lib) due to 1 previous error
warning: build failed, waiting for other jobs to finish...
```

5. 若只想支援 PostgreSQL，Diesel CLI 安裝可執行以下指令，其他資料庫可比照辦理：

```
cargo install diesel_cli --no-default-features --features postgres
```

14-5-3 Diesel 專案測試

以 Diesel 開發程式有兩種方式，借用微軟 Entity Framework 概念及名詞：

- Code first：先以程式建立物件，之後再同步到資料庫，稱為 Migration，之後有修改或新增資料表，建立新的 Migration Plan，再同步一次。

- Database first：先建立資料庫，再以 Diesel CLI 指令產生與資料表對照的物件結構，之後有修改或新增資料表，再以 Diesel CLI 指令重新產生物件結構。

以下分別以範例實作 Code first、Database first 兩種方式。

範例 1. 以 Code first 測試 PostgreSQL 資料庫，程式放在 src/ch14/diesel_test/code_first 資料夾。

1. 建立新專案。

```
cargo new code_first
```

2. 切換至 code_first 資料夾。

```
cd code_first
```

3. 加入套件。

```
cargo add diesel -F postgres
cargo add dotenvy
```

4. 建立組態檔 .env，記錄連線字串：

```
echo DATABASE_URL=postgres://test:1234@localhost/diesel_demo > .env
```

- 帳號：test

- 密碼：1234

- server：localhost

- 資料庫：diesel_demo

- 請依實際環境修改。

5. 以下先建立 diesel_demo 資料庫及資料表。

6. 建立 diesel_demo 資料庫：

```
diesel setup
```

7. 執行結果：

```
Creating migrations directory at: src\ch14\diesel_test\code_first\migrations
Creating database: diesel_demo
```

8. 確認資料庫已建立：從左下角視窗圖示 (開始) 開啟選單啟動 Postgre SQL pgAdmin4 管理工具，確認 diesel_demo 資料庫已建立。

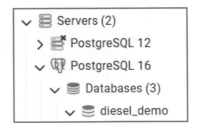

9. 建立 Migration Plan：create_posts 是 Migration Plan 名稱，可修改。

```
diesel migration generate create_posts
```

10.執行結果：會在目前資料夾下建立 migrations 資料夾，內含 Migration Plan，其下有 2024-03-25-051025_create_posts 資料夾，內含 2 個檔案，up.sql 為升級的 SQL 檔案，儲存新增或修改資料表結構的 SQL 指令，down.sql 為降級的 SQL 檔案，回復至上一個 Migration Plan 的狀態。資料夾名稱內含日期及版本別，讀者執行結果會稍有差異。

```
Creating migrations\2024-03-25-051025_create_posts\up.sql
Creating migrations\2024-03-25-051025_create_posts\down.sql
```

11. 建立新增資料表的 SQL：修改 up.sql，內容如下。

```
CREATE TABLE posts (
  id SERIAL PRIMARY KEY,
  title VARCHAR NOT NULL,
  published BOOLEAN NOT NULL DEFAULT FALSE
)
```

12. 回復 Migration 前的狀態：修改 down.sql，即刪除資料表的 SQL，內容如下，若只是簡單測試，此步驟非必要。

```
DROP TABLE posts
```

13. 執行 Migration Plan 內的 up.sql：

```
diesel migration run
```

14. 執行結果：

- 會在資料庫新稱 posts 資料表。

```
Running migration 2024-03-25-051025_create_posts
```

- 並在 src 資料夾下產生 schema.rs，內容如下。

```
diesel::table! {
    posts (id) {
        id -> Int4,
        title -> Varchar,
        published -> Bool,
    }
}
```

15. 確認資料表已建立：以 pgAdmin 觀察如下，記得重新檢視 (Refresh)，Tables 選單下有出現 posts。另外會額外產生【__diesel_schema_migrations】資料表，記錄目前已執行過的 Migration Plan，後續 Migration 的指令會依據此資料表決定要下一次要執行的 Migration Plan。

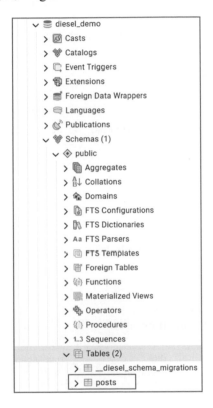

16. 假設需求變更，要增加一個欄位 body，可修改 schema.rs 內容。

```
diesel::table! {
    posts (id) {
        id -> Int4,
        title -> Varchar,
        body -> Text,
        published -> Bool,
    }
}
```

17. 比較資料庫與 src/schema.rs，產生修改資料表的 SQL 指令。

```
diesel migration generate --diff-schema create_posts
```

18. 執行結果：

```
Creating migrations\2024-03-25-052231_create_posts\up.sql
Creating migrations\2024-03-25-052231_create_posts\down.sql
```

19. 檢視 up.sql 內容如下。

```
ALTER TABLE "posts" ADD COLUMN "body" TEXT NOT NULL;
```

20. 檢視 down.sql 內容如下。

```
ALTER TABLE "posts" DROP COLUMN "body";
```

21. 再執行 Migration Plan，新增的 up.sql 會被執行。

```
diesel migration run
```

22. 確認資料表已修改：以 pgAdmin 觀察如下，檢視資料表 posts。

23. 接著開始修改 src/main.rs，存取資料庫。

24. 引用套件。

```
use diesel::pg::PgConnection;
use diesel::prelude::*;
use dotenvy::dotenv;
use std::env;
```

25.進行資料庫連線。

```
pub fn establish_connection() -> PgConnection {
    dotenv().ok();

    // 讀取 .env
    let database_url = env::var("DATABASE_URL")
            .expect("DATABASE_URL must be set");
    // 資料庫連線
    PgConnection::establish(&database_url)
        .unwrap_or_else(|_| panic!("Error connecting to {}"
        , database_url))
}
```

26.測試：在 main(){…} 中增加測試程式碼。

```
let conn = establish_connection();
println!(" 測試成功 !");
```

27.測試：

```
cargo run
```

28. 執行結果：出現【測試成功！】，即表示 OK。

29.新增單筆記錄：在 main(){…} 中增加程式碼。

```
let no_of_inserted = insert_into(posts)
    .values((title.eq("Diesel 教學 "), body.eq(
    "For this guide, we're going to walk through CRUD,...")))
    .execute(&mut conn);
println!("no of inserted records：{}", no_of_inserted.unwrap());
```

- insert_into：相當於 SQL 的 insert into 指令。

- values：指定欄位值，id 欄位系統自動給號，published 有預設值，故只設定 title、body。

- 執行後會傳回成功筆數至 no_of_inserted。

30. diesel::debug_query 函數：可在終端機顯示 ORM 產生的 SQL，利於除錯。

```
let query = insert_into(posts)
    .values((title.eq("Diesel 教學"), body.eq(
    "For this guide, we're going to walk through CRUD,...")))
    .returning(id);
let debug = diesel::debug_query::<diesel::pg::Pg, _>(&query);
println!("query: {:?}", debug);
```

31. 可使用陣列 (vec)，一次新增多筆記錄。

```
let no_of_inserted = insert_into(posts)
    .values(&vec![
    (title.eq("Diesel 教學"), body.eq("AAA")),
    (title.eq("Rust 教學"), body.eq("BBB")),
    ])
    .execute(&mut conn);
println!("no of inserted records：{}", no_of_inserted.unwrap());
```

32. 使用 returning，可取得新增記錄的 id 欄位值。

```
let inserted_records = insert_into(posts)
    .values((title.eq("Diesel 教學"), body.eq(
    "For this guide, we're going to walk through CRUD,...")))
    .returning(id)
    .get_results::<i32>(&mut conn); // <i32>：type annotations
println!("inserted records：{:?}", inserted_records.unwrap());
```

- 以 get_results 取代 execute。

- 需指定資料型別，例如 <i32>。

33. 也可以使用結構 NewPost 指定要新增的記錄，NewPost 定義在 models.rs 中。

```
let new_posts = vec![
    NewPost { title: "Diesel 教學".to_string(), body: "AAA".to_string() },
    NewPost { title: "Rust 教學".to_string(), body: "BBB".to_string() },
    ];
let inserted_records = insert_into(posts)
    .values(new_posts)
```

```
    .returning(id)
    .get_results::<i32>(&mut conn); // <i32>：type annotations
 println!("inserted records：{:?}", inserted_records.unwrap());
```

更多的資訊可參閱【Diesel , All About Inserts】[19]。

另外，Diesel CLI 指令還包括：

1. 回復原來狀態：會執行 down.sql。

```
diesel migration revert
```

2. 再次執行：執行 down.sql，再執行 up.sql。

```
diesel migration redo
```

3. 產生與資料表對照的物件結構。

```
diesel print-schema
```

範例 2. Update 測試，使用範例 1 的專案，程式放在 src/ch14/diesel_test/code_first 資料夾。

1. 建立新資料表 users。

```
diesel migration generate create_users
```

2. 修改 up.sql，內容如下。

```
CREATE TABLE users (
  id SERIAL PRIMARY KEY,
  name TEXT NOT NULL,
  hair_color TEXT,
  created_at TIMESTAMP NOT NULL DEFAULT CURRENT_TIMESTAMP,
  updated_at TIMESTAMP NOT NULL DEFAULT CURRENT_TIMESTAMP
);
```

3. 執行 Migration Plan：執行 Migration Plan 內的 up.sql。

```
diesel migration run
```

4. 執行結果：

- 會在資料庫新增 users 資料表，並在 src/schema.rs，產生對應的結構。

```
Running migration 2024-03-25-105428_create_users
diesel::table! {
    users (id) {
        id -> Int4,
        name -> Text,
        hair_color -> Nullable<Text>,
        created_at -> Timestamp,
        updated_at -> Timestamp,
        }
    }

    diesel::allow_tables_to_appear_in_same_query!(
        posts,
        users,
);
```

5. 建立索引：強制 name 不可重複，Diesel 也可以執行 SQL。

```
fn execute_sql() {
    let mut conn = establish_connection();
    diesel::sql_query(
        "CREATE UNIQUE INDEX users_name ON users (name)")
        .execute(&mut conn).unwrap();
}
```

6. Upsert：PostgreSQL/MySQL 均支援 Upsert，即資料若不存在，會進行新增記錄，反之，會更正記錄。

```
fn upsert_tests() {
    use schema::users::dsl::*;
```

```
let mut conn = establish_connection();

// 單筆新增或更正
insert_into(users)
    .values((name.eq("Tess"), hair_color.eq("Brown")))
    .on_conflict_do_nothing()
    .execute(&mut conn);

insert_into(users)
    .values((name.eq("Tess"), hair_color.eq("Black")))
    .on_conflict(name)   // name 重複
    .do_update()
    .set(hair_color.eq("Black"))
    .execute(&mut conn);
}
```

- on_conflict_do_nothing：若資料衝突，也就是重複，不作任何行動，即不新增，也不會發生錯誤。

- on_conflict(name)：可限定 name 重複，才執行更正 (do_update)，set 表更正哪些欄位。

7. 更正：使用 update 指令，其中 filter 設定條件，相當於 SQL 的 Where，可使用多個 filter，之間的關係是【and】，也可以使用 or_filter，之間的關係是【or】。

```
fn update_tests() {
    use schema::users::dsl::*;
    let mut conn = establish_connection();

update(users)
        .filter(updated_at.lt(now))
        .filter(name.eq("Tess"))
        .set(hair_color.eq("Gold"))
        .execute(&mut conn);
}
```

8. 刪除：使用 delete 指令，使用 filter 設定條件。

```
fn delete_tests() {
    let mut conn = establish_connection();

    delete(posts)
        .filter(body.eq("AAA"))
        .execute(&mut conn);
}
```

9. 查詢：使用 select 指定欄位，使用 filter 設定條件，使用 order_by 排序。

```
fn select_tests() {
    use schema::users::dsl::*;
    let mut conn = establish_connection();

    let results = posts
        .filter(title.eq("Diesel 教學"))
        .limit(5)
        .select(Post::as_select())
        .order_by(body.asc())
        .load(&mut conn)
        .expect("Error loading posts");

    println!("Displaying {} posts", results.len());
    for post in results {
        println!("{}", post.id);
        println!("{}", post.title);
        println!("{}", post.body);
        println!("-----------\n");
    }
}
```

- 注意，若操作多個資料表，有重複欄位名稱，必須把 use 放在函數內，若統一放在程式最上面，引用重複欄位名稱時，編譯會發生錯誤，因欄位名稱有曖昧，不確定要引用哪一個資料表。

- limit：限定查詢最大筆數。

- select：可指定查詢欄位，多個欄位可使用結構，本例選擇所有欄位。

- order_by：排序。

更多的資訊可參閱【Diesel , All About Updates】[20]。

以上是針對單一資料表進行新增、更正、刪除及查詢，若要同時操作多個資料表，就需要【交易】(Transaction)，以保證多筆資料會完整更新查詢時則需要【連結】(Join) 多個資料表。另外，如果是採用 Database first，先建置資料表，該如何進行呢？請參閱下一個範例。

範例 3. 採用 Database first 測試 Northwind 資料庫，程式放在 src/ch14/diesel_test/database_first 資料夾。

1. 建立新專案。

```
cargo new database_first
```

2. 切換至 database_first 資料夾。

```
cd database_first
```

3. 加入套件：chrono 是日期 / 時間模組。

```
cargo add diesel -F postgres
cargo add diesel -F chrono
cargo add chrono
cargo add dotenvy
```

4. 組態檔 .env，記錄連線字串，在終端機或 cmd 執行：

```
echo DATABASE_URL=postgres://test:1234@localhost/northwind > .env
```

- 帳號：test
- 密碼：1234
- server：localhost
- 資料庫：northwind

5. Northwind 資料庫的資料表關聯如下：

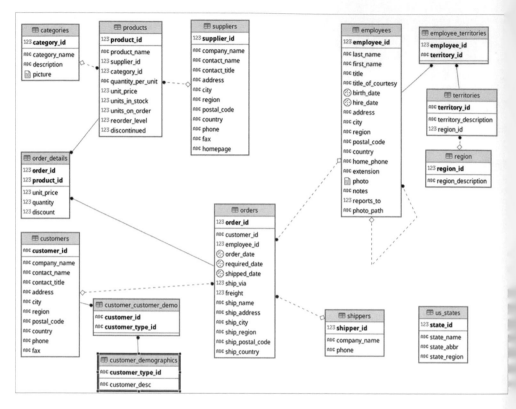

6. 產生 src/schema.rs 程式，建立物件與資料的關聯。若資料表有異動，可再次
   執行，更新 schema.rs，不需要建立 Migration plan。

```
diesel print-schema > src/schema.rs
```

7. 在 main.rs 中定義資料庫連線函數。

```
pub fn establish_connection() -> PgConnection {

    dotenv().ok();

    // 讀取 .env
    let database_url = env::var("DATABASE_URL")
            .expect("DATABASE_URL must be set");
    // 資料庫連線
```

```
    PgConnection::establish(&database_url)
        .unwrap_or_else(|_| panic!("Error connecting to {}"
        , database_url))
}
```

8. 以下為交易 (Transaction) 測試的程式碼。

9. 在 model.rs 中建立 Order、OrderDetail 物件，以利定義新增記錄，寫入資料表。
   內容過長請直接參閱 \src\ch14\diesel_test\database_first\src\models.rs。

10. 在 main.rs 中定義一筆訂單的表頭 (Order) 及表身 (OrderDetail) 資料。

```
let mut conn = establish_connection();


// 表頭
let new_order = Order{
    order_id: 30000,
    customer_id: Some("VINET".to_string()),
    employee_id: Some(5),
    order_date: Some(Local::now().date_naive()),
    required_date: NaiveDate::from_ymd_opt(2024, 7, 8),
    shipped_date: NaiveDate::from_ymd_opt(2024, 7, 31),
    ship_via: Some(3),
    freight: Some(32.0),
    ship_name: Some("Vins et alcools Chevalier".to_string()),
    ship_address: Some(" 中山路 1 號 ".to_string()),
    ship_city: Some(" 台北市 ".to_string()),
    ship_region: Some(" 中正區 ".to_string()),
    ship_postal_code: Some("105".to_string()),
    ship_country: Some(" 中華民國 ".to_string()),
    };

// 表身
let new_order_details = vec![
    OrderDetail {
        order_id: 30000,
        product_id: 11,
        unit_price: 15.0,
```

```
            quantity: 5,
            discount: 0.0,
            },
    OrderDetail {
            order_id: 30000,
            product_id: 22,
            unit_price: 18.0,
            quantity: 20,
            discount: 0.15,
            },
];
```

11. 新增一筆表頭 (Order) 及兩筆表身 (OrderDetail) 記錄，均包覆在 conn. transaction 內。中間若發生錯誤，所有記錄均不會寫入資料庫，不會有只寫入表頭，而未寫入表身的狀況。

```
conn.transaction::<(), _, _>(|conn| {
    let inserted_records = insert_into(orders)
        .values(&new_order)
        .execute(conn);

    let inserted_records = insert_into(order_details)
        .values(&new_order_details)
        .execute(conn);
    println!("insert OK !!");
    Ok::<_, Error>(())
    // diesel::result::QueryResult::Ok(())
});
```

12. 執行結果：以 pdAdmin4 檢視最後 100 筆，可觀察到新增的資料。

order_id [PK] smallint	customer_id character varying (5)	employee_id smallint	order_date date	required_date date	shipped_date date	ship_via smallint	freight real	ship_name character varying (40)	ship_ad charact
1	30000	VINET	5	2024-03-26	2024-07-08	2024-07-31	3	32	Vins et alcools Chevalier	中山路

	order_id [PK] smallint	product_id [PK] smallint	unit_price real	quantity smallint	discount real
1	30000	22	18	20	0.15
2	30000	11	15	5	0

13. 多表查詢：查詢一筆訂單，包括表頭 (Order) 及表身 (OrderDetail)。

```
fn inner_join_tests() {
    let mut conn = establish_connection();

    let results = order_details
    .inner_join(orders)
    .filter(schema::orders::dsl::order_id.eq(10248))
    .select((OrderDetail::as_select(), Order::as_select()))
    .load::<(OrderDetail, Order)>(&mut conn)
    .expect("Error loading posts");

    // println!("Order:\n{:?}", results);
    for record in results {
        println!("{:?}", record);
        println!("-----------\n");
    }
}
```

- 使用 inner_join 連結 orders、order_details 資料表。

- filter：查詢一筆訂單代碼 10248 的資料。

- select：同時回傳 orders、order_details 資料表記錄。

- load：載入 orders、order_details 資料表。

14. 也可以使用物件方式查詢多個資料表，先在 models.rs 的 OrderDetail 結構加
    入 Associations、belongs_to，表示 OrderDetail 屬於 Order 的表身。

```
#[derive(Insertable, Queryable, Selectable, Associations, Debug, PartialEq)]
#[diesel(belongs_to(Order))]
```

15. 參閱 orm_test_1 函數，先取得訂單代碼 10248 的表頭 (Order)。

```
let order_selected = orders
    .filter(schema::orders::dsl::order_id.eq(10248))
    .select(Order::as_select())
    .get_result(&mut conn);
```

16.再利用 belonging_to 取得訂單表身。

```
let order_details_selected =
    OrderDetail::belonging_to(&order_selected)
    .select(OrderDetail::as_select())
    .load(&mut conn);
```

17.執行結果：編譯發生錯誤，訊息如下。

```
belonging_to function or associated item not found in `OrderDetail`
```

18.經查【Diesel, Relations】[21]，才知道 belonging_to 要生效，資料表定義有嚴格規定，表頭 (Order) 的【訂單代碼】欄位名稱須為 id，而表身 (OrderDetail) 的【訂單代碼】欄位名稱須為【*_id】，例如 order_id，程式才會 OK。

筆者直接使用【Diesel GitHub】[22] 的 diesel-2.1.x\examples\postgres\relations 範例測試。

範例 4. 資料表關聯測試，程式放在 src/ch14/diesel_test/relations 資料夾。

1. 複製【Diesel GitHub】的 diesel-2.1.x\examples\postgres\relations 資料夾。

2. 切換至 relations 資料夾。

3. 加入套件：先刪除 Cargo.toml 的 [dependencies] 下面的內容，儲存檔案，並執行下列指令。

```
cargo add diesel -F postgres
cargo add dotenvy
```

4. 建立組態檔 .env，記錄連線字串，在終端機或 cmd 執行：

```
echo DATABASE_URL=postgres://test:1234@localhost/diesel_relations > .env
```

5. 建立資料庫，並執行 Migration plan。

```
diesel setup
```

6. 先註解 main(…) 中的第 172~173 行，只測試使用物件方式查詢多個資料表 (one_to_n_relations)。

```
// joins(conn)?;
// m_to_n_relations(conn)?;
```

7. 執行。

```
cargo run
```

8. 執行結果：取得一筆 Pages 資料表及其所屬的 Book 資料表內的記錄。

```
Pages for "Momo":
 [Page { id: 4, page_number: 1, content: "In alten, alten Zeiten ...", book_id: 3 }, Page { id: 5, page_number: 2, cont
nt: "den prachtvollen Theatern...", book_id: 3 }]

Pages per book:
 [(Book { id: 3, title: "Momo" }, [Page { id: 4, page_number: 1, content: "In alten, alten Zeiten ...", book_id: 3 }, P
ge { id: 5, page_number: 2, content: "den prachtvollen Theatern...", book_id: 3 }]), (Book { id: 4, title: "Pippi Längs
rump" }, []), (Book { id: 5, title: "Pippi and Momo" }, []), (Book { id: 6, title: "Momo" }, [Page { id: 6, page_number
 1, content: "In alten, alten Zeiten ...", book_id: 6 }, Page { id: 7, page_number: 2, content: "den prachtvollen Theat
rn...", book_id: 6 }]), (Book { id: 7, title: "Pippi Längstrump" }, []), (Book { id: 8, title: "Pippi and Momo" }, [])]
```

從以上範例可以瞭解，當我們要佈署 Diesel 專案時，要一併將 migrations 資料夾複製，並修改 .env 內容，即可利用 diesel setup 在正式 / 測試環境建立資料庫。

Diesel 開發有許多的細節要注意，筆者在開發過程中遇到許多問題，也花了許多的時間 Google search，下一節再繼續測試另一套函數庫 SeaORM，比較兩者開發的方式。

14-6 SeaORM

SeaORM 的特點如下：

1. SeaORM 預設就是非同步的 (Asynchronous)，而 Diesel 需外掛程式 (Plugin)，才能支援非同步。

2. 支援 MS SQL Server，Diesel 不支援。

3. 支援 REST、GraphQL 及 gRPC API，其中 SeaORM + GraphQL 稱為 Seaography，只要簡單步驟就可以建構 GraphQL Server。

4. 支援複雜的動態查詢 (Dynamic query)。

5. 使用 SeaORM 建構的工具、框架及應用系統相當多,可參閱【SeaORM GitHub 的 Community】[17]。

SeaORM 的文件資源非常豐富:

1. SeaORM 官方文件 [23]。

2. SeaORM Tutorials[24]。

3. SeaORM Cookbook[25]。

SeaORM 架構是基於 SQLx 套件開發的,因此預設就是非同步的,除此之外,其他的概念都與 Diesel 大同小異,我們就以範例說明。

前置安裝:

1. SeaORM CLI:類似 Diesel CLI,可建立及執行 Migration plan,安裝過程會重新建置程式,要啟動開啟 VS2022 的 Developer Command Prompt,而非普通的 cmd,請參閱 14-5-2 節,以下步驟若出現 Link error,請重複執行指令,直到成功為止。

2. cargo install sea-orm-cli

3. PostgreSQL 資料庫管理系統:請參閱 14-5-2 節。

範例. 依照 SeaORM Tutorials,進行新增 / 查詢 / 更正 / 刪除 (CRUD) 測試,同樣使用 PostgreSQL 資料庫,程式放在 src/ch14/SeaORM/basic_test 資料夾。

1. 建立新專案。

```
cargo new basic_test
```

2. 切換至 basic_test 資料夾。

```
cd basic_test
```

3. 加入套件。

```
cargo add sea-orm -F sqlx-postgres
cargo add sea-orm -F runtime-async-std-native-tls
cargo add sea-orm -F macros
cargo add dotenvy
```

4. 組態檔 .env，記錄連線字串，在終端機或 cmd 執行：

```
echo DATABASE_URL=postgres://test:1234@localhost/seaorm_demo> .env
```

5. 以 pdAdmin4 建立新資料庫 seaorm_demo。

6. 建立 Migration Plan：產生 m20220101_000001_create_table.rs、lib.rs、main.rs 三個檔案。

```
sea-orm-cli migrate init
```

7. 建立資料表的定義檔案：在 migration 資料夾中新增 m20220101_000001_create_bakery_table.rs、m20220101_000002_create_chef_table.rs 兩個檔案，並修改 lib.rs 內容，請參閱【Migration (CLI)】[26]。lib.rs 呼叫前兩個檔案。

```
Box::new(m20220101_000001_create_bakery_table::Migration),
Box::new(m20220101_000002_create_chef_table::Migration),
```

- 注意前兩個檔案命名必須與 m20220101_000001_create_table.rs 前面的數值相同，表示 Migration Plan 的先後順序。

- Diesel 是以 SQL 定義資料表，SeaORM 則以程式定義資料表，如下，table 定義資料表名稱，col 定義欄位名稱，字串並未定義長度，須在應用程式檢查。

```
.create_table(
    Table::create()
        .table(Bakery::Table)
        .col(
            ColumnDef::new(Bakery::Id)
                .integer()
                .not_null()
                .auto_increment()
                .primary_key(),
            )
        .col(ColumnDef::new(Bakery::Name).string().not_null())
        .col(ColumnDef::new(Bakery::ProfitMargin).double().not_null())
        .to_owned(),
)
```

8. 執行 Migration Plan。

```
sea-orm-cli migrate refresh
```

9. 執行結果：以 pdAdmin4 觀察，建立了 bakery(麵包店)、chef(烘焙師) 兩個新資料表。

```
Rolling back all applied migrations
No applied migrations
Applying all pending migrations
Applying migration 'm20220101_000001_create_bakery_table'
Migration 'm20220101_000001_create_bakery_table' has been applied
Applying migration 'm_20220101_000002_create_chef_table'
Migration 'm_20220101_000002_create_chef_table' has been applied
```

10. 也可以使用程式執行 Migration Plan，請參閱【 Migration (API)】[27]。

11. 根據資料表產生對應的物件結構，每個資料表會產生同名的檔案，另外還有 mod.rs，記錄引用所有的物件結構檔及 prelude.rs，相關檔案會放在 src/entities 資料夾。

```
sea-orm-cli generate entity -o src/entities
```

12.實作 CRUD：在 main.rs 引用 entities。

```
mod entities;
use entities::{prelude::*, *};
```

13.建立資料庫連線：定義函數如下。

```
async fn get_connection(database_url: String)
        -> Result<DatabaseConnection, DbErr> {
    let db = Database::connect(&database_url).await?;
    Ok(db)
}
```

14.測試：在 main() 中新增程式碼，先自 .env 取得資料庫連線字串，再呼叫上述函數。

```
// 自 .env 取得資料庫連線字串
dotenv().ok();
let database_url = env::var("DATABASE_URL")
        .expect("DATABASE_URL must be set");
// println!("database_url:{database_url}");

// 建立資料庫連線
let db = task::block_on(get_connection(database_url)).unwrap();
```

15.實作【新增記錄】：定義函數如下。

```
async fn insert_tests(db: &DatabaseConnection)
        -> Result<InsertResult<entities::bakery::ActiveModel>, DbErr> {
    let happy_bakery = bakery::ActiveModel {
            // 設定 name 欄位值
        name: ActiveValue::Set("Happy Bakery".to_owned()),
            // 設定 profit_margin 欄位值
        profit_margin: ActiveValue::Set(0.0),
        ..Default::default() // 其餘欄位採預設值
        };
    let res = Bakery::insert(happy_bakery).exec(db).await?;
    Ok(res)
}
```

16.在 main() 中新增程式碼，呼叫上述函數。

```
let result = task::block_on(insert_tests(&db)).unwrap();
println!("inserted result:{result:?}");
```

17.測試：

```
cargo run
```

18.執行結果：執行成功會得到 bakery 的主鍵 (PK) 值，以便新增所屬的 chef 記錄或更正記錄。

```
inserted result:InsertResult { last_insert_id: 1 }
```

19.實作【更正記錄】：定義函數如下，除了更正上一筆記錄，同時新增所屬的 chef 記錄。

```
async fn update_tests(db: &DatabaseConnection, id: i32)
            -> Result<InsertResult<entities::chef::ActiveModel>, DbErr> {
    // 更正 bakery
    let sad_bakery = bakery::ActiveModel {
        id: ActiveValue::Set(id),
        name: ActiveValue::Set("Sad Bakery".to_owned()),
        profit_margin: ActiveValue::NotSet,
        };
    let res = sad_bakery.update(db).await?;

    // 新增 bakery 所屬的 chef
    let john = chef::ActiveModel {
        name: ActiveValue::Set("John".to_owned()),
        bakery_id: ActiveValue::Set(id),
        ..Default::default()
        };
    let res = Chef::insert(john).exec(db).await?;
    Ok(res)
}
```

20.在 main() 中新增程式碼，呼叫上述函數。

```
let result = task::block_on(update_tests(&db, result.last_insert_id)).unwrap();
println!("inserted chef result:{result:?}");
```

21.測試：

```
cargo run
```

22.執行結果：執行成功會得到 bakery 的主鍵 (PK) 值，以便新增所屬的 chef 記錄或更正記錄。

```
inserted result:InsertResult { last_insert_id: 2 }
inserted chef result:InsertResult { last_insert_id: 1 }
```

23.實作【查詢記錄】：定義三種函數如下。

- 查詢所有記錄

```
async fn query_all_tests(db: &DatabaseConnection)
        -> Result<Vec<bakery::Model>, DbErr> {
    let res: Vec<bakery::Model> = Bakery::find().all(db).await?;
    Ok(res)
}
```

- 以主鍵 (PK) 查詢

```
async fn query_with_key_tests(db: &DatabaseConnection, id: i32)
-> Result<Option<bakery::Model>, DbErr> {
    let res = Bakery::find_by_id(id).one(db).await?;
    Ok(res)
}
```

- 以條件查詢

```
async fn query_with_filter_tests(db: &DatabaseConnection, filter: SimpleExpr)
            -> Result<Option<bakery::Model>, DbErr> {
    let res = Bakery::find()
        .filter(filter)
```

```
        .one(db)
        .await?;
    Ok(res)
}
```

24. 在 main() 中新增程式碼，呼叫上述函數。

```
// 查詢所有記錄
let result = task::block_on(query_all_tests(&db)).unwrap();
println!(" 查詢所有記錄 :");
for record in result {
    println!("{record:?}");
}

// 以主鍵 (PK) 查詢
let result = task::block_on(query_with_key_tests(&db, 2)).unwrap();
if result.is_some() {
    println!(" 以主鍵 (PK) 查詢 :{:?}", result.unwrap());
}

// 以條件查詢
let result = task::block_on(query_with_filter_tests(&db,
        bakery::Column::Name.eq("Sad Bakery"))).unwrap();
println!(" 以條件查詢 :{:?}", result.unwrap());
```

25. 測試：

```
cargo run
```

26. 執行結果：。

查詢所有記錄 :

```
Model { id: 2, name: "Sad Bakery", profit_margin: 0.0 }
Model { id: 3, name: "Happy Bakery", profit_margin: 0.0 }
```

以主鍵 (PK) 查詢 :Model { id: 2, name: "Sad Bakery", profit_margin: 0.0 }

以條件查詢 :Model { id: 2, name: "Sad Bakery", profit_margin: 0.0 }

27.實作【刪除記錄】：定義函數如下，除了刪除 Bakery 一筆記錄，同時刪除所屬的 Chef 記錄，後者須先作，否則會使 Chef 記錄無歸屬的 Bakery，發生錯誤。

```
// 刪除
async fn delete_tests(db: &DatabaseConnection, id: i32)
            -> Result<(), DbErr> {
    let res: DeleteResult = Chef::delete_many()
        .filter(chef::Column::BakeryId.eq(id))
        .exec(db)
        .await?;

    let bakery_record = bakery::ActiveModel {
        id: ActiveValue::Set(id), // The primary must be set
        ..Default::default()
        };
    let res = bakery_record.delete(db).await?;
    Ok(())
}
```

28.在 main() 中新增程式碼，呼叫上述函數。

```
// 刪除
let result = task::block_on(delete_tests(&db, 4)).unwrap();

// 查詢所有記錄
let result = task::block_on(query_all_tests(&db)).unwrap();
println!(" 查詢所有記錄 :");
for record in result {
    println!("{record:?}");
}
```

29.測試：

```
cargo run
```

30.執行結果：刪除後查詢，少了一筆記錄。

- 查詢所有記錄：

```
Model { id: 2, name: "Sad Bakery", profit_margin: 0.0 }
Model { id: 4, name: "Sad Bakery", profit_margin: 0.0 }
Model { id: 5, name: "Sad Bakery", profit_margin: 0.0 }
```

- 以主鍵 (PK) 查詢 :Model { id: 2, name: "Sad Bakery", profit_margin: 0.0 }

- 以條件查詢 :Model { id: 2, name: "Sad Bakery", profit_margin: 0.0 }

- 刪除記錄後，查詢所有記錄：

```
Model { id: 2, name: "Sad Bakery", profit_margin: 0.0 }
Model { id: 5, name: "Sad Bakery", profit_margin: 0.0 }
```

從以上的範例觀察，SeaORM 撰寫程式比較像典型的物件操作，會比 Diesel 直觀，更多的範例可參考【SeaORM GitHub】[28] 的 examples 資料夾。

也可以參考【SeaORM Tutorials】[25] 的【Chapter 2 - Integration with Rocket】，建立 Web API，參考【Chapter 3 - Integration with GraphQL】，建立 GraphQL API，一次查詢所有相關物件，提高查詢效能。

14-7 NoSQL 資料庫

目前主流的 NoSQL 資料庫為 MangoDB、Redis、Neo4j⋯等，各有不同的優勢與用途，以下僅就 MangoDB 進行測試，相關程序可參閱 MangoDB 官網文件 [29] 或 Rust Driver Quick Start[30]。

前置工作：

1. 至官網 [31] 下載並安裝 MongoDB Community Server 或使用雲端也 OK。

2. 啟動 MongoDB Compass Community。

3. 按下【CREATE DATBASE】按鈕，建立資料庫 test。

範例. 依照 MongoDB Rust Driver[32] 教學，進行新增 / 查詢測試，程式放在 src/ch14/ mongodb_test 資料夾。

1. 建立新專案。

```
cargo new mongodb_test
```

2. 切換至 mongodb_test 資料夾。

```
cd mongodb_test
```

3. 加入套件。

```
cargo add tokio -F full
cargo add serde
cargo add mongodb -F tokio-runtime
cargo add futures
cargo add futures_util
```

4. 引進套件：

```
use mongodb::{Client, options::ClientOptions, Cursor};
use mongodb::error::Error;
use mongodb::bson::Document;
use mongodb::{bson::doc, options::FindOptions};
use futures_util::TryStreamExt; // for cursor.try_next()
```

5. 定義函數，顯示所有資料庫名稱。

```
async fn list_database_names() -> Result<Client, Error> {
    // 使用本機的連線字串，未設帳號 / 密碼
    let mut client_options ClientOptions::parse("mongodb://localhost:27017")
                    .await?;

    // 建立用戶端
    let client = Client::with_options(client_options)?;

    // 顯示所有資料庫名稱
    for db_name in client.list_database_names(None, None).await? {
        println!("{}", db_name);
    }
    Ok(client)
}
```

6. 定義函數，顯示所有集合 (collections) 名稱。

```
async fn list_collection_names(client:Client, db: &str) -> Result<bool, Error> {
    // 連線資料庫
    let db = client.database(db);
```

```rust
    // 顯示所有集合 (collections)
    for collection_name in db.list_collection_names(None).await? {
        println!("{}", collection_name);
    }
    Ok(true)
}
```

7. 定義函數，顯示所有文件 (documents) 名稱。

```rust
async fn list_document(client:Client, db: &str, collection: &str) -> Result<bool,
Error> {
    // 連線資料庫
    let db = client.database(db);

    // 顯示某一集合 (collections) 的控制碼
    let collection = db.collection::<Document>(collection);

    // 篩選【年齡】 >= 20
    let filter = doc! { "Age": { "$gte": 20 } };
    // 按【Name】排序
    let find_options = FindOptions::builder().sort(doc! { "Name": 1 }).build();
    let mut cursor: Cursor<Document> =
            collection.find(filter, find_options).await?;

    // 顯示結果
    while let Some(doc) = cursor.try_next().await? {
        println!("{:?}", doc);
        }
    Ok(true)
}
```

8. 新增記錄。

```rust
async fn insert_document(client:Client, db: &str, collection: &str) -> Result<bool,
Error> {
    // Get a handle to a database.
    let db = client.database(db);

    // Get a handle to a collection in the database.
```

```
    let collection = db.collection::<Document>(collection);

    // List the names of the collections in that database.
    let docs = vec![
        doc! { "Name": "John", "Age": 40 },
        doc! { "Name": "Mary", "Age": 60 },
        doc! { "Name": "Tome", "Age": 20 },
        doc! { "Name": "Allen", "Age": 10 },
        ];

    // Insert some documents into collection.
    collection.insert_many(docs, None).await?;

    Ok(true)
}
```

9. 主程式：測試以上函數。

```
#[tokio::main]
async fn main() {
    let client = list_database_names().await.unwrap();
    println!("");
    list_collection_names(client.clone(), "test").await;
    println!("");
    insert_document(client.clone(), "test", "users").await;
    println!("");
    list_document(client, "test", "users").await;
}
```

10. 測試：

```
cargo run
```

11. 執行結果：

```
Northwind
admin
config
```

```
flight
local
odm_welcome
test

fs.chunks
fs.files
zips


Document({"_id": ObjectId("665de4a1474ebf648a096e49"), "Name":
String("John"), "Age": Int32(40)})
Document({"_id": ObjectId("665de4a1474ebf648a096e4a"), "Name":
String("Mary"), "Age": Int32(60)})
Document({"_id": ObjectId("665de4a1474ebf648a096e4b"), "Name":
String("Tome"), "Age": Int32(20)})
```

12. 使用 MongoDB Compass Community 檢視 users 的內容。

以上僅作入門的介紹，希望瞭解更多的資訊，請參閱官網文件及 mongodb 套件的文件說明 [33]。

14-8 本章小結

本章介紹關聯式資料庫的操作，包括使用 SQL 及 ORM 操作方式，也介紹常用的 Diesel、SeaORM 的 ORM 套件，分享開發過程中碰到的問題與解法，另外，也介紹 NoSQL 資料庫程式設計，有關資料庫管理、設計與程式撰寫的範圍很廣，本書只能作入門介紹，如要仔細說明，應該可以單獨寫一本書說明，希望未來有機會與讀者在部落格上分享更多的心得。

參考資料 (References)

[1] SQLx (https://github.com/launchbadge/sqlx)

[2] SQLx 官方文件 (https://docs.rs/sqlx/latest/sqlx/)

[3] SQLx CLI (https://github.com/launchbadge/sqlx/blob/main/sqlx-cli/README.md#enable-building-in-offline-mode-with-query)

[4] SQLiteSpy (https://www.yunqa.de/delphi/apps/sqlitespy/index)

[5] MariaDB (https://mariadb.org/download/?t=mariadb&p=mariadb&r=11.3.2&os=windows&cpu=x86_64&pkg=msi&mirror=blendbyte)

[6] EDB Postgres 官網 (https://www.enterprisedb.com/downloads/postgres-postgresql-downloads)

Configuring an ODBC Driver Manager on Windows, macOS, and Linux (https://blog.devart.com/configuring-an-odbc-driver-manager-on-windows-macos-and-linux.html)

[8] MIR 18-1 ODBC 與 DSN 簡介 (http://mirlab.org/jang/books/asp/odbc&dsn.asp?title=18-1%20ODBC%20%BBP%20DSN%20%C2%B2%A4%B6)

[9] The unixODBC Project home page (https://www.unixodbc.org/)

[10] StackOverflow, what is the difference between OLE DB and ODBC data sources? (https://stackoverflow.com/questions/103167/what-is-the-difference-between-ole-db-and-odbc-data-sources)

[11] ODBC-API 套件 (https://crates.io/crates/odbc-api)

[12] crate.io ORM 統計 (https://crates.io/keywords/orm)

[13] A Guide to Rust ORMs in 2024 (https://www.shuttle.rs/blog/2024/01/16/best-orm-rust)

[14] Choosing a Rust Database Crate in 2023 (https://rust-trends.com/posts/database-crates-diesel-sqlx-tokio-postgress/)

[15] SeaORM GitHub 的 Community (https://github.com/SeaQL/sea-orm/blob/master/COMMUNITY.md#built-with-seaorm)

[16] northwind_psql (https://github.com/pthom/northwind_psql/tree/master)

[17] MySQL 官網 (https://dev.mysql.com/downloads/installer/)

[18] SQLite 官網 (https://www.sqlite.org/download.html)

[19] Diesel , All About Inserts (https://diesel.rs/guides/all-about-inserts.html)

[20] Diesel , All About Updates (https://diesel.rs/guides/all-about-updates.html)

21 Diesel, Relations (https://diesel.rs/guides/relations.html)

22 Diesel GitHub (https://github.com/diesel-rs/diesel/tree/2.1.x)

23 SeaORM 官方文件 (https://www.sea-ql.org/SeaORM/docs/introduction/orm/)

24 SeaORM Tutorials (https://www.sea-ql.org/sea-orm-tutorial/ch01-00-build-backend-getting-started.html)

25 SeaORM Cookbook (https://www.sea-ql.org/sea-orm-cookbook/)

26 Migration (CLI) (https://www.sea-ql.org/sea-orm-tutorial/ch01-02-migration-cli.html)

27 Migration (API) (https://www.sea-ql.org/sea-orm-tutorial/ch01-03-migration-api.html)

28 SeaORM GitHub (https://github.com/SeaQL/sea-orm/tree/master)

29 MangoDB 官網文件 (https://www.mongodb.com/docs/drivers/rust/current/)

30 Rust Driver Quick Start (https://www.mongodb.com/docs/drivers/rust/current/quick-start/#std-label-rust-quickstart)

31 MangoDB 官網 (https://www.mongodb.com/try/download/community)

32 MongoDB Rust Driver (https://crates.io/crates/mongodb)

33 mongodb 套件的文件說明 (https://docs.rs/mongodb/2.8.2/mongodb/)

使用者介面
(User Interface)

之前的範例大都使用 DOS 視窗或終端機介面，為單純的文字模式，接下來我們來研究如何開發圖形化使用者介面 (Graphic User Interface, GUI)，讓數據呈現更為美觀，主題包括：

1. Windows 作業系統的 GUI：呼叫 Windows API、使用 GUI 套件…。

2. 跨平台 GUI：Windows、Mac 及 Linux 均適用的 GUI。

3. Web based 的桌面程式。

4. 網站開發。

再提醒一次，若是在 Windows 作業系統開發，本章大部分的程式建置如遇到錯誤訊息【link.exe returned an unexpected error, ⋯, the Visual Studio build tools may need to be repaired using the Visual Studio installer】，都須以 Visual Studio 選單中的【Developer command prompt for VS 2022/2019】建置程式，而非普通的 cmd。

1. 開啟【Developer command prompt】後，以下列指令切換至程式目錄：

2. cd < 程式目錄 >

3. d: 【若程式目錄】在硬碟 D 槽

4. 若在建置 (cargo build 或 cargo run) 過程中常出現【link.exe returned an unexpected error】，必須不斷重複執行 cargo build 或 cargo run，直到成功為止。

```
   Compiling khronos-egl v6.0.0
error
   |
   =      : "C:\\Program Files\\Microsoft Visual Studio\\2022\\Community\\VC\\Tools\\MSVC\\14.39.33519\\bin\\HostX64\\x64\
```

...

```
acros-4c6fb71771cc1684.dll.exp

note
note
note

   Compiling ttf-parser v0.19.2
error: could not compile `com_macros` (lib) due to 1 previous error
warning: build failed, waiting for other jobs to finish...
```

15-1 Windows API

Rust 與 C/C++ 一樣，適用於系統程式設計 (System programming)，因而不斷有新聞放出來，宣揚 Rust 的優點：

1. 微軟組織新團隊要以 Rust 改寫 C#[1]。

2. Google 投百萬美元給 Rust 基金會，要強化 C++ 與 Rust 互通性[2]。

3. Amazon 以 Rust 取代 Python，開發部分 AWS 雲端系統，節省 75% 的成本[3]。

Windows API 是由 Windows 開發工具箱 (SDK) 提供的應用程式介面，包羅萬象，可以參閱【Windows 套件說明】[4]，包括存取 Windows 使用介面 (UI)、系統 (System)、語系 (Globalization)、安全控管 (Security)、服務 (Services)、網路、周邊設備⋯等。其中 UI 包括視窗 (Window)、工作列 (Task bar)、System tray (桌面右下角圖示)、開始 (StartScreen)、鍵盤 / 滑鼠⋯等，微軟開發的 Rust For Windows 套件組[5]包括多個套件，分別負責各類 API 功能，可參閱【Rust For Windows 的 GitHub】[6]頁尾，其中最重要的套件為 windows、windows-sys，後者比較陽春，不提供 helpers、traits 及 wrappers，但效能較佳。

以下就使用 Rust For Windows 套件組呼叫 Windows API，實作使用者介面之開發。

範例 1. 簡單的彈出式視窗 (Popup window) 測試，程式修改自 Rust For Windows 套件首頁，放在 src/ch15/windows_api_test 資料夾。

1. 建立新專案。

2. 加入套件：由於 Windows API 功能很多，須加入 Features。

```
cargo add windows -F Win32_UI_WindowsAndMessaging
```

3. 引用套件。

```
use windows::{
    core::*, Win32::UI::WindowsAndMessaging::*
};
```

4. 彈出式視窗：MessageBoxA 只能顯示 ANSI 內碼，MessageBoxW 才能顯示中文。

```
fn main() -> Result<()> {
    unsafe {
        // 彈出式視窗
        MessageBoxA(None, s!("Ansi"), s!("Caption"), MB_OK);
        // MessageBoxA(None, w!(" 哈囉 !!"), w!(" 中文測試 "), MB_OK);
        MessageBoxW(None, w!(" 哈囉 !!"), w!(" 中文測試 "), MB_OK);
    }

    Ok(())
}
```

- MessageBoxA、MessageBoxW 的輸出入參數說明可參閱【微軟 WIN32 API 的程式設計參考】[7] 的【MessageBoxW 函式 (winuser.h)】[8]。

- 必須在 unsafe 區塊中使用 WIN32 API。

- s!、w! 巨集對映 LPCSTR、LPCWSTR 資料型別，其中 LPCWSTR 為 32 位元指標，即可儲存 Unicode 的中 / 日 / 韓文等。

5. 建置及測試：以【Developer command prompt for VS 2022】建置程式。

```
cargo run
```

6. 執行結果：

範例 2. 使用 windows-sys 套件，上述程式碼完全相同，只是引用的套件不同，
請參閱 src/ch15/windows_sys_test 專案。

1. 建立新專案。

2. 加入套件：

```
cargo add windows-sys -F Win32_UI_WindowsAndMessaging
```

3. 引用套件。

```
use windows_sys::{
    core::*, Win32::UI::WindowsAndMessaging::*
};
```

4. 彈出式視窗：MessageBoxA 只能顯示 ANSI 內碼，MessageBoxW 才能顯示中
文。

```
fn main() -> Result<()> {
    unsafe {
        // 彈出式視窗
        MessageBoxA(None, s!("Ansi"), s!("Caption"), MB_OK);
        MessageBoxW(None, w!("哈囉 !!"), w!("中文測試"), MB_OK);
    }

    Ok(())
}
```

範例 3. 一般視窗測試，修改自【Rust For Windows GitHub】6 的 samples/windows/
create_window 專案，程式放在 src/ch15/create_window 資料夾。

1. 複製 samples/windows/create_window 專案。

2. 修改 Cargo.toml，將第 8 行 (path=…) 刪除後儲存。

3. 測試。

```
cargo run
```

4. 執行結果：

5. 縮小或放大視窗，終端機會收到 WM_PAINT(視窗重繪) 訊息。

6. 關閉視窗，終端機會收到 WM_DESTROY 訊息。

7. 程式解說可參閱【Windows 應用程式開發】的【建立視窗】[9] 說明。

8. 開啟視窗要先向系統註冊視窗類別 (Window class)，系統就會將相關訊息傳給程式，並且要定義一個函數 (wndproc)，監聽並處理相關訊息。

```
// 註冊視窗類別 (Window class)
let instance = GetModuleHandleA(None)?;
debug_assert!(instance.0 != 0);

let window_class = s!("window");

// 建立視窗類別
let wc = WNDCLASSA {
    hCursor: LoadCursorW(None, IDC_ARROW)?,
    hInstance: instance.into(),
    lpszClassName: window_class,
```

```
    style: CS_HREDRAW | CS_VREDRAW,
    lpfnWndProc: Some(wndproc),
    ..Default::default()
    };
// 註冊視窗類別
let atom = RegisterClassA(&wc);
```

9. 建立視窗。

```
CreateWindowExA(
    WINDOW_EX_STYLE::default(),
    window_class,
    s!("This is a sample window"),
    WS_OVERLAPPEDWINDOW | WS_VISIBLE,
    CW_USEDEFAULT,
    CW_USEDEFAULT,
    CW_USEDEFAULT,
    CW_USEDEFAULT,
    None,
    None,
    instance,
    None,
);
```

10. 監聽並提取與程式有關的訊息，並交由 wndproc 函數處理。

```
let mut message = MSG::default();
while GetMessageA(&mut message, None, 0, 0).into() {
    DispatchMessageA(&message);
}
```

11. wndproc 函數：可處理各式訊息，以下程式碼只處理 WM_PAINT(重繪視窗)、
    WM_DESTROY(關閉程式) 兩個訊息。

```
extern "system" fn wndproc(window: HWND, message: u32,
    wparam: WPARAM, lparam: LPARAM) -> LRESULT {
    unsafe {
```

```
    match message {
        WM_PAINT => {
            println!("WM_PAINT");
            _ = ValidateRect(window, None);
            LRESULT(0)
                }
        WM_DESTROY => {
            println!("WM_DESTROY");
            PostQuitMessage(0);
            LRESULT(0)
                }
        _ => DefWindowProcA(window, message, wparam, lparam),
        }
    }
}
```

整個寫法與 C 程式幾乎一樣，非常辛苦，如果只是要顯示 UI，不進行低階的 Windows API 任務，應該另尋其他套件，因此，接下來我們改用另一個套件 Native Windows GUI 簡化 UI 開發。

15-2 Native Windows GUI

Native Windows GUI[10] 針對 Windows API 覆上一層包裝 (Wrapper)，提供呼叫 API 的簡便用法，並提供表格呈現 (List view)、樹狀結構呈現 (Tree view) 的元件。 GitHub 有許多範例，可以先欣賞各個程式執行時呈現的畫面截圖 (Showcase)[11]， 再尋找對應的範例程式碼，接著實作幾個範例說明其用法，以下範例均修改自 GitHub 提供的程式碼。

範例 1. 視窗及按鈕測試，放在 src/ch15/windows_button_test 資料夾。

1. 加入套件：native-windows-gui 為主要套件，native-windows-derive 額外提供 巨集及註解 (Annotation) 功能。

```
cargo add native-windows-gui
cargo add native-windows-derive
```

2. 引用套件：【as】用於取別名，將較長的命名空間改為短名稱。

```
use native_windows_gui as nwg;
use nwg::NativeUi;
use native_windows_derive as nwd;
use nwd::NwgUi;
```

3. 定義視窗及控制項佈局。

```
#[derive(Default, NwgUi)]
pub struct BasicApp {
    // 視窗
    #[nwg_control(size: (300, 115), position: (300, 300),
            title: "視窗測試", flags: "WINDOW|VISIBLE")]
    #[nwg_events( OnWindowClose: [BasicApp::say_goodbye] )]
    window: nwg::Window,

    // 格子 (Grid)
    #[nwg_layout(parent: window, spacing: 1)]
    grid: nwg::GridLayout,

    // 字串輸入控制項
    #[nwg_control(text: "王小明", focus: true)]
    #[nwg_layout_item(layout: grid, row: 0, col: 0)]
    name_edit: nwg::TextInput,

    // 按鈕 (Button) 控制項
    #[nwg_control(text: "按我")]
    #[nwg_layout_item(layout: grid, col: 0, row: 1, row_span: 2)]
    #[nwg_events( OnButtonClick: [BasicApp::say_hello] )]
    hello_button: nwg::Button
}
```

- nwg_control 註解定義視窗或控制項的位置、大小、標題等。

- nwg_events：定義事件及其對應的處理函數名稱。

- nwg::Window：視窗資料型別。

- nwg::GridLayout：格框資料型別，方便佈局，讓控制項對齊。

- nwg::Button：按鈕資料型別。

- nwg::TextInput：文字資料型別。

4. 實作事件處理函數。

```
impl BasicApp {
    fn say_hello(&self) {
        nwg::modal_info_message(&self.window, "Hello",
            &format!("Hello {}", self.name_edit.text()));
    }

    fn say_goodbye(&self) {
        nwg::modal_info_message(&self.window, "Goodbye",
            &format!("Goodbye {}", self.name_edit.text()));
        nwg::stop_thread_dispatch();
    }
}
```

- nwg::modal_info_message：彈出式訊息視窗。

- nwg::stop_thread_dispatch：結束監聽訊息，程式結束。

5. 主程式：

```
fn main() {
    // 初始化
    nwg::init().expect("Failed to init Native Windows GUI");

    // 設定字體
    nwg::Font::set_global_family("標楷體") // "Segoe UI")
        .expect("Failed to set default font");

    // 呼叫內建函數建立視窗
    let _app = BasicApp::build_ui(Default::default())
        .expect("Failed to build UI");

    // 監聽並提取與程式有關的訊息
    nwg::dispatch_thread_events();
}
```

- BasicApp::build_ui 是註解【#[derive(Default, NwgUi)]】自動產生的函數，
  會依照 BasicApp 定義建立視窗及控制項。

- nwg::dispatch_thread_events：相當於 create_window 專案中下列的程式碼。

```
while GetMessageA(&mut message, None, 0, 0).into() {
    DispatchMessageA(&message);
        }
```

6. 執行結果：

GitHub 首頁[10] 還介紹兩種寫法：平凡 (Barebone)、樣板 (Boilerplate)，不過筆者
認為上面範例寫法比較簡潔，因此，就不浪費時間，介紹其他寫法了。

範例 2. 利用範例 1 技巧，實作簡易計算機，放在 src/ch15/calculator_test 資料夾。

1. 加入套件：native-windows-gui 為主要套件，native-windows-derive 額外提供
   巨集及註解 (Annotation) 功能。

```
cargo add native-windows-gui
cargo add native-windows-derive
```

2. 引用套件：【as】用於取別名，將較長的命名空間改為短名稱。

```
use native_windows_gui as nwg;
use nwg::NativeUi;
use native_windows_derive as nwd;
use nwd::NwgUi;
```

3. 定義支援的運算子 (+、-、*、/) 及整數。

```
#[derive(Debug)]
enum Token {
    Number(i32),
    Plus,
    Minus,
    Mult,
    Div
}
```

4. 定義視窗及控制項佈局：在此僅列出重要程式碼，完整的程式碼請參閱範例。

```
#[derive(Default, NwgUi)]
pub struct Calculator {
    #[nwg_control(size: (300, 150), position: (300, 300), title: "Calculator")]
    #[nwg_events( OnWindowClose: [Calculator::exit] )]
    window: nwg::Window,

    #[nwg_layout(parent: window, spacing: 2, min_size: [150, 140])]
    grid: nwg::GridLayout,

    #[nwg_control(text: "", align: nwg::HTextAlign::Right, readonly: true)]
    #[nwg_layout_item(layout: grid, col: 0, row: 0, col_span: 5)]
    input: nwg::TextInput,

    #[nwg_control(text: "1", focus: true)]
    #[nwg_layout_item(layout: grid, col: 0, row: 1)]
    #[nwg_events( OnButtonClick: [Calculator::number(SELF, CTRL)] )]
    btn1: nwg::Button,
...
}
```

5. 實作 Calculator 結構，定義方法：最重要是 compute 函數，邏輯如下。

• 逐個字元解析算術式，解析出運算子 (+、-、*、/) 及完整數字 (可能多位數)，填入陣列。

```
for (i, chr) in eq.char_indices() { // 逐個字元解析算術式
    if SYMBOLS.iter().any(|&s| s == chr) {
        let left = &eq[last..i]; // 取數字
        match left.parse::<i32>() { // 數字推入 tokens 陣列
            Ok(i) => tokens.push(Token::Number(i)),
                      _ => {
                nwg::error_message("Error", "Invalid equation!");
                self.input.set_text("");
                return
                    }
        }

        let tk = match chr {
            '+' => Plus,
            '-' => Minus,
            '*' => Mult,
            '/' => Div,
            _ => unreachable!() // 若是其他符號，顯示錯誤訊息
        };

        tokens.push(tk); // 運算子推入 tokens 陣列

        last = i+1;
        }
    }
```

• 運算子右方字串，先填入陣列。

```
let right = &eq[last..];
match right.parse::<i32>() {
    Ok(i) => tokens.push(Token::Number(i)),
          _ =>  {
        nwg::error_message("Error", "Invalid equation!");
        self.input.set_text("");
        return
    }
}
```

- 自陣列取出計算，未考慮先乘除後加減，單純由左往右計算。

```
// 運算
let mut i = 1;
// 取第 1 個數字
let mut result = match &tokens[0] { Token::Number(n) => *n, _
            => unreachable!() };

// 一次取 2 個數字
while i < tokens.len() {
    match [&tokens[i], &tokens[i+1]] {
        [Plus, Number(n)] => { result += n; },
        [Minus, Number(n)] => { result -= n;},
        [Mult, Number(n)] => { result *= n; },
        [Div, Number(n)] => { result /= n; },
        _ => unreachable!()
    }
    i += 2;
}
```

6. 主程式與範例 1 大致相同。

7. 執行結果：1+3*5=20，未乘除後加減，單純由左往右計算。注意，程式無法使用鍵盤輸入算術式。

範例 3. 使用表格 (List) 呈現資料，放在 src/ch15/list_test 資料夾。

1. 加入套件：native-windows-gui 為主要套件，native-windows-derive 額外提供 Macro 及註解 (Annotation) 功能。

```
cargo add native-windows-gui
cargo add native-windows-derive
```

2. 引用套件：【as】用於取別名，將較長的命名空間改為短名稱。

```
use native_windows_gui as nwg;
use nwg::NativeUi;
use native_windows_derive as nwd;
use nwd::NwgUi;
```

3. 定義視窗及控制項佈局：

```
#[derive(Default, NwgUi)]
pub struct DataViewApp {
    // 視窗
    #[nwg_control(size: (500, 350), position: (300, 300),
        title: "DataView - Animals list")]
    #[nwg_events( OnWindowClose: [DataViewApp::exit],
        OnInit: [DataViewApp::load_data])]
    window: nwg::Window,

    // 字型
    #[nwg_resource(family: "Arial", size: 19)]
    arial: nwg::Font,

    // 圖示
    #[nwg_resource(initial: 5)]
    view_icons: nwg::ImageList,

    #[nwg_resource(initial: 5, size: (16, 16))]
    view_icons_small: nwg::ImageList,

    // 格子
    #[nwg_layout(parent: window)]
    layout: nwg::GridLayout,

    // 表格
    #[nwg_control(item_count: 10, size: (500, 350),
        list_style: nwg::ListViewStyle::Detailed, focus: true,
```

```
        ex_flags: nwg::ListViewExFlags::GRID |
        nwg::ListViewExFlags::FULL_ROW_SELECT,
        )]
    #[nwg_layout_item(layout: layout, col: 0,
        col_span: 4, row: 0, row_span: 6)]
    data_view: nwg::ListView,

    // 欄位
    #[nwg_control(text: "View:", font: Some(&data.arial))]
    #[nwg_layout_item(layout: layout, col: 4, row: 0)]
    label: nwg::Label,

    // 下拉式欄位，提供四種檢視
    #[nwg_control(
        collection: vec!["Simple", "Details", "Icon", "Icon small"]
        , selected_index: Some(1), font: Some(&data.arial))]
    #[nwg_layout_item(layout: layout, col: 4, row: 1)]
    #[nwg_events( OnComboxBoxSelection: [DataViewApp::update_view] )]
    view_style: nwg::ComboBox<&'static str>,
}
```

- OnInit: [DataViewApp::load_data]：視窗初始化後後呼叫 load_data，載入資料。

- nwg::ImageList：多個影像並列顯示，【initial: 5】表每列顯示 5 個，【size】表影像顯示尺寸。

- nwg::ListView：表格 (List)，有 4 種佈局 (layout)，包括詳細 (Detailed)、簡單 (Simple)、小圖示 (SmallIcon) 及大圖示 (Icon)，如下圖，其中簡單 (Simple) 類似檔案總管的清單模式。

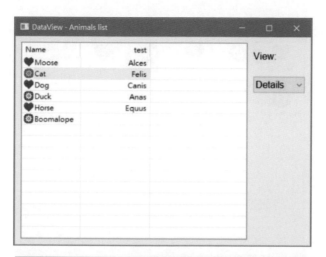

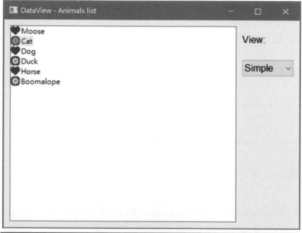

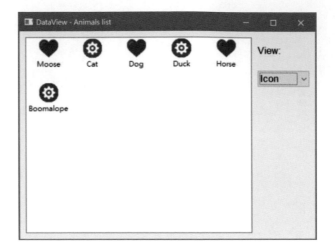

- nwg::Label：文字標籤。

- nwg::ComboBox：下拉式選單。

4. 實作 DataViewApp 結構，定義方法：最重要是 load_data 函數，邏輯如下。

- 建立影像：影像來自圖檔。

```
icons.add_icon_from_filename("./test_rc/cog.ico")
```

- 建立 ImageList。

```
dv.set_image_list(Some(icons), nwg::ListViewImageListType::Normal);
```

- 新增欄位。

```
dv.insert_column ("Name");
```

- 欄位可設定索引值 (Index)、向左或向右對齊 (fmt)、標題 (text)。

- 插入資料：一次設定一個欄位。

```
dv.insert_item("Cat");
```

- 插入資料：一次設定一列。

```
dv.insert_items_row(None, &["Dog", "Canis"]);
```

- 插入資料：一次設定多列。

```
dv.insert_items(&["Duck", "Horse", "Boomalope"]); // 3 列第一個欄位
dv.insert_items(&[   // 3 列第二個欄位
    nwg::InsertListViewItem { index: Some(3), column_index: 1,
        text: Some("Anas".into()), image: None },
    nwg::InsertListViewItem { index: Some(4), column_index: 1,
        text: Some("Equus".into()), image: None },
]);
```

- 更新資料：更新第 3 列的圖示。

```
dv.update_item(2,
    nwg::InsertListViewItem { image: Some(1),
    ..Default::default() });
```

5. 主程式與範例 1 大致相同。

6. 執行結果：如下，可切換各種檢視模式。

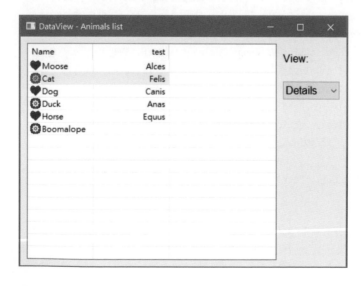

範例 4. 使用樹狀結構 (TreeView) 呈現資料，放在 src/ch15/treeview_test 資料夾。

1. 加入套件：native-windows-gui 為主要套件，native-windows-derive 額外提供 Macro 及註解 (Annotation) 功能。

```
cargo add native-windows-gui
cargo add native-windows-derive
```

2. 引用套件：【as】用於取別名，將較長的命名空間改為短名稱。

```
use native_windows_gui as nwg;
use nwg::NativeUi;
use native_windows_derive as nwd;
use nwd::NwgUi;
```

3. 定義視窗及控制項佈局：在此僅列出重要程式碼，完整的程式碼請參閱範例。

```
#[derive(Default, NwgUi)]
pub struct TreeViewApp {
        ...
    #[nwg_events(
        OnTreeViewClick: [TreeViewApp::log_events(SELF, EVT)],
        OnTreeViewDoubleClick: [TreeViewApp::log_events(SELF, EVT)],
        OnTreeViewRightClick: [TreeViewApp::log_events(SELF, EVT)],
        OnTreeFocusLost: [TreeViewApp::log_events(SELF, EVT)],
        OnTreeFocus: [TreeViewApp::log_events(SELF, EVT)],
        OnTreeItemDelete: [TreeViewApp::log_events(SELF, EVT)],
        OnTreeItemExpanded: [TreeViewApp::log_events(SELF, EVT)],
        OnTreeItemChanged: [TreeViewApp::log_events(SELF, EVT)],
        OnTreeItemSelectionChanged: [
                TreeViewApp::log_events(SELF, EVT)],
        )]
    tree_view: nwg::TreeView,
        ...
}
```

- 上述程式碼定義各種事件的處理函數。

- nwg::TreeView：為 TreeView 資料型別。

4. 實作 TreeViewApp 結構，定義方法：最重要是 load_data 函數，邏輯如下。

• 建立影像：影像來自圖檔。

```
icons.add_icon_from_filename("./test_rc/cog.ico")
```

• 建立 ImageList。

```
tv.set_image_list(Some(icons), nwg::ListViewImageListType::Normal);
```

• 新增節點：使用 tv.insert_item 新增節點。

◆ 第 1 個參數是節點名稱。

◆ 第 2 個參數是父節點。

◆ 第 3 個參數是擺放位置，nwg::TreeInsert::Root 是根節點，nwg::Tree
  Insert::Last 是最後面。

```
let root = tv.insert_item("Caniformia", None, nwg::TreeInsert::Root);
tv.insert_item("Canidae (dogs and other canines)", Some(&root),
            nwg::TreeInsert::Last);
```

5. 主程式與範例 1 大致相同。

6. 執行結果：視窗右上方可新增或刪除節點，右下方可顯示事件名稱。

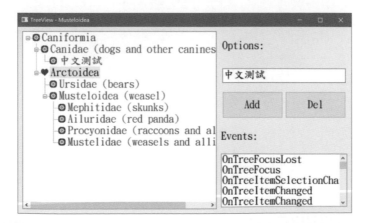

以上範例可結合資料庫，讀者可以參閱第 13 章 SQLx、Diesel 或 SeaORM 範例，
先查詢資料庫，再呈現結果於 List view 或 Tree view 內。

15-3 跨平台 GUI

以上兩節都是使用 Windows API，無法跨平台使用，本節我們尋找可以跨平台的套件，同時適用 Windows、Mac 及 Linux 作業系統，當然，能跨平台也會犧牲一些作業系統特有的功能。

以下介紹兩種跨平台 GUI 框架，包括 iced 及 CXX-Qt 兩個套件，前者是自訂的 GUI 架構，後者是介接 Qt 函數庫，它是非常有名的跨平台 GUI 框架，提供 C/C++/Python API，Rust 也可以透過 C/C++ 的介面，橋接至 Qt。

15-4 iced 框架

iced 套件 [12] 強調簡單直覺與型別安全 (type-safety)，建構 GUI，並要與使用者互動，只要注意訊息 (Message) 的傳遞及狀態 (State) 的維護，就可以撰寫一個完整的應用程式。架構示意圖如下，當使用者點選控制項，例如按鈕，控制項 (Widget) 產生互動 (Interactions)，互動會改變控制項的狀態 (State)，狀態會命令 (dictate) 控制項改變外貌，例如按鈕被按下的樣貌。

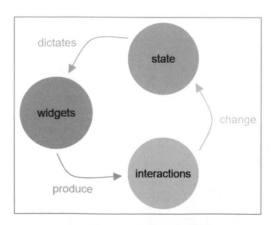

▲ 圖一 iced 套件架構圖

我們就依照上述邏輯撰寫程式，非常直覺，以下就以範例說明，iced GitHub [13] 提供非常多的範例，下面介紹的程式多數修改自 iced GitHub 的 examples 資料夾。

安裝 iced 套件指令正常是 cargo add iced，但是，許多 Rust 套件都還在擴充功能，文件與程式碼版本有時會不一致，iced 與下一節要介紹的 CXX-Qt 就是如此，說明文件比套件還新，在 2024/4/1 時，iced 套件最新版本是 0.12.0，但文件是 0.13.0-dev，結果筆者測了 2 天，才看到文件必須直接編輯 Cargo.toml，以下設定表示安裝 night-build 版本，不執行 cargo add 指令。

範例 1. 計數器實作，放在 src/ch15/iced/counter 資料夾。

1. 新增專案：

```
cargo new counter
```

2. 修改 Cargo.toml，加入以下設定以新增 iced 套件：

```
[dependencies.iced]
git = "https://github.com/iced-rs/iced.git"
rev = "cdb18e610a72b4a025d7e1890140393adee5b087"
```

3. 引用套件：

```
use iced::widget::{button, column, text, Column};
use iced::Alignment;
```

4. 定義資料結構，記錄計數器數值：

```
#[derive(Default)]
struct Counter {
    value: i64,
}
```

5. 記錄訊息 (Message) 類別：增加 (Increment) 及減少 (Decrement)。

```
#[derive(Debug, Clone, Copy)]
enum Message {
    Increment,
    Decrement,
}
```

6. 實作結構 Counter，並定義兩個函數：update 及 view。

```
impl Counter {…}
```

7. update 函數：根據訊息 (Message) 修改 Counter 的 value。

```
fn update(&mut self, message: Message) {
    match message {
        // value 增加 (Increment)
        Message::Increment => {
            self.value += 1;
                }
        // value 減少 (Decrement)
        Message::Decrement => {
            self.value -= 1;
        }
    }
}
```

8. view 函數：定義視窗及控制項佈局，並處理事件，傳遞訊息 (Message)。

```
fn view(&self) -> Column<Message> {
    const FONT1: Font = Font::with_name(" 細明體 ");

    column![ // 垂直排列
            // 點選【增加】按鈕時會傳遞 Increment 訊息
            button("Increment").on_press(Message::Increment),
            // 顯示 Counter 的 value
            text(self.value).size(50).font(FONT1),
            // 點選【增加】按鈕時會傳遞 Decrement 訊息
            button("Decrement").on_press(Message::Decrement)
            ]
    .padding(20)
    .align_items(Alignment::Center)
}
```

9. 使用【Developer command prompt for VS 2022/2019】建置程式，而非普通的 cmd。若在建置 (cargo build 或 cargo run) 過程中常出現【link.exe returned an unexpected error】，必須不斷重複執行 cargo run，直到成功為止。

```
cargo run
```

10. 測試：撰寫 main 函數，包含將 update、view 函數名稱作為參數。

```
pub fn main() -> iced::Result {
    iced::run(" 計數器 ", Counter::update, Counter::view)
}
```

11. 執行結果：點選【Increment】按鈕，會將 Increment 訊息傳遞給 update 函數，將 text 加 1，點選【Decrement】按鈕，會將 Decrement 訊息傳遞給 update 函數，將 text 減 1。

 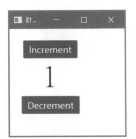 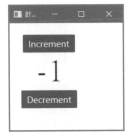

12. 若要將按鈕的標題改為中文，直接修改為【button(" 增加 ")】，執行結果會出現亂碼，必須設定 button 標題 (text) 的字型 (font)，程式修改如下：

```
fn view(&self) -> Column<Message> {
    const FONT1: Font = Font::with_name(" 細明體 ");
    let button1_text = text(" 增加 ").font(FONT1).size(50);
    let button2_text = text(" 減少 ").font(FONT1).size(50);

    column![ // 垂直排列
            // 點選【Increment】按鈕時會傳遞 Increment 訊息
            // button("Increment").on_press(Message::Increment),
            button(button1_text).on_press(Message::Increment),
            // 顯示 Counter 的 value
```

```
            text(self.value).size(50).font(FONT1),
            // 點選【Decrement】按鈕時會傳遞 Decrement 訊息
            // button("Decrement").on_press(Message::Decrement)
            button(button2_text).on_press(Message::Decrement)
        ]
    .padding(20)
    .align_items(Alignment::Center)
    }
}
```

13.執行結果：

14.將字型改為【標楷體】，執行結果如下，有點醜，應該是字體描繪時，寬度
控制不良造成的。

```
const FONT1: Font = Font::with_name(" 標楷體 ");
```

以上程式最重要是定義兩個函數：

1. view 函數：定義視窗及控制項佈局，並處理事件，傳遞訊息 (Message)。

2. update 函數：根據訊息 (Message) 修改資料。

範例 2. 文字編輯器實作，放在 src/ch15/iced/editor 資料夾。

1. 依照範例 1 新增專案及套件。

2. 程式啟動時，除了開啟視窗外，還要額外進行其他任務，可以使用
    iced::program，並呼叫 subscription 方法處理特殊按鍵。

```
pub fn main() -> iced::Result {
    iced::program("Editor - Iced", Editor::update, Editor::view)
        .load(Editor::load)
        .subscription(Editor::subscription)
        .theme(Editor::theme)
        .font(include_bytes!("../fonts/icons.ttf").as_slice())
        .default_font(Font::MONOSPACE)
        .run()
}
```

*   load 函數：程式啟動時，呼叫 load_file 函數開啟檔案，並傳遞【FileOpened】
    訊息。

*   subscription 函數：訂閱事件，例如滑鼠、鍵盤，以下程式針對使用者輸入
    CTRL+S 時，會傳遞【存檔】(SaveFile) 訊息。

```
fn subscription(&self) -> Subscription<Message> {
keyboard::on_key_press(|key, modifiers| match key.as_ref() {
    keyboard::Key::Character("s") if modifiers.command() => {
        Some(Message::SaveFile)
            }
    _ => None,
        })
}
```

3. 其他部分就是 update、View 函數。

4. 執行結果：

另外，iced 也支援一些簡單的控制項，例如 ComboBox、CheckBox、Radio button…等，比較特別的 SVG、Canvas 等繪圖控制項，以下就來看這些範例。

範例 3. 時鐘 (clock) 實作，放在 src/ch15/iced/clock 資料夾。

1. 依照範例 1 新增專案及套件。

2. 訂定結構，記錄現在的時分秒。

```
struct Clock {
    now: time::OffsetDateTime,
    clock: Cache,
}
```

3. 實作 Clock，定義 update 函數。

```
fn update(&mut self, message: Message) {
    match message {
        Message::Tick(local_time) => {
        let now = local_time; // 更新時間

            // 目前時間若不等於系統時間，更新目前時間
            if now != self.now {
                self.now = now;
                self.clock.clear();
                }
            }
        }
    }
}
```

4. 定義 view 函數：以 canvas 繪製時鐘。

```
fn view(&self) -> Element<Message> {
    // 以 canvas 繪製時鐘
    let canvas = canvas(self as &Self)
        .width(Length::Fill)
        .height(Length::Fill);

    container(canvas)
        .width(Length::Fill)
        .height(Length::Fill)
        .padding(20)
        .into()
    }
```

5. 實作 canvas 的繪圖：詳閱範例程式碼。

```
impl<Message> canvas::Program<Message> for Clock {
        ...
}
```

6. 執行結果：時鐘會隨著時間重繪。

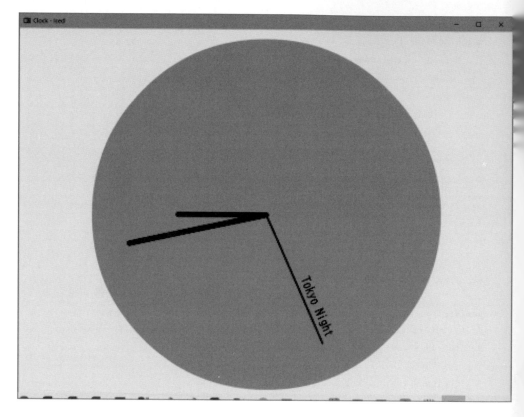

範例 4. QRCode 實作，放在 src/ch15/iced/qr_code 資料夾。

1. 依照範例 1 新增專案及套件。

2. iced 直接提供 QRCode 控制項 (qr_code)。

3. update 函數：根據使用者輸入的文字，更新 QRCode 內容，最多 100 個字。

```
fn update(&mut self, message: Message) {
    match message {
        Message::DataChanged(mut data) => {
            data.truncate(100); // 最多 100 個字

            self.qr_code = if data.is_empty() {
                None
```

```
        } else {
            qr_code::Data::new(&data).ok()
        };

        self.data = data;
    }
    Message::ThemeChanged(theme) => {
        self.theme = theme;
    }
  }
}
```

4. view 函數：由使用者輸入文字，以文字生成 QRCode，重要程式碼如下。

```
let content = column![title, input, choose_theme]
    .push_maybe(
        self.qr_code // 生成 QRCode
            .as_ref()
            .map(|data| qr_code(data).cell_size(10)),
    )
```

5. 執行結果：輸入的同時，QR Code 會不斷更新。

範例 5. SVG 顯示實作，放在 src/ch15/iced/svg 資料夾。

1. 依照範例 1 新增專案及套件，注意，要加 svg feature。

```
[dependencies.iced]
git = "https://github.com/iced-rs/iced.git"
rev = "cdb18e610a72b4a025d7e1890140393adee5b087"
features = ["svg"]
```

2. iced 直接提供 svg 顯示控制項 (svg)。

3. update 函數：根據使用者選擇，顯示不同效果。

```
fn update(&mut self, message: Message) {
    match message {
        Message::ToggleColorFilter(apply_color_filter) => {
            self.apply_color_filter = apply_color_filter;
        }
    }
}
```

4. view 函數：自 resources/tiger.svg 檔案取出 svg，生成老虎圖案，重要程式碼如下。

```
// 載入 SVG
let handle = svg::Handle::from_path(format!(
    "{}/resources/tiger.svg",
    env!("CARGO_MANIFEST_DIR")
));

// 顯示 SVG
let svg = svg(handle).width(Length::Fill).height(Length::Fill);

// SVG 控制項
container(
    column![
        svg,
        container(apply_color_filter).width(Length::Fill).center_x()
            ]
    .spacing(20)
    .height(Length::Fill),
)
```

1. 執行結果：

iced 還有更多精彩的範例，請參考 iced GitHub 的 examples 資料夾 [14] 說明。

15-5 CXX-Qt 框架

不管是 C/C++ 或 Python 程式設計師都非常喜歡以 Qt 套件開發 GUI，Rust 透過 FFI 規格與 C/C++ 介接，可以順利整合以 C/C++ 開發的 Qt，支援這方面的套件非常多，可惜的是有不少的套件不再繼續維護，可參閱 CXX-Qt GitHub[15] 說明。

Project	Integrate into C++ codebase	Safe Rust	QML	QWidgets	Maintained[1]	Binding mechanism
CXX-Qt	✔	✔	✔	limited[2]	✔	cxx plus additional code generation to implement QObject subclasses in Rust and bind them to C++
qmetaobject	X	✔	✔	X	✔	cpp macro to write C++ inline in Rust, plus Rust macros to create QObject subclasses from Rust structs
Rust Qt Binding Generator	✔	✔	✔	limited[2]	X	generates Rust traits and C++ bindings from JSON description of QObject subclass
rust-qt	X	X	✔	✔	X	ritual to generate unsafe Rust bindings from C++ headers
qml-rust	X	✔	✔	X	X	DOtherSide C wrapper for QML C++ classes
qmlrs	X	✔	✔	X	X	own C++ library to bind QQmlApplicationEngine
qmlrsng	X	✔	✔	X	X	libqmlbind with bindgen
rust-qml	X	✔	✔	X	X	libqmlbind

▲ 圖二 Rust 套件 for Qt，資料來源：CXX-Qt GitHub

筆者試了幾套，都不太順利，最後測試 CXX-Qt 終於成功了，同樣遭遇文件說明與程式版本不一致的問題，可參閱上一節說明。

CXX-Qt 套件並不是在 Qt 上加一層包裝 (Wrapper)，而是在 Rust 與 Qt 之間建構溝通的橋樑，提供安全與多執行緒的 API，架構示意圖如下，透過巨集及程式產生器，程式開發者藉由巨集及註解 (Annotation) 定義 QObject，CXX-Qt 就會自動生成對應 C++ 語言的物件 (object)。

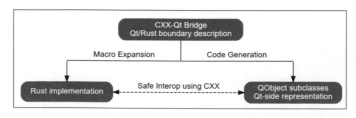

▲ 圖三 CXX-Qt 套件架構圖

整個開發流流程如下：

1. 定義 QObject。

2. 定義 GUI：以 Qt 的 QML 語言定義畫面，QML 語法類似 HTML。

3. 主程式 (main.rs) 整合前兩者。

除了 Visual studio/C++ build tools 外，還要安裝 Qt，程序如下：

1. 下載 Qt：至 Qt 官網 [16] 下載安裝檔並執行。

2. 通常會安裝在 c:\Qt 資料夾，注意，要選擇【Qt】>【Qt 6.7.0】>【MSVC 2019 64-bits】。

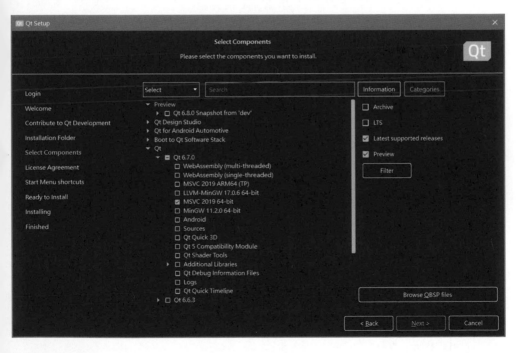

3. 在 C:\Qt\Examples\Qt-6.7.0 內有許多的 C/C++ 範例，其中 C:\Qt\Examples\Qt-6.7.0\qml\tutorials 有 QML 的範例。

Qt 安裝完後，接著就可以運用 CXX-Qt 實作了，以下程式多數修改自 CXX-QT 及 Qt 範例。

範例 1. CXX-Qt 官網教學範例 [17] 實作，放在 src/ch15/CXX-Qt/cxx-qt-tutorial 資料夾。

1. 新增專案：

```
cargo new cxx-qt-tutorial
```

2. 修改 Cargo.toml，加入以下設定以新增 cxx、cxx-qt 及 cxx-qt-build 套件：

```
[dependencies]
cxx = "1.0.120"

[dependencies.cxx-qt]
git = "https://github.com/KDAB/cxx-qt.git"

[dependencies.cxx-qt-lib]
git = "https://github.com/KDAB/cxx-qt.git"

[build-dependencies]
cxx-qt-build = { version = "0.6", features = [ "link_qt_object_files" ] }
```

3. 先建立 QObject，建立 Rust 與 Qt 溝通的橋樑。

```
#[cxx_qt::bridge]
pub mod qobject {…}
```

4. qobject 模組內包含：要呼叫 C++ 的 QString、QObject 定義及 QObject 要提供給 Qt 的方法。

```
#[cxx_qt::bridge]
pub mod qobject {
    // 呼叫 C++ 的 QString
    unsafe extern "C++" {
        include!("cxx-qt-lib/qstring.h");
        type QString = cxx_qt_lib::QString;
    }

    // QObject 的名稱為 MyObject
    unsafe extern "RustQt" {
```

```
        #[qobject]
        #[qml_element]
        #[qproperty(i32, number)]
        #[qproperty(QString, string)]
        type MyObject = super::MyObjectRust;
    }

    // QObject 要提供給 Qt 的方法
    unsafe extern "RustQt" {
        // Declare the invokable methods we want to expose on the QObject
        #[qinvokable]
        fn increment_number(self: Pin<&mut MyObject>);

        #[qinvokable]
        fn say_hi(self: &MyObject, string: &QString, number: i32);
    }
}
```

5. 實作 QObject 要提供給 Qt 的方法。

```
use core::pin::Pin;
use cxx_qt_lib::QString;

// QObject 的資料結構
#[derive(Default)]
pub struct MyObjectRust {
    number: i32,
    string: QString,
}

impl qobject::MyObject {
    // 加 1
    pub fn increment_number(self: Pin<&mut Self>) {
        let previous = *self.number();
        self.set_number(previous + 1);
    }

    // 顯示 QObject 的資料結構內的字串及數值
    pub fn say_hi(&self, string: &QString, number: i32) {
```

```
        println!("Hi from Rust! String is '{string}' and number is {number}");
    }
}
```

6. 定義 GUI：使用 QML 語法定義畫面，語法可參考網路上的 QML 教學，檔案
   需放在 qml 資料夾。以下為 qml\main.qml。

- 引用 Qt、CXX-Qt 套件

```
// Qt 套件
import QtQuick 2.12
import QtQuick.Controls 2.12
import QtQuick.Window 2.12

// CXX-Qt 套件
import com.kdab.cxx_qt.demo 1.0
```

- 定義畫面。

```
// 視窗
Window {
    height: 480
    title: qsTr("Hello World")
    visible: true
    width: 640

    // 對應 QObject
    MyObject {
        id: myObject
        number: 1
        string: qsTr(
                "My String with my number: %1").arg(myObject.number)
    }

    // 控制項
    Column {
        anchors.fill: parent
        anchors.margins: 10
        spacing: 10
```

```
        Label {
            text: qsTr("Number: %1").arg(myObject.number)
            }

        Label {
            text: qsTr("String: %1").arg(myObject.string)
            }

        Button {
            text: qsTr("Increment Number")
            // 呼叫 Rust 的方法
        onClicked: myObject.incrementNumber()
        }

        Button {
            text: qsTr("Say Hi!")
            // 呼叫 Rust 的方法
            onClicked:
                myObject.sayHi(myObject.string, myObject.number)
        }
    }
}
```

7. 整合以上檔案：必須在 Cargo.toml 所在資料夾建立 build.rs 檔案，內容如下，
   專案在建置時生成 C++ 程式碼，呼叫 Qt。

```
use cxx_qt_build::{CxxQtBuilder, QmlModule};

fn main() {
    CxxQtBuilder::new()
        // Link Qt's Network library
        // - Qt Core is always linked
        // - Qt Gui is linked by enabling the qt_gui Cargo feature (default).
        // - Qt Qml is linked by enabling the qt_qml Cargo feature (default).
        // - Qt Qml requires linking Qt Network on macOS
        .qt_module("Network")  // 必須引用 Network 模組
        .qml_module(QmlModule {
            uri: "com.kdab.cxx_qt.demo", // 必須指定 URI，提供 main 使用
            rust_files: &["src/cxxqt_object.rs"], // 指定 QObject 檔案
```

```
        qml_files: &["qml/main.qml"],// 指定 QML 檔案
        ..Default::default()
        })
    .build();
}
```

8. 使用【Developer command prompt】建置程式，而非普通的 cmd。若在建置過程中常出現【link.exe returned an unexpected error】，必須不斷重複執行 cargo run，直到成功為止。

```
cargo run
```

9. 執行結果：點選【Increment Number】按鈕，Number 會加 1，點選【Say Hi!】按鈕，會在【Developer command prompt】視窗顯示：

Hi from Rust! String is 'My String with my number: 1' and number is 1

10.如果只要進行畫面排版，可將 qml/main.qml 內呼叫 Rust 的方法刪除，另存為 1.qml，使用下列指令單純顯示畫面，這會有助於偵錯，另外，修改 QML 不需重新建置，可節省反覆建置的時間。

```
qml 1.qml
```

範例 2. CXX-Qt GitHub 的 examples/qml_features 資料夾 [18] 實作，放在 src/ch15/
CXX-Qt/container_test 資料夾。

1. 新增專案：

```
cargo new container_test
```

2. 修改 Cargo.toml，加入以下設定以新增 cxx、cxx-qt 及 cxx-qt-build 套件：

```
[dependencies]
cxx = "1.0.120"

[dependencies.cxx-qt]
git = "https://github.com/KDAB/cxx-qt.git"

[dependencies.cxx-qt-lib]
git = "https://github.com/KDAB/cxx-qt.git"

[build-dependencies]
cxx-qt-build = { version = "0.6", features = [ "link_qt_object_files" ] }
```

3. 先建立 QObject：複製 cxx-qt-main\examples\qml_features\rust\src\containers.rs，改
   名為 cxxqt_object.rs，提供下列內容。

   - 要呼叫 C++ 的各種資料型別：QString、QHash、QList、QMap、QSet、
     QVariant 及 QVector 等。

   - QObject 定義：RustContainers

   - QObject 要提供給 Qt 的方法：reset、append_<XXX>，XXX 表上述各種
     資料型別。

4. 定義 GUI：複製 cxx-qt-main\examples\qml_features\qml\pages\Containers Page.qml
   改名為 qml\main.qml。

   - 由於 ContainersPage 為子頁面，故加上視窗 (Window) 的宣告，否則無法
     正常顯示。

```
Window {
    height: 480
    title: qsTr("Hello World")
    visible: true
    width: 640
        ...
}
```

5. 整合以上檔案：複製範例 1 的 build.rs、src/main.rs 檔案。

6. 使用【Developer command prompt】建置程式。

```
cargo run
```

7. 執行結果：增減數字，並點選【Insert】、【Append】按鈕，觀察各種資料結構的儲存機制，部分資料結構不允許資料重複。

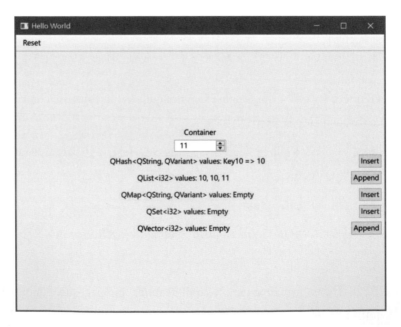

cxx-qt-main\examples\qml_features 還有很多的子頁面可以研究，透過 CXX-Qt 可以無縫整合 Qt，支援 Windows、Linux、Mac，甚至手機、嵌入式設備等跨平台程式開發。

15-6　Web based 桌面程式

上述的作法均須瞭解套件支援的各種控制項用法，才能運用自如，並須研究控制項支援的屬性，才能製作出美觀的畫面，這一節介紹的 Web based 桌面程式，以 HTML/CSS/JS 為 UI 開發工具，可直接利用網路上大量開發的元件，製作出美觀且強大的應用程式，缺點是由於瀏覽器安全的考量，較難與作業系統 (Windows API、System tray⋯) 及周邊設備直接溝通，例如、印表機、攝影機、通訊⋯等。

提供 Web based 桌面程式的 Rust 套件非常多，例如 Tauri[19]、egui[20]、Dioxus[21]⋯等，本節介紹 Tauri 這套主流的框架，它純粹以 Rust 開發，而非 C/C++，除了提供網頁呈現外，也支援 js 呼叫 Rust 函數。

15-6-1　Tauri 程式安裝

Tauri 的文件及自動生成的骨架程式碼有些錯誤，請注意本章節操作，筆者耗費了一天，才順利實驗成功。

1. Tauri 前置安裝程序如下：

   - Microsoft Visual Studio 2022 或 C++ Build Tools：可參閱第一章 1-2 節。

   - WebView2：Windows 10/11 預設已安裝，可忽略。

   - Rust。

   - Node.js：至 Node.js 官網[22] 安裝。

   Mac 及 Linux 作業系統的安裝程序請參閱【Tauri Prerequisites】[23]。

2. Tauri 安裝：只要執行一個指令，就會把 cargo-create-tauri-app.exe 安裝至 C:\Users\< 使用者 >\.cargo\bin 資料夾內。

   - cargo install create-tauri-app --locked

3. Tauri CLI 安裝：建置專案時可使用 cargo 指令，也可以使用 npm、Yarn 等工具，筆者先嘗試使用 cargo 指令，執行 cargo install tauri-cli，不過在 Windows 作業系統下安裝過程中出現【link.exe returned an unexpected error】，雖然筆者不斷重複執行下列指令，最後還是出現【failed to run custom build command for `zstd-sys v2.0.10+zstd.1.5.6`】錯誤，無法順利安裝，因此，筆者後續改用 npm 安裝 Tauri CLI。

```
npm install --save-dev @tauri-apps/cli
```

• 如出現【New major version of npm available!】可更新 npm 或 node.js：

```
npm install -g latest
```

• 使用 Yarn 會更簡單，不過要先安裝 Yarn[24]，在官網頁面點擊【Download Installer】下載安裝檔並執行：

```
yarn add -D @tauri-apps/cli
```

Alternatives

▼ Click to expand / collapse

Operating system:

Windows ⌄

Version:

Classic Stable (1.22.19) ⌄

Windows

There are three options for installing Yarn on Windows.

Download the installer

This will give you a `.msi` file that when run will walk you through installing Yarn on Windows.

If you use the installer you will first need to install Node.js.

Download Installer

- Tauri 支援各種前端框架 (Frontend framework)，包括單純的 (Vanilla) 的 HTML/CSS/JS、Next.js、Qwik、SvelteKit、Vite。

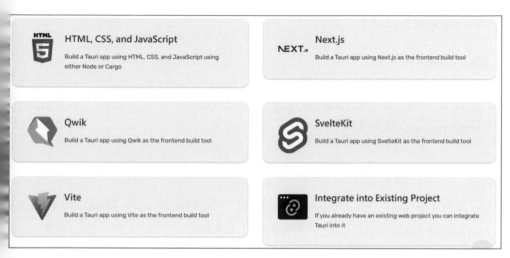

15-6-2 Tauri 程式開發

我們先使用單純的 (Vanilla) 的 HTML/CSS/JS 建構第一支程式，以瞭解 Tauri 的運作原理，之後再使用其他前端框架。

範例 1. 單純 HTML/CSS/JS 測試，使用 npm CLI，程式放在 src/ch15/tauri-app-js/tauri-app-js 資料夾。

1. 新增專案：開啟 cmd，執行下列指令，再回答幾個問題即可產生新專案。

```
npm create tauri-app@latest
```

```
F:\0_AI\Books\Rust實戰\src\ch14\tauri-app-js>npm create tauri-app@latest
Need to install the following packages:
create-tauri-app@3.13.17
Ok to proceed? (y) y
✔ Project name · tauri-app
✔ Choose which language to use for your frontend · TypeScript / JavaScript - (pnpm, yarn, npm, bun)
✔ Choose your package manager · npm
✔ Choose your UI template · Vanilla
✔ Choose your UI flavor · JavaScript

Template created! To get started run:
  cd tauri-app
  npm install
  npm run tauri dev
```

2. 後續步驟，請參照上述畫面下方指示操作，與教學文件可能有所差異，筆者就被戲弄了一陣子。

3. 切換至專案資料夾。

```
cd tauri-app-js
```

4. 安裝 js 模組：會根據 package.json 內容安裝專案所需的 js 模組，儲存在產生 node_modules 資料夾。

```
npm install
```

5. 建置專案並執行：在 Windows 作業系統下安裝過程中出現【link.exe returned an unexpected error】，要不斷重複執行下列指令。

```
npm run tauri dev
```

6. 執行結果：若 HTML 檔案找不到，Tauri 會自動顯示下列網頁。

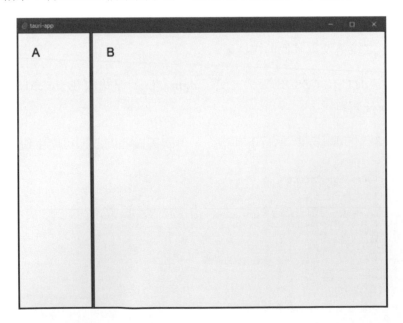

7. 修正錯誤：筆者參照 Tauri GitHub 的範例 [25]，才發現 tauri-app-js\tauri-app\ src-tauri\tauri.conf.json 的第 3~4 行路經要加 []，如下。

```
"devPath": ["../src"],
"distDir": ["../src"],
```

8. 重新建置專案。

```
npm run tauri dev
```

9. 執行結果：順利顯示 tauri-app-js\tauri-app\src\index.html 內容。

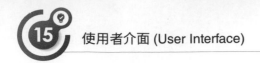

10.輸入【Enter a name…】文字框,再點選【Greet】按鈕,下方會顯示一串文字。

11.開啟 tauri-app-js\tauri-app\src\index.html,可以看到它引用 styles.css 及 main. js,而 main.js 第 16 行呼叫 greet 函數 (第 6~9 行),其中又呼叫 (invoke) Rust 的 greet 函數,達成 JS 與 Rust 雙向溝通的功能。

12.再作一點變化,在 tauri-app-js\tauri-app 新增 src2 子目錄,再將 ch02\tauri 的 index.html、dist 及 plugin 子目錄複製到 src2 子目錄內。

13.更改 tauri-app-js\tauri-app\src-tauri\tauri.conf.json 的第 3~4 行路徑如下。

```
"devPath": ["../src2"],
"distDir": ["../src2"],
```

14.重新建置專案。

```
npm run tauri dev
```

15.執行結果：如第二章所示，可順利使用 reveal.js，製作出類似 Power Point 的
簡報程式。可使用上 / 下 / 左 / 右鍵及空白鍵操作頁面。

範例 2. 改用 Yarn CLI，程式放在 src/ch15/tauri-app-yarn 資料夾。

1. 新增專案：開啟 cmd，執行下列指令，再回答幾個問題即可產生新專案。

```
yarn create tauri-app
```

```
F:\0_AI\Books\Rust實戰\src\ch14>yarn create tauri-app
yarn create v1.22.19
warning package.json: No license field
[1/4] Resolving packages...
[2/4] Fetching packages...
[3/4] Linking dependencies...
[4/4] Building fresh packages...
success Installed "create-tauri-app@3.13.17" with binaries:
      - create-tauri-app
✔ Project name · tauri-app-yarn
✔ Choose which language to use for your frontend · TypeScript / JavaScript - (pnpm, yarn, npm, bun)
✔ Choose your package manager · yarn
✔ Choose your UI template · Vanilla
✔ Choose your UI flavor · JavaScript

Template created! To get started run:
  cd tauri-app-yarn
  yarn
  yarn tauri dev
```

2. 切換至專案資料夾。

```
cd tauri-app-yarn
```

3. 安裝 js 模組：會根據 package.json 內容安裝專案所需的 js 模組，儲存在產生
node_modules 資料夾。

```
yarn
```

4. 建置專案並執行：在 Windows 作業系統下安裝過程中出現【link.exe returned
an unexpected error】，要不斷重複執行下列指令。

```
yarn tauri dev
```

5. 執行結果：HTML 檔案找不到，Tauri 會自動顯示下列網頁。

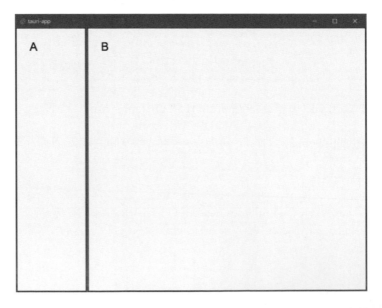

6. 修正錯誤：tauri-app-yarn\src-tauri\tauri.conf.json 的第 3~4 行路徑要加 []，如
下。

```
"devPath": ["../src"],
"distDir": ["../src"],
```

7. 重新建置專案。

```
yarn tauri dev
```

8. 執行結果：順利顯示 tauri-app-yarn \src\index.html 內容。

範例 3. 使用 Vite 框架及 Vue.js 測試，程式放在 src/ch15/tauri-app-vite 資料夾，相關程序可參閱【Tauri Vite】[26]。

1. 新增專案：範例 2 已安裝 Yarn CLI，可直接執行下列指令，再回答幾個問題即可產生新專案。

```
yarn create vite
```

```
F:\0_AI\Books\Rust實戰\src\ch14>yarn create vite
yarn create v1.22.19
[1/4] Resolving packages...
[2/4] Fetching packages...
[3/4] Linking dependencies...
[4/4] Building fresh packages...
success Installed "create-vite@5.2.3" with binaries:
      - create-vite
      - cva
√ Project name: ... tauri-app-vite
√ Select a framework: » Vue
√ Select a variant: » JavaScript

Scaffolding project in F:\0_AI\Books\Rust實戰\src\ch14\tauri-app-vite...

Done. Now run:

  cd tauri-app-vite
  yarn
  yarn dev
```

2. 切換至專案資料夾。

```
cd tauri-app-vite
```

3. 安裝 js 模組：會根據 package.json 內容安裝專案所需的 js 模組，儲存在產生 node_modules 資料夾。

```
yarn
```

4. 建置專案並執行：產生的程式碼不含 Rust，只有前端的程式。

```
yarn dev
```

5. 測試：瀏覽網頁 http://localhost:5173/。

6. 執行結果：

7. 更改程式 tauri-app-vite\src\components\HelloWorld.vue，將第 15 行修改為中文：

```
<button type="button" @click="count++">訪客人數： {{ count }}</button>
```

8. 儲存後的執行結果：Vite 支援 Hot Module Reloading (HMR)，修改任何 HTML/CSS/JS 後，畫面會即時顯示最新內容。

9. 再加入 Rust 專案：先修改 tauri-app-vite\vite.config.js 內容，參閱 tauri-app-vite\vite.config.js，注意，不可以參照官方文件全部覆蓋，因官方文件的 vite.config.js 內容不含 Vue。

10. 安裝 Tauri CLI。

```
yarn add -D @tauri-apps/cli
```

11. 新增專案：可直接執行下列指令，再回答幾個問題即可產生新專案。所有資訊會儲存至 tauri-app-vite\src-tauri\tauri.conf.json。

```
yarn tauri init
```

```
$ F:\0_AI\Books\Rust實戰\src\ch14\tauri-app-vite\node_modules\.bin\tauri init
✔ What is your app name? · tauri-app-vite-rust
✔ What should the window title be? · tauri-app-vite
  Where are your web assets (HTML/CSS/JS) located, relative to the "<current d
✔ Where are your web assets (HTML/CSS/JS) located, relative to the "<current
will be created? · ../dist
✔ What is the url of your dev server? · http://localhost:5173
✔ What is your frontend dev command? · npm run dev
✔ What is your frontend build command? · npm run build
```

12.建置專案並執行：

```
yarn tauri dev
```

13.執行結果：與步驟 8 結果相同。

14.加入 Rust 函數，提供 JS 呼叫：修改 tauri-app-vite\src-tauri\src\main.rs 如下。

• 加一函數：

```
#[tauri::command]
fn greet(name: &str) -> String {
    format!("Hello, {}! You've been greeted from Rust!", name)
}
```

• 在 main() 加一行指令：

```
fn main() {
  tauri::Builder::default()
    // 加一行
    .invoke_handler(tauri::generate_handler![greet])
    .run(tauri::generate_context!())
    .expect("error while running tauri application");
}
```

15.加入 Tauri 的 JS 函數庫：

```
yarn add @tauri-apps/api
```

16.測試：修改 tauri-app-vite\src\main.js 如下，在程式執行時會立即呼叫 greet 函數。

• 引用 Tauri 的 JS 函數庫。

```
import { invoke } from '@tauri-apps/api'
```

• 呼叫 Rust greet 函數。

```
invoke('greet', { name: 'World' })
  .then((response) => console.log(response))
```

17.建置專案並執行：

```
yarn tauri dev
```

18.執行結果：畫面出來後按 F12 鍵，點選【主控台】頁籤，可看到呼叫函數的訊息。

15-6-3 Tauri 程式除錯與佈署

Tauri 程式除錯主要藉助瀏覽器的【開發者主控台】(Developer console)，也可以是用程式自動開啟【開發者主控台】，詳閱【Tauri Application Debugging】[27]。Rust 程式的除錯可藉助 VS Code，詳閱【Tauri Debugging in VS Code】[28]。

程式佈署可以使用下列指令：

* yarn tauri build

以 tauri-app-yarn 專案為例，指令執行後會將所有網頁檔案及 Rust 程式全部建置成二進位執行檔 tauri-app-yarn.exe，位於 src-tauri\target\release 資料夾內，可複製到任意資料夾測試，不需其他檔案。另外，也會產生安裝檔 src-tauri\target\release\bundle\msi\tauri-app-yarn_0.0.0_x64_en-US.msi，可 Double click 試試看。

15-7　網站開發

介紹完桌面程式，接著來探討網站開發，網站與行動 App 已經是應用系統的主流介面，尤其是大型的後端系統，不太可能佈署到每個使用者的 PC 內，因此，藉由前端的瀏覽器或行動裝置送出請求 (Request)，再由後端系統回應，後端系統有兩種選擇，可單純回應資料 (Web API)，或者回應整個網頁。

在第 11 章並行處理，我們曾經開發一個高效能、而且簡單的網站 (multi_thread_web_server)，運行好像還不錯，可以呈現各種網頁，其實還有許多功能沒有考慮，例如權限控管 (Authentication、Authorization)、Session、Cookies、Routing、Cache、SSL、Proxy…等，因此，這一節我們就來研究幾個主流的網站套件。Rust 網站套件概分為低階 (Low level) 及高階 (High Level) 兩類，低階只提供通訊必要功能，可用於簡單的通訊，例如物聯網 (IoT) 裝置互連，並不需要權限控管、複雜的 Routing、Cookies 等機制，討論度較高的套件有 Hyper[29]、Tiny-http[30]…等，而高階套件有 Actix Web[31]、axum[32]、Rocket[33]…等，以下會針對 Hyper、Actix Web 進行相關測試。

15-7-1　Hyper 套件

Hyper 屬於低階套件，功能類似第 11 章我們自行開發的程式 multi_thread_web_server，也是以 Tokio 並行處理架構為基礎，同時許多高階套件 axum、warp…也以它為基礎建構而成的，Hyper 主要提供 Server 及 Client 端 API，適合簡單裝置或內部網路通訊的連接。GitHub 提供很多的範例,以下挑選幾個程式進行測試。

範例 1. 簡單 Server 測試,固定回傳【Hello World!】,程式放在 src/ch15/hyper/hello_test 資料夾。

1. 建立新專案。

```
cargo new hello_test
```

2. 加入套件。

```
cd hello_test
cargo add hyper -F full
cargo add tokio -F full
cargo add http-body-util
cargo add hyper-util -F full
cargo add pretty-env-logger
```

3. 引用套件。

```
use std::convert::Infallible;
use std::net::SocketAddr;
use hyper::body::Bytes;
use http_body_util::Full;
use hyper::server::conn::http1;
use hyper::service::service_fn;
use hyper::{Request, Response};
use tokio::net::TcpListener;
use hyper_util::rt::TokioIo;
```

4. 回傳【Hello World!】:通訊程式一律以 byte 交換訊息。

```
async fn hello(_: Request<impl hyper::body::Body>) ->
        Result<Response<Full<Bytes>>, Infallible> {
    Ok(Response::new(Full::new(Bytes::from("Hello World!"))))
}
```

5. 主程式。

```
#[tokio::main]
pub async fn main() -> Result<(), Box<dyn std::error::Error + Send + Sync>> {
    // 開啟工作日誌
    pretty_env_logger::init();

    // 設定本機網址及通訊埠
    let addr: SocketAddr = ([127, 0, 0, 1], 8000).into();

    // 監聽連線
    let listener = TcpListener::bind(addr).await?;
    println!("Listening on http://{}", addr);
    loop {
    // 接受連線請求
    let (tcp, _) = listener.accept().await?;
    // Tokio 初始化
    let io = TokioIo::new(tcp);

        // 生成一個新的執行緒處理連線請求
        tokio::task::spawn(async move {
            // 呼叫 hello 函數
            if let Err(err) = http1::Builder::new()
                .serve_connection(io, service_fn(hello))
                .await
            {
                println!("Error serving connection: {:?}", err);
            }
        });
    }
}
```

6. 測試：執行 cargo run，並開啟瀏覽器，瀏覽 http://localhost:8000/。

7. 執行結果：瀏覽器得到【Hello World!】。

範例 2. 簡單 Client 測試，不使用瀏覽器，以程式連接範例 1，程式放在 src/ch15/hyper/client_test 資料夾。

1. 建立新專案。

```
cargo new client_test
```

2. 加入套件。

```
cd client_test
cargo add hyper -F full
cargo add tokio -F full
cargo add http-body-util
cargo add hyper-util -F full
cargo add pretty-env-logger
```

3. 引用套件。

```
use std::env;
use hyper::body::Bytes;
use http_body_util::{BodyExt, Empty};
use hyper::Request;
use tokio::io::{self, AsyncWriteExt as _};
use tokio::net::TcpStream;
use hyper_util::rt::TokioIo;
```

4. 自訂 Result 資料型別。

```
type Result<T> = std::result::Result<T,
        Box<dyn std::error::Error + Send + Sync>>;
```

5. 主程式。

```
#[tokio::main]
async fn main() -> Result<()> {
    // 開啟工作日誌
    pretty_env_logger::init();

    // 取得 URL 參數 (http://localhost:8000/)
    let url = match env::args().nth(1) {
        Some(url) => url,
        None => {
```

```
            println!("Usage: client <url>");
            return Ok(());
        }
    };

    // 只接受 http，不接受 https
    let url = url.parse::<hyper::Uri>().unwrap();
    if url.scheme_str() != Some("http") {
        println!("This example only works with 'http' URLs.");
        return Ok(());
    }

    // 送出請求，並取得回應
    fetch_url(url).await
}

async fn fetch_url(url: hyper::Uri) -> Result<()> {
    let host = url.host().expect("uri has no host");
    let port = url.port_u16().unwrap_or(80);
    let addr = format!("{}:{}", host, port);
    let stream = TcpStream::connect(addr).await?;
    let io = TokioIo::new(stream);

    // 建立連線
    let (mut sender, conn) = hyper::client::conn::http1::handshake(io).await?;
    tokio::task::spawn(async move {
        if let Err(err) = conn.await {
            println!("Connection failed: {:?}", err);
        }
    });

    // 權限控管
    let authority = url.authority().unwrap().clone();

    // 建立請求
    let path = url.path();
    let req = Request::builder()
        .uri(path)
```

```
        .header(hyper::header::HOST, authority.as_str())
        .body(Empty::<Bytes>::new())?;

    // 送出請求，並取得回應
    let mut res = sender.send_request(req).await?;

    // 顯示回應狀態及表頭
    println!("Response: {}", res.status());
    println!("Headers: {:#?}\n", res.headers());

    // 顯示回應內容
    while let Some(next) = res.frame().await {
        let frame = next?;
        if let Some(chunk) = frame.data_ref() {
            io::stdout().write_all(&chunk).await?;
        }
    }
    println!("\n\nDone!");
    Ok(())
}
```

6. 測試：先執行範例 1，再執行【cargo run http://localhost:8000/】。

7. 執行結果：含所有原始資料，包括狀態碼 (200)、表頭及回應內容。

```
Response: 200 OK
Headers: {
    "content-length": "12",
    "date": "Mon, 29 Apr 2024 01:12:20 GMT",
}



Done!
Hello World!
```

事實上，Hyper 並沒有比 Tokio 支援的架構強大，只有一些細節的加強，下一節介紹高階的套件，支援路由 (Routing) 設定、Session 管理、…，比較接近 Python 的 Flask、Django 等套件的功能範圍。

15-7-2 Actix Web 套件

Actix Web 特點如下:

1. 使用註解設定路由 (Routing),類似 Python 的 Flask 套件。

2. 利用中介模組 (Middleware),支援工作日誌 (Logger)、Session 管理、CORS 等。

3. 支援 SSL、即時內容壓縮 (gzip) 等通訊協定。

範例 1. 簡單 Server 測試,程式放在 src/ch15/actix_web/hello_test 資料夾。

1. 建立新專案。

```
cargo new hello_test
```

2. 加入套件。

```
cd hello_test
cargo add actix-web
```

3. 引用套件。

```
use actix_web::{get, web, App, HttpServer, Responder};
```

4. 指定路由及對應的處理函數:URI 含參數 name。

```
#[get("/hello/{name}")]
async fn greet(name: web::Path<String>) -> impl Responder {
    format!("Hello {name}!")
}
```

5. 主程式:main() 要加註解 #[actix_web::main]。

```
#[actix_web::main] // or #[tokio::main]
async fn main() -> std::io::Result<()> {
    HttpServer::new(|| {
```

```
        App::new().service(greet)
    })
.bind(("127.0.0.1", 8000))?
.run()
.await
}
```

6. 測試：執行 cargo run，並開啟瀏覽器，瀏覽 http://localhost:8000/hello/World。

7. 執行結果：瀏覽器得到【Hello World!】。

8. 瀏覽 http://localhost:8000/hello/ 王小明，得到【Hello 王小明!】。

9. 再新增一路由：指定 post 方式，並回傳請求的內容。

```
#[post("/echo")]
async fn echo(req_body: String) -> impl Responder {
    println!("{:?}", req_body);
    HttpResponse::Ok().body(req_body)
}
```

10. 在主程式的 .service(greet) 後面再加 .service(echo) 即可。

```
App::new().service(greet).service(echo)
```

11. 測試：執行 cargo run，瀏覽器預設為 get，無法送出 post 請求，改以 Postman[34] 軟體測試，畫面如下，填寫表單兩個欄位 name、id。

12.執行結果：回傳兩個欄位 name、id。

```
Body    Cookies    Headers (2)    Test Results

Pretty    Raw    Preview    Visualize    Text  ▼    ⇥

 1    --------------------------5221439215764079246567178
 2    Content-Disposition: form-data; name="name"
 3
 4    BBB
 5    --------------------------5221439215764079246567178
 6    Content-Disposition: form-data; name="id"
 7
 8    00001
 9    --------------------------5221439215764079246567178--
10
```

13.以程式直接指定路由及呼叫方法 (get/post) 也可以，接在 .service(echo) 之後即可。但是 Actix Web 並沒有支援路由檔，統一定義所有路由，對於大型應用程式動輒數百個路由，逐一定義在程式中並不容易管理。

```
App::new().service(greet).service(echo).route("/hey",
web::get().to(manual_hello))
```

Actix Web 支援 Application 及 Session 等級的快取 (Cache)，讓多個路由處理函數可共享資料，例如，訪客人數的累計、資料庫連線、儲存目前登入的使用者帳號…等資訊，每個應用程式幾乎都需要此類的快取功能，將這些資訊放入快取，會減少函數互相傳遞資訊的數量與頻率。

範例 2. Application 快取 (Cache) 測試，程式放在 src/ch15/actix_web/cache_test 資料夾。

1. 建立新專案。

```
cargo new cache_test
```

2. 加入套件。

```
cd cache_test
cargo add actix-web
```

3. 引用套件。

```
use actix_web::{get, web, App, HttpServer};
use std::sync::Mutex;
```

4. 定義 Application 快取資料。

```
struct AppState {
    app_name: String, // 測試字串
    counter: Mutex<i32> // 訪客人數
}
```

5. 指定路由及對應的處理函數：內容包括讀取 Application 快取資料。

```
#[get("/")]
async fn index(data: web::Data<AppState>) -> String {
    let app_name = &data.app_name; // 取用 Application cache
    let counter = data.counter.lock().unwrap();
    format!("Hello {app_name}!\n 訪客人數：{counter}")
}
```

6. 指定路由及對應的處理函數：內容包括更新 Application 快取資料。

```
#[get("/update")]
async fn update_cache(data: web::Data<AppState>) -> String {
    let mut counter = data.counter.lock().unwrap();
    *counter += 1;
    format!(" 訪客人數：{counter}")
}
```

7. 主程式：內容包括初始化 Application 快取資料。

```
#[actix_web::main]
async fn main() -> std::io::Result<()> {
    HttpServer::new(|| {
        App::new()
            // 建立 Application cache
            .app_data(web::Data::new(AppState {
                app_name: String::from("Actix Web"),
```

```
                counter: 0.into() // convert integer into Mutex<i32>
            }))
            .service(index)
            .service(update_cache)
        })
    .bind(("127.0.0.1", 8000))?
    .run()
    .await
}
```

8. 測試：執行 cargo run，並開啟瀏覽器，瀏覽 http://localhost:8000。

9. 執行結果：

```
Hello Actix Web!
訪客人數：0
```

10. 瀏覽 http://localhost:8000/update，得到【訪客人數：1】，每按一次，訪客人數會增加 1。

11. 再瀏覽 http://localhost:8000，訪客人數會是最新的數字。

12. Actix Web 還可以細分為多個子網站，稱為 App，通常網站會分為前台及後台，前台提供商品銷售或提供服務，後臺則負責商品上架、權限控管及動態選單 / 網頁設定，前 / 後台就可以使用 App 切開。

```
async fn index() -> impl Responder {
    "Hello world!"
}
...
.service(web::scope("/app") // 建立子網站
.route("/", web::get().to(index)))
```

13. 瀏覽 http://localhost:8000/app/，得到【Hello world!】。

接著測試 Session management，它是用於記錄每次連線 (Session) 中要快取的資料，例如使用者帳號、偏好、頁面瀏覽次數…等，避免每次都到資料庫查詢，拖慢反應速度。

範例 3. Session 測試，程式放在 src/ch15/actix_web/session_test 資料夾。Session 可使用多種方式儲存資料，Actix web 預設方式為 Cookie，也可設定其他後端機制 (backend)。

1. 建立新專案。

```
cargo new session_test
```

2. 加入套件。

```
cd session_test
cargo add actix-web -F cookie
cargo add actix-session -F cookie-session
```

3. 引用套件。

```
use actix_session::{Session, SessionMiddleware, storage::CookieSessionStore};
use actix_web::{web, App, Error, HttpResponse, HttpServer, cookie::Key};
```

4. 存取 session 變數【counter】資料。

```
async fn index(session: Session) -> Result<HttpResponse, Error> {
    // 讀取 session 變數 counter
    if let Some(count) = session.get::<i32>("counter")? {
        // counter 每次加 1
        session.insert("counter", count + 1)?;
    } else {
        session.insert("counter", 1)?; // counter 不存在，設定 counter=1
    }

    // 回傳 counter
    Ok(HttpResponse::Ok().body(format!(
        "Count is {:?}!",
        session.get::<i32>("counter")?.unwrap()
    )))
}
```

5. 主程式：使用 session middleware 建立 cookie。

```
#[actix_web::main]
async fn main() -> std::io::Result<()> {
    HttpServer::new(|| {
        App::new()
            .wrap(
                // 使用 session middleware 建立 cookie
                SessionMiddleware::builder(
                    CookieSessionStore::default()
                        , Key::from(&[0; 64]))
                        .cookie_secure(false)
                        .build()
                        )
            .service(web::resource("/").to(index))
    })
    .bind(("127.0.0.1", 8000))?
    .run()
    .await
}
```

6. 測試：執行 cargo run，並開啟瀏覽器，瀏覽 http://localhost:8000。

7. 執行結果：Count is 1!，每次重新檢視，Counter 會加 1。

範例 4. 靜態檔案 (Static file) 測試，Server 端直接回傳 HTML 檔案，也支援資料夾瀏覽功能，程式放在 src/ch15/actix_web/static_test 資料夾。

1. 建立新專案。

```
cargo new static_test
```

2. 加入套件。

```
cd static_test
cargo add actix-web
cargo add actix-files
```

3. 複製 src\ch15\actix_web\hello_test\src\main.rs，並額外引用 actix-files 套件。

```
use actix_files as fs;
```

4. 在 main() 中增加一個服務，。

```
.service(fs::Files::new("/static", "./static").show_files_listing())
```

5. 測試：建立 static 資料夾，並放入一些 HTML 檔案，執行 cargo run，並開啟瀏覽器，瀏覽 http://localhost:8000/static。

6. 執行結果：會出現 static 資料夾內容。

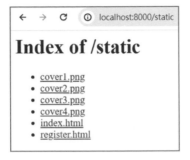

7. 再點選 index.html，結果如下。

以上就是一般網頁設計的開發方式。

15-7-3 完整網站開發範例

這一節將整合資料庫與網頁開發，使用 Diesel、Actix Web 套件及 HTML/CSS、JavaScript，完成一個具備新增 / 查詢 / 更正 / 刪除 (CRUD) 功能的資料維護程式。

範例 . CRUD 程式開發，程式放在 src/ch15/actix_web/db_test 資料夾。

1. 建立新專案。

```
cargo new db_test
```

2. 加入套件：這次使用 SQLite 資料庫。

```
cd db_test
cargo add actix-web
cargo add diesel -F sqlite
cargo add dotenvy
cargo add serde -F derive
```

3. 確定 Diesel CLI 已安裝，請參閱上一章說明。

4. 建立組態檔 .env，記錄 SQLite 連線字串：

```
echo DATABASE_URL= file:test.db > .env
```

5. 建立資料庫：

```
diesel setup
```

6. 建立 Migration Plan：users 是 Migration Plan 名稱，可修改。

```
diesel migration generate users
```

7. 修改 migrations\2024-05-17-015009_users\up.sql，內容如下：

```
CREATE TABLE users (
  id INTEGER PRIMARY KEY AUTOINCREMENT,
```

```
  name VARCHAR NOT NULL,
  email VARCHAR NOT NULL
)
```

8. 修改 migrations\2024-05-17-015009_users\down.sql，內容如下：

```
drop TABLE users
```

9. 執行 Migration Plan 內的 up.sql：

```
diesel migration run
```

10.執行結果：

- 會在 test.db 資料庫新稱 users 資料表。

- 並在 src 資料夾下產生 schema.rs，內容如下。

```
diesel::table! {
    users (id) {
        id -> Integer,
        name -> Text,
        email -> Text,
        }
    }
```

11.新增 src/models.rs，使用網頁存取資料庫。

```
use diesel::prelude::*;
use crate::schema::users;
use serde::{Deserialize, Serialize};

/// User details.
#[derive(Debug, Clone, Serialize, Deserialize, Queryable, Insertable)]
#[diesel(table_name = users)]
pub struct User {
    pub id: i32,
    pub name: String,
    pub email: String,
```

```
}

#[derive(Serialize)]
    pub struct DataSource {
pub data: Vec<User>,
}
```

12. 接著開始修改 src/main.rs，建立 users 資料表的對應類別及 datatables.js 的資料來源格式。datatables.js[35] 是 JavaScript 套件，提供非常完整的表格檢視功能。

13. 引用套件。

```
mod schema;
mod models;
use diesel::prelude::*;
use diesel::debug_query;
use dotenvy::dotenv;
use std::env;
use diesel::{insert_into, select, update, delete};
use models::*;
use diesel::upsert::*;
use diesel::dsl::now;
use actix_web::{get, post, web, App, Responder, Result,
            HttpServer, HttpResponse};
use actix_web::middleware::Logger;
use schema::users::dsl::*;
```

14. 定義建立資料庫連線的函數。

```
pub fn establish_connection() -> SqliteConnection {
    dotenv().ok();

    // 讀取 .env
    let database_url = env::var("DATABASE_URL")
            .expect("DATABASE_URL must be set");
    // 資料庫連線
    SqliteConnection::establish(&database_url)
```

```
        .unwrap_or_else(|_| panic!("Error connecting to {}"
        , database_url))
}
```

5.定義新增及更正資料的函數。

```
#[post("/update_user")]
async fn update_user(
    form: web::Form<User>
) -> impl Responder {
    let mut conn = establish_connection();
    let mut no = 0;
    // 新增
    if (form.id == -1) {
        no = insert_into(users)
            .values((name.eq(&form.name), email.eq(&form.email)))
            .execute(&mut conn).unwrap();
        // println!("no of inserted records:{}", no.unwrap());
    } else { // 修改
        no = update(users)
        .filter(id.eq(form.id))
        .set((name.eq(&form.name), email.eq(&form.email)))
        .execute(&mut conn).unwrap();
    }
    if (no > 0) {
        HttpResponse::Ok().body("")
    } else {
        HttpResponse::Ok().body(" 儲存失敗 !!")
    }
}
```

- form: web::Form<User>：輸入參數為 User 類別定義的欄位。

- users 資料表的 id 欄位是自動給號，會從 1 開始遞增，故以【if (form.id == -1)】判斷是新增或更正記錄。

- 儲存成功回傳空字串，失敗則回傳【儲存失敗 !!】訊息。

16. 定義刪除資料的函數。

```
#[get("/delete_user/{user_id_string}")]
async fn delete_user(user_id_string: web::Path<String>)
    -> impl Responder {
    let mut conn = establish_connection();

    let user_id = user_id_string.parse::<i32>().unwrap();
    let no = delete(users)
        .filter(id.eq(user_id))
        .execute(&mut conn).unwrap();
    if (no > 0) {
        HttpResponse::Ok().body("")
    } else {
        HttpResponse::Ok().body("刪除失敗 !!")
    }
}
```

- 從 URL 取得輸入參數 id，再以 id 查詢記錄並刪除。

17. 定義查詢所有記錄的函數。

```
#[get("/get_user_list")]
async fn get_user_list()
    -> impl Responder {
    let mut conn = establish_connection();

    let mut user_vec: Vec<User> = users
        .load(&mut conn)
        .expect("get user list error");
    // println!("{:?}", user_vec);
    let content = DataSource{data: user_vec};
    HttpResponse::Created().json(content)
}
```

- 網頁使用 datatables.js 套件，json 格式必須包含 data 鍵值，故回傳時以 DataSource 類別回傳。

18.定義顯示首頁的函數：回傳【../static/index.html】，檔案必須放在專案下的 static 資料夾。

```
#[get("/")]
async fn index() -> impl Responder {
    HttpResponse::Ok().body(include_str!("../static/index.html"))
}
```

19.主程式：將以上函數加入服務即可。

```
#[actix_web::main]
async fn main() -> std::io::Result<()> {
    dotenvy::dotenv().ok();
    println!("starting HTTP server at http://localhost:8000");

    HttpServer::new(move || {
        App::new()
            .service(index)
            .service(get_user)
            .service(get_user_list)
            .service(update_user)
            .service(delete_user)
    })
    .bind(("127.0.0.1", 8000))?
    .run()
    .await
}
```

20.接著開發用戶端的 index.html，引用 Bootstrap 的 CSS、JQuery、datatables.js。

```
<link href="https://cdn.jsdelivr.net/npm/bootstrap@5.3.2/dist/css/bootstrap.min.css"
rel="stylesheet">
<script type="text/javascript" src="https://code.jquery.com/jquery-3.3.1.js"></script>
<link href="https://cdn.datatables.net/v/dt/jq-3.7.0/dt-2.0.7/datatables.min.css"
rel="stylesheet">
<script src="https://cdn.datatables.net/v/dt/jq-3.7.0/dt-
2.0.7/datatables.min.js"></script>
```

21.網頁設計如下：左半部為新增 / 更正的操作畫面，右半部為所有資料的顯示。

22.JavaScript 主要使用 JQuery，以 Ajax 進行 CRUD：網頁完全載入後定義 CRUD 相關函數。

```
$(document).ready(function() {…}
```

23.指定表格為 DataTable：包含指定欄位名稱 / 標題、隱藏第一欄 id 及利用 ajax 呼叫 server 端函數 get_user_list 取得資料。

```
var table = new DataTable('#table1',{
    searching: false,
    ajax: '/get_user_list',
    // 指定欄位名稱
    columns: [
        { data: 'id', title: 'ID' },
        { data: 'name', title: '姓名' },
        { data: 'email', title: 'email' },
        { title: "", "defaultContent":
            "<button class='btn btn-warning btn-sm update'>
                            修改</button>" },
        { title: "", "defaultContent":
            "<button class='btn btn-danger btn-sm delete'>刪除</button>" }
            ],
    // 第一欄 id 隱藏
    columnDefs: [
        {
```

```
        target: 0,
        visible: false,
    }],
});
```

24.定義【修改】按鈕的處理函數：將同列記錄移至左半部。

```
$('.table').on('click', '.btn-warning', function() {
    var row = $(this).closest('tr');
    // Mark the selected row
    $('.table tr.selected').removeClass('selected');
    row.addClass('selected');
    // Retrieve and set data for the selected row
    var rowData = table.row(row).data();
    $('#idInput').val(rowData.id);
    $('#nameInput').val(rowData.name);
    $('#emailInput').val(rowData.email);
});
```

25.定義【刪除】按鈕的處理函數：呼叫 server 端函數 delete_user 刪除資料。

```
$('.table').on('click', '.btn-danger', function() {
    if (confirm('確定刪除？')) {
        var row = $(this).closest('tr');
        var rowData = table.row(row).data();
        $.get('/delete_user/'+rowData.id, {},
        function(data, status){
          if (status == "success") {
              if (data == "") {
                  alert('刪除成功 !!');
                  window.location.href = "/";
              } else {
                  alert(data);
              }
          } else {
              alert(data);
          }})
          .fail(function(data, status) {
              alert(status+'\n'+data);
```

```
                });
        }
});
```

26.定義【儲存】按鈕的處理函數：呼叫 server 端函數 update_user 儲存資料。

```
    $('#save').on('click', function() {
        $.post("/update_user",
          {
            "id": $('#idInput').val(),
            "name": $('#nameInput').val(),
            "email": $('#emailInput').val()
          },
          function(data, status){
            if (status == "success") {
                if (data == "") {
                    alert(' 儲存成功 !!');
                    window.location.href = "/";
                } else {
                    alert(data);
                }
            } else {
                alert(data);
            }
        }).fail(function(data, status) {
                alert(status+'\n'+data);
        });
    });
```

27.定義【取消】按鈕的處理函數：將左半部欄位清空。

```
$('#cancel').on('click', function() {
    // 清除表單數據
    $('form')[0].reset();
    $('#idInput').val(-1);
});
```

28. 測試：

- 新增記錄：直接在左半部輸入資料新增記錄。
- 修改記錄：點選【修改】按鈕，並在左半部修改資料以更正記錄。
- 刪除記錄：點選【刪除】按鈕以刪除記錄。

相關網頁主要是參考【dataTable 新增、讀取、更新、刪除】[36]，並作適度的調整，程式並不複雜，須注意 client/server 間資料的傳遞，一旦欄位名稱或格式不符就會出現【400 bad request】錯誤。

15-8　本章小結

本章介紹多種開發 GUI 的方式，包括原生式、跨平臺及網頁式的框架，有些框架未來也會支援移動式裝備 (Mobile)，每一種框架都有其適用的場景，例如原生式套件可開發與作業系統相關的特殊應用，Qt 可支援跨平臺，並提供豐富的控制項，而 Tauri 網頁式框架可利用大量的網路資源，開發美輪美奐的介面。另外，我們也實作許多範例與技巧提示，希望能縮短讀者的學習路徑，避免重蹈覆轍，讀者如果要開發應用系統，可以選擇其中一種框架，進行更深入的研究。

同時本章也介紹網站的開發，包括低階及高階的套件使用，利用 Tokio 並行處理的特性，可開發出高效能的網站。

參考資料 (References)

[1]　After Abandoning C/C++, Microsoft Forms New Team to Rewrite C# Code in Rust! (https://blog.stackademic.com/after-abandoning-c-c-microsoft-forms-new-team-to-rewrite-c-code-in-rust-b90019c685ea)

[2]　Google 投百萬美元給 Rust 基金會，要強化 C++ 與 Rust 互通性 (https://www.ithome.com.tw/news/161222)

3   Rust Once Again Chosen for Cost Savings! Rust Replaces Python, Slashing Amazon Cloud Costs by 75%! (https://blog.stackademic.com/rust-once-again-chosen-for-cost-savings-rust-replaces-python-slashing-amazon-cloud-costs-by-75-65f3d1af171c)

4   Windows 套件說明 (https://microsoft.github.io/windows-docs-rs/doc/windows/)

5   Rust For Windows 套件首頁 (https://crates.io/crates/windows)

6   Rust For Windows 的 GitHub (https://github.com/microsoft/windows-rs)

7   微軟 WIN32 API 的程式設計參考 (https://learn.microsoft.com/zh-tw/windows/win32/api/)

8   MessageBoxW 函式 (winuser.h) (https://learn.microsoft.com/zh-tw/windows/win32/api/winuser/nf-winuser-messageboxw)

9   【Windows 應用程式開發】的【建立視窗】 (https://learn.microsoft.com/zh-tw/windows/win32/learnwin32/creating-a-window)

10   Native Windows GUI (https://github.com/gabdube/native-windows-gui)

11   Native Windows GUI 畫面截圖 (Showcase) (https://github.com/gabdube/native-windows-gui/tree/master/showcase)

12   iced 套件 (https://iced.rs/)

13   iced GitHub (https://github.com/iced-rs/iced)

14   iced GitHub 的 examples 資料夾 (https://github.com/iced-rs/iced/tree/master/examples)

15   CXX-Qt GitHub (https://github.com/KDAB/cxx-qt/)

16   Qt 官網 (https://www.qt.io/download)

17 CXX-Qt 官網教學範例 (https://kdab.github.io/cxx-qt/book/getting-started/2-our-first-cxx-qt-module.html)

18 CXX-Qt GitHub 的 examples/qml_features 資料夾 (https://github.com/KDAB/cxx-qt/tree/main/examples/qml_features)

19 Tauri (https://tauri.app/)

20 egui (https://github.com/emilk/egui)

21 Dioxus (https://dioxuslabs.com/)

22 Node.js 官網 (https://nodejs.org/en)

23 Tauri Prerequisites (https://tauri.app/v1/guides/getting-started/prerequisites)

24 Yarn 下載與安裝 (https://classic.yarnpkg.com/lang/en/docs/install/#windows-stable)

25 Tauri GitHub (https://github.com/tauri-apps/tauri/tree/dev)

26 Tauri Vite (https://tauri.app/v1/guides/getting-started/setup/vite)

27 Tauri Application Debugging (https://tauri.app/v1/guides/debugging/application)

28 Tauri Debugging in VS Code (https://tauri.app/v1/guides/debugging/vs-code)

29 Hyper 套件 (https://github.com/hyperium/hyper)

30 Tiny-http (https://github.com/tiny-http/tiny-http)

31 Actix Web (https://github.com/actix/actix-web)

32 axum (https://github.com/tokio-rs/axum)

33 Rocket (https://github.com/rwf2/rocket)

34 Postman (https://www.postman.com/jp/downloads/)

[35] datatables.js (https://datatables.net/)

[36] dataTable 新增、讀取、更新、刪除 (https://cwcchannel.com/2024/02/15/ 新增、讀取、更新、刪除 -crud-data-table- 系統 -javascript/)

與其他程式語言溝通

Rust 不僅功能強大,更可以和其他程式語言整合,不必捨棄過去撰寫的程式,
Rust 提出 Foreign Function Interface (FFI) 規格,也提供 std::ffi 套件方便使用,
另外,還有許多套件包裝 FFI 規格,甚至可內嵌 C/C++ 程式碼,例如 rust-cpp、
libc,也有專為 Python 整合的套件 PyO3,可以兼顧 Python 的高生產力與 Rust
的高效能,本章會針對各種程式語言整合,逐一進行實驗。

16-1 與 C/C++ 程式語言溝通

通常 C/C++ 要與其他程式語言溝通，都會遵守 ABI(Application binary interface) 約定，ABI 屬於二進位層級的溝通協定，包括資料型別的對照、函數的參數傳遞方式 (Calling convention) 及對作業系統 API 的呼叫…等。FFI 則是定義程式碼層級的溝通協定，包括程式碼要如何撰寫、函數宣告的規定。接下來就以範例逐一展示 FFI 的作法。

16-1-1 Rust 呼叫 C/C++

Rust 與 C/C++ 可雙向溝通，先實驗 Rust 如何呼叫 C 函數。

範例 1. Rust 呼叫 C 的內建函數，程式放在 src/ch16/rust_call_c_test 資料夾，程式來源為【The Rust Programming Language 的 Unsafe Rust】[1]。

1. 建立新專案。

```
cargo new rust_call_c_test
```

2. 宣告 C 的內建函數 abs：abs 是對整數取絕對值，使用【extern "C"】包覆函數。

```
extern "C" {
    fn abs(input: i32) -> i32;
}
```

3. 測試：必須以 unsafe 包覆呼叫 C 函數，因為它脫離 Rust 控管，不保證其安全。

```
fn main() {
    unsafe {
        println!(" 呼叫 C 的絕對值 (abs): {}", abs(-3));
    }
}
```

4. 建置：

```
cargo run
```

5. 執行結果：【呼叫 C 的絕對值 (abs)：3】

6. 如果要傳遞字串，可使用 std::ffi::CString 資料型別，它對應 C 的字串型別。

```
use std::ffi::CString;
use std::os::raw::c_char;

extern "C" {
    fn puts(s: *const c_char); // 顯示字串
}
```

7. 測試：在 main 中加上程式碼。

```
let to_print = CString::new("Hello !").unwrap();

unsafe {
    puts(to_print.as_ptr()); // 傳送字串指標
}
```

8. 執行結果：【Hello !】，字串有中文會無法顯示，這是 C 的問題。

範例 2. 範例 1 是呼叫 C 的標準函數，本範例呼叫 C 的自訂函數，程式放在 src/ch16/rust_call_c_custom_function 資料夾，程式來源為【vanjacosic, rust-ffi-to-c】[2]。

1. 建立新專案。

```
cargo new rust_call_c_custom_function
```

2. 新增 C 檔案 multiply.c，內含函數 multiply：將 a、b 兩個參數相乘後回傳。

```
#include <stdio.h>
#include <stdint.h>
int32_t multiply(int32_t a, int32_t b) {
```

```
    printf("[C] Hello from C!\n");
    printf("[C] Input a is: %i \n", a);
    printf("[C] Input b is: %i \n", b);
    printf("[C] Multiplying and returning result to Rust..\n");

    return a * b;
}
```

- int32_t：對應 Rust 的 i32 資料型別。

- printf 只是顯示訊息。

3. 修改 Rust 檔案 main.rs，呼叫 C 函數 multiply。

```
extern crate core;
use core::ffi::c_int;

// 宣告 C 的 multiply 函數規格
extern "C" {
    fn multiply(a: c_int, b: c_int) -> c_int;
}

fn main() {
    println!("[Rust] Hello from Rust!  ");

    unsafe {
        println!("[Rust] Calling function in C..");

        // 呼叫 C 的 multiply 函數
        let result = multiply(5000, 5);

        println!("[Rust] Result: {}", result);
    }
}
```

4. 新增 build.rs：建置 Rust(cargo build) 時會先使用 cc 建置 multiply.c，cc 會呼叫作業系統的預設 C 編譯器，進行建置，詳閱【cc crate】[3]。

```
extern crate cc;

fn main() {
    cc::Build::new().file("src/multiply.c").compile("multiply");
}
```

5. 加入 cc 套件：修改 Cargo.toml，加入下列段落。

```
[build-dependencies]
cc = "1.0"
```

6. 建置：

```
cargo run
```

7. 執行結果：

```
[Rust] Hello from Rust!
[Rust] Calling function in C..
[C] Hello from C!
[C] Input a is: 5000
[C] Input b is: 5
[C] Multiplying and returning result to Rust..
[Rust] Result: 25000
```

8. 若在 multiply.c 將訊息修改為中文會產生亂碼，須作以下修改：

- 控制台的地區設定，勾選【Beta：使用 Unicode UTF-8 提供全球語言支援】，重新啟動電腦。注意，更改此設定，可能會使某些程式執行不正確，例如筆者使用的股票看盤軟體。

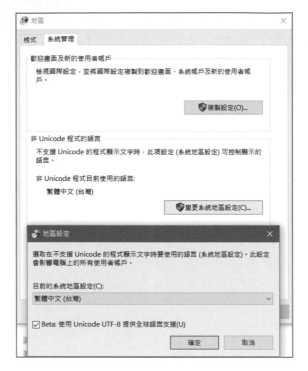

- multiply.c 須設定 Locale，並改用 wprintf：

```
setlocale(LC_ALL, "zh_TW.UTF-8");
wprintf(L" 呼叫成功 \n");
```

範例 3. Rust 使用 C 的資料結構，並設定成員值，程式放在 src/ch16/rust_call_c_data 資料夾，程式來源為【Rust By Example 的 20.8 Foreign Function Interface】[4]。

1. 建立新專案。

```
cargo new rust_call_c_data
```

2. 修改 main.rs，內含 C 函數。

```
#[cfg(target_family = "windows")] // Windows 作業系統
#[link(name = "msvcrt")] // msvcrt 函數庫內含 Complex 資料型別
extern {
    fn csqrtf(z: Complex) -> Complex;
```

```
    fn ccosf(z: Complex) -> Complex;
}
```

- Linux 作業系統請參閱範例。

3. repr(C) 表示 C 語言 Complex 資料型別對應的 Rust 資料結構。

```
#[repr(C)]
#[derive(Clone, Copy)]
struct Complex {
    re: f32,
    im: f32,
}
```

4. 顯示 Complex 內容：需自訂 fmt 函數。

```
impl fmt::Debug for Complex {
    fn fmt(&self, f: &mut fmt::Formatter) -> fmt::Result {
        if self.im < 0. {
            write!(f, "{}-{}i", self.re, -self.im)
        } else {
            write!(f, "{}+{}i", self.re, self.im)
        }
    }
}
```

5. 測試：

```
fn cos(z: Complex) -> Complex {
    unsafe { ccosf(z) }
}

fn main() {
    // z = -1 + 0i
    let z = Complex { re: -1., im: 0. };

    // calling a foreign function is an unsafe operation
    let z_sqrt = unsafe { csqrtf(z) };
```

```
    println!("the square root of {:?} is {:?}", z, z_sqrt);

    // calling safe API wrapped around unsafe operation
    println!("cos({:?}) = {:?}", z, cos(z));
}
```

6. 建置：沒有獨立的 C 檔案，不需 build.rs。

```
cargo run
```

7. 執行結果：複數開根號及 cos(複數)。

```
the square root of -1+0i is 0+1i
cos(-1+0i) = 0.5403023+0i
```

8. 如果是自訂的 C 資料結構，對應如下，相關操作可參閱【Effective Rust 的 Item 34: Control what crosses FFI boundaries】[5]。

```
//   C 資料結構
typedef struct {
    uint8_t byte;
    uint32_t integer;
} FfiStruct;

//   對應的 Rust 資料結構
#[repr(C)]
pub struct FfiStruct {
    pub byte: u8,
    pub integer: u32,
}
```

16-1-2　C/C++ 呼叫 Rust

接著再研究 C/C++ 如何呼叫 Rust 函數庫，我們分別在 Windows 及 Linux(WSL)
作業環境下測試。

範例 4. C 呼叫 Rust 的函數，C 程式放在 src/ch16/c_call_rust/Console Application1
資料夾，Rust 程式放在 src/ch16/c_call_rust/rust_lib1 資料夾。

1. 建立 Rust 新專案。

```
cargo new rust_lib1 --lib
```

2. 指定建置為動態函數庫 (dll)，Cargo.toml 加一段如下。

```
[lib]
name = "rust_lib1"
crate-type = ["dylib"]
```

3. 修改 src/lib.rs 內容如下：#[no_mangle] 表示要提供給 C 的函數，rust_function
   較單純，無參數，add_numbers 則有輸入 / 輸出參數。

```
#[no_mangle]
pub extern "C" fn rust_function() {
    println!("hello!");
}

#[no_mangle]
pub extern fn add_numbers(number1: i32, number2: i32) -> i32 {
    println!("Hello from rust!");
    number1 + number2
}
```

4. 建置：【--release】表發行版，不含除錯訊息，不加也 OK。注意，release 建
   置的位置在 rust_lib1\target\release 資料夾。

```
cargo build --release
```

5. 建立 C++ 新專案：啟動 VS 2022，新增 C++ 主控台專案。

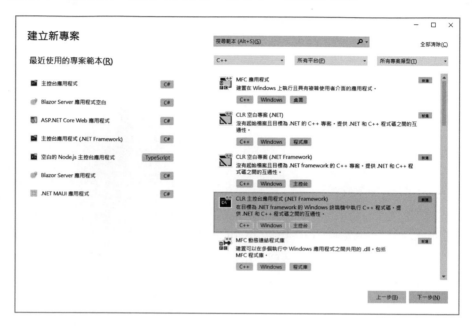

6. 勾選【將解決方案與專案植於相同目錄中】。

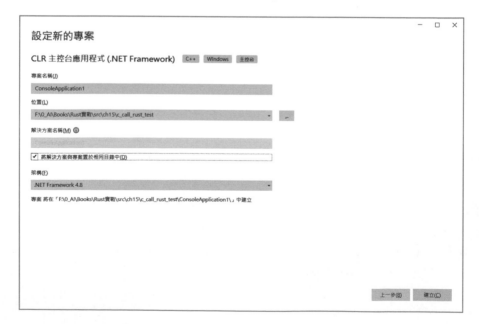

7. 修改 ConsoleApplication1.cpp 內容如下：使用【extern "C"】引進 Rust 函數，以 int32_t 對應 Rust 的 i32 資料型別。

```
#include "pch.h"
#include <stdio.h>
#include <stdint.h>
#include <inttypes.h>
extern "C" {
    void rust_function();
    int32_t add_numbers(int32_t a, int32_t b);
}
```

8. 測試：

```
int main() {
    int32_t x = add_numbers(25, 17);
    printf("x=%d\n", x);
    rust_function();
    return 0;
}
```

9. 修改專案內容：在【方案總管】點選專案名稱，按滑鼠右鍵，選【內容】，修改以下事項。

- 在【連結器】>【一般】>【其他程式目錄】填入【..\rust_lib1\target\release】。

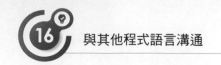

- 在【連結器】>【輸入】>【其他相依性】填入【..\rust_lib1\target\release\
  rust_lib1.dll.lib】。

- 在【建置事件】>【建置後事件】>【命令列】填入【xcopy /y /m ..\rust_
  lib1\target\release*.dll "$(OutDir)"】。

10. 建置：在【方案總管】點選專案名稱，按滑鼠右鍵，選【建置】。

1.執行結果： 25+17=42。

```
Hello from rust!
x=42
hello!
```

範例 5. 在 Linux/Mac 作業系統下，C 呼叫 Rust 的函數，C 程式放在 src/ch16/c_call_rust/gcc 資料夾，Rust 程式放在 src/ch16/c_call_rust/rust_lib2 資料夾，筆者使用 WSL2 環境測試。

1. 建立 Rust 新專案。

```
cargo new rust_lib1 --lib
```

2. 指定建置為靜態函數庫 (Static library)，Cargo.toml 加一段如下。

```
[lib]
name = "rust_lib2"
crate-type = ["staticlib"]
```

3. 修改 src/lib.rs 內容如下：與範例 4 相同。

```
#[no_mangle]
pub extern "C" fn rust_function() -> i32 {
    println!("hello!");
    return 5;
}
```

4. 建置：與範例 4 相同。

```
cargo build --release
```

5. 建立 main.c：放在 c_call_rust/gcc 資料夾中。

```
#include <stdio.h>

extern int rust_function();
```

```
int main() {
    int result = rust_function();
    printf("Called Rust function, result: %d\n", result);
    return 0;
}
```

6. 建置：切換至 c_call_rust/gcc 資料夾，建置成功會生成 main。

```
gcc -o main main.c -L ../rust_lib2/target/release -lrust_lib2 -lpthread
```

7. 測試：

```
./main
```

8. 執行結果：【hello!】是 C 程式顯示的訊息，【5】是 C 函數回傳的值。

```
hello!
Called Rust function, result: 5
```

以上介紹 Rust 與 C/C++ 的雙向溝通，如果之前有許多 C/C++ 的程式想改寫為 Rust，可以只改寫部分的 C/C++ 程式碼，以最短的時間進行系統轉移 (Migration)。

另外，libc 套件將 C/C++ 的資料型態、常數、靜態變數、函數及巨集全部進行對應，方便程式設計師在 Rust 中呼叫 C 程式，詳情可參閱【Rust FFI 程式設計 - libc crate】[6] 及【libc GitHub】[7]。

16-2 與 C# 程式語言溝通

與 C# 程式語言溝通更容易，因為 .net framework 提供與外部互通的函數庫 System.Runtime.InteropServices，並可直接將 Rust DLL 加入專案。

範例 1. C# 呼叫 Rust 的函數，C# 程式放在 src/ch16/cs_call_rust/CsApp1 資料夾，Rust 程式放在 src/ch16/cs_call_rust/rust_lib 資料夾，程式修改自【Calling Rust from C#】[8]。

1. 建立 Rust 新專案。

```
cargo new rust_lib --lib
```

2. 指定建置為動態函數庫 (dll)，Cargo.toml 加一段如下。

```
[lib]
name = "rust_lib"
crate-type = ["dylib"]
```

3. 修改 src/lib.rs 內容如下：#[no_mangle] 表示要提供給 C# 的函數，add_numbers 有輸入 / 輸出參數。

```
#[no_mangle]
pub extern fn add_numbers(number1: i32, number2: i32) -> i32 {
    println!("Hello from rust!");
    number1 + number2
}
```

4. 建置：

```
cargo build --release
```

5. 建立 C# 新專案：啟動 VS 2022，新增 C# 主控台專案。

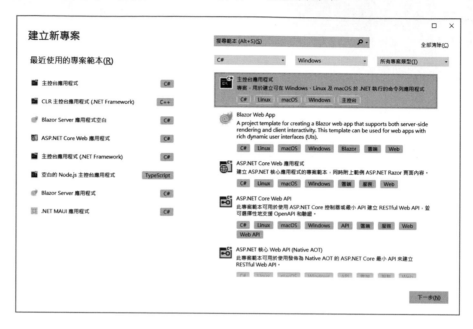

6. 勾選【將解決方案與專案植於相同目錄中】。

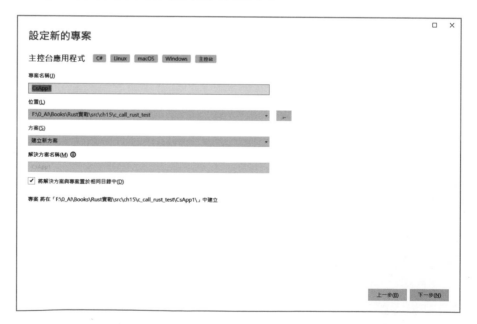

7. 引用 rust_lib.dll：在【方案總管】點選專案名稱，按滑鼠右鍵，選【加入】>【現有項目】，選擇 cs_call_rust\rust_lib\target\release\rust_lib.dll。

8. 設定【建置後自動複製 rust_lib.dll 到輸出目錄】：在【方案總管】點選點選 rust_lib.dll，在下方屬性視窗的【複製到輸出目錄】，選擇【永遠複製】。

9. 修改 Program.cs 內容如下：

```
using System.Runtime.InteropServices;

[DllImport("rust_lib.dll")]
static extern Int32 add_numbers(Int32 number1, Int32 number2);

var addedNumbers = add_numbers(10, 5);
Console.WriteLine(addedNumbers);
Console.ReadLine();
```

- [DllImport("rust_lib.dll")]：註明 add_numbers 函數來自 rust_lib.dll。
- 使用【static extern】引進 Rust 函數。
- 以 Int32 對應 Rust 的 i32 資料型別。

10. 建置：在【方案總管】點選專案名稱，按滑鼠右鍵，選【建置】。

11. 執行結果： 10+5=15。

```
Hello from rust!
15
```

16-3 與 Python 程式語言溝通

Python 程式語言非常簡單易學，且套件齊全，只要短短幾行程式，就可以寫出一個了不起的應用程式，但因為是直譯器 (Intepreter)，無法編譯成二進位執行檔，可能會被竄改，而且效能較差，因此，在實驗、資料探索或模型訓練階段採用 Python，但在正式環境佈署時使用高效能的 Rust 語言開發，相輔相成，也許是一個不錯的想法。

許多 Python 套件為提升效能，改用 Rust 開發，由於 Rust 支援 FFI，可同時提供多種程式語言的 API，例如 Polars 是 Pandas 的效能提升版，Lance 是高效、低成本的向量資料庫 (Vector database)，Pydantic 在第二版改用 Rust 開發，相關報導可參閱【The Python Rust-aissance】[9]。

以下我們會利用 PyO3 套件[10]，進行 Rust 與 Python 的雙向溝通。PyO3 的使用指引[11] 有非常詳盡的解說。

範例 1. Rust 呼叫 Python，程式放在 src/ch16/rust_call_python 資料夾，程式修改自【PyO3 使用指引】。

1. 新增專案。

```
cargo new rust_call_python
```

2. 加入套件：需使用 auto-initialize feature。

```
cargo add pyo3 -F auto-initialize
```

3. 修改 src/main.rs 如下：

```rust
use pyo3::prelude::*;
use pyo3::types::IntoPyDict;

fn main() -> PyResult<()> {
    Python::with_gil(|py| {
        // 引用 sys 套件
        let sys = py.import_bound("sys")?;

        // 取得 Python 版本
        let version: String = sys.getattr("version")?.extract()?;

        // 引用 os 套件
        let locals = [("os", py.import_bound("os")?)]
        .into_py_dict_bound(py);
```

```
// 以 Python 程式取得環境變數
let code =
"os.getenv('USER') or os.getenv('USERNAME') or 'Unknown'";

// 執行 Python 程式
let user: String = py.eval_bound(code, None, Some(&locals))?
.extract()?;

// 顯示使用者帳號及 Python 版本
println!("Hello {}, I'm Python {}", user, version);
Ok(())
    })
}
```

- py.import_bound("sys")：引用 sys 套件，引用其他套件只要改變 sys 為其他套件名稱。

- py.eval_bound：執行 Python 程式，第 3 個參數為引用套件的回傳變數。

4. 開啟 cmd，並設定環境變數，Linux/Mac 不需要。注意，此設定為影響 Python 虛擬環境的執行，故只在程式需要時才設定。

```
set PYTHONHOME=%homedrive%%homepath%\anaconda3\
set PYTHONPATH=%homedrive%%homepath%\anaconda3\
```

5. 測試：

```
cargo run
```

6. 執行結果：

```
Hello mikec, I'm Python 3.9.13 (main, Aug 25 2022, 23:51:50) [MSC v.1916 64
bit (AMD64)]
```

範例 2. Rust 呼叫 Python 檔案，使用 pandas 進行資料分析並繪圖，程式放在 src/ch16/rust_call_python_file 資料夾。

1. 新增專案。

```
cargo new rust_call_python_file
```

2. 加入套件：需使用 auto-initialize feature。

```
cargo add pyo3 -F auto-initialize
```

3. 修改 src/main.rs 如下：

```rust
use pyo3::{prelude::*, create_exception, exceptions::PyException
          , types::IntoPyDict};
use std::fs::File;

fn main() -> PyResult<()> {
    // 建立 CustomError 物件
    create_exception!(mymodule, CustomError, PyException);

    Python::with_gil(|py| {
    // 取得 Python 程式
    let code = std::fs::read_to_string("test.py")?;
    println!("code:\n{code}\n");

    // 建立 ctx 物件
    let ctx = [("CustomError", py.get_type_bound::<CustomError>())]
        .into_py_dict_bound(py);
    // 執行 Python 程式
    pyo3::py_run!(py, *ctx, &code);

    Ok(())
    })
}
```

- 讀取 test.py 程式碼：let code = std::fs::read_to_string("test.py")?;。

- 執行 Python 程式：pyo3::py_run!

- 須建立客製化錯誤 (CustomError) 及處理函數 (ctx)。

4. Python 程式：test.py，內容如下。

```
import matplotlib.pyplot as plt
from sklearn import datasets

iris = datasets.load_iris()
plt.scatter(iris.data[:, 0], iris.data[:, 1], c=iris.target)
plt.show()
```

5. 執行結果：

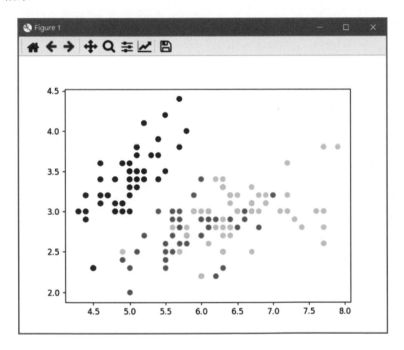

6. 呼叫 Python 檔案中的函數 (run)：先將上述 main 程式改為函數 test1。

7. 建立 test.py，內容如下。

```
import matplotlib.pyplot as plt

def run(data, c='b'): // c 為命名參數

    plt.plot(data, c=c)
    plt.show()
```

8. main.rs 再加一個 test2 函數，內容如下。

```rust
fn test2() -> PyResult<()> {
    let data = (1,3,2);
    let py_app = include_str!( // 檔案路徑
        concat!(env!("CARGO_MANIFEST_DIR"), "/test2.py"));
    Python::with_gil(|py| {
        // 命名參數
        let kwargs = [("c", "r")].into_py_dict_bound(py);
        let app: Py<PyAny> = PyModule::from_code_bound(
            py, py_app, "", "")?
            .getattr("run")?  // 取得 run 函數
            .call((data,), Some(&kwargs))? // 填入參數值
            .into();
        //app.call0(py);   // 呼叫無參數的函數
        //app.call1(py, data); // 呼叫 1 個參數的函數
        Ok(())
    })
}
```

9. 測試：

```rust
fn main() {
    // 呼叫 Python 檔案
    test1().unwrap();

    // 呼叫 Python 函數
    test2().unwrap();
}
```

10.執行結果：

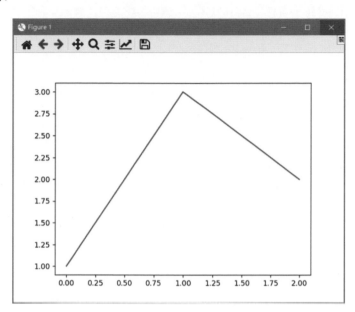

相關說明可參見【Executing existing Python code】[12]

範例 3. Python 呼叫 Rust，程式放在 src/ch16/ python_call_rust 資料夾，程式修改自【PyO3 使用指引】。

1. 新增專案：使用【maturin init】相當於【cargo new --lib】，會提問專案名稱及使用套件 (pyo3)。

```
maturin init
```

2. 修改 src/lib.rs 如下：

```
use pyo3::prelude::*;

// 提供函數給 Python 呼叫
#[pyfunction]
```

```
fn sum_as_string(a: usize, b: usize) -> PyResult<String> {
    Ok((a + b).to_string())
}

// 提供函數宣告
#[pymodule]
fn python_call_rust(_py: Python, m: &PyModule) -> PyResult<()> {
    m.add_function(wrap_pyfunction!(sum_as_string, m)?)?;
    Ok(())
}
```

3. 執行：【maturin develop】相當於【cargo run】再加上轉換上述專案為 Python，
   並安裝 Python 套件。【maturin develop】只能在 Python 虛擬環境中執行，故
   使用【conda activate】切換。

```
conda activate
maturin develop
```

4. 測試：執行 python 或筆者撰寫的批次檔 test.bat。

```
python
>>> import python_call_rust
>>> print(python_call_rust.sum_as_string(5, 20))
```

5. 執行結果：'25'。

通常較常整合的方式是 Python 呼叫 Rust，將 Python 效能較差的程式碼換成
Rust，可參閱【Making Python 100x faster with less than 100 lines of Rust】[13]，
作者以一個範例逐步改善 Python 程式，替換為 Rust，效能可提高 100 倍。實驗
過程非常有趣，程序如下：

1. 自【ohadravid, poly-match GitHub】[14] 下載原始程式，並解壓縮，切換至解壓
   縮的資料夾，開啟 cmd。

2. 執行純 Python 程式 measure.py。

```
python measure.py
```

3. 執行結果：每個迴圈約 300 毫秒。

```
Took an avg of 302.09ms per iteration
```

4. 安裝效能分析套件 py-spy：

```
cargo build --release
```

5. 執行效能分析套件 py-spy：會產生 profile.svg 效能分析圖，可以看出哪一段程式碼效能較差。

```
py-spy record --native -o profile.svg -- python measure.py
```

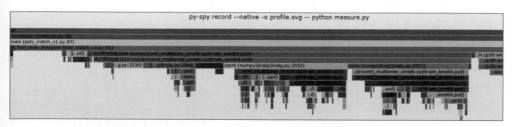

6. 從上圖得知 find_close_polygons 函數耗費大量計算時間，因此，以 Rust 改寫 find_close_polygons 函數，實作在 poly_match_rs 專案中。

7. 建置 poly_match_rs 專案：

```
conda activate
maturin develop
```

8. 修改 measure.py：改呼叫 poly_match_rs 專案中的 find_close_polygons 函數。

9. 透過第 5~8 步驟，最後得到 measure_all.py。

10. 測試各版本的效能：

```
python measure_all.py
```

11. 執行結果：以 v1 為比較基準，至 v5 效能提升 268 倍，下面訊息同時顯示每個版本修改了哪些部分程式。

```
Measuring `poly_match_v1`
Took an avg of 297.44ms per iteration ( 11 iterations)   1.00x speedup
Measuring `poly_match_v1_5_vectorized`
Took an avg of 53.78ms per iteration ( 56 iterations)    5.53x speedup
Measuring `poly_match_v1_6_fully_vectorized`
Took an avg of 6.54ms per iteration (459 iterations)  45.46x speedup
Measuring `poly_match_v2_riir`
Took an avg of 31.92ms per iteration ( 94 iterations)    9.32x speedup
Measuring `poly_match_v3_riir_polygon`
Took an avg of 10.42ms per iteration (289 iterations)  28.55x speedup
Measuring `poly_match_v4_avoid_allocs`
Took an avg of 3.38ms per iteration (500 iterations)  87.87x speedup
Measuring `poly_match_v5_find_all_in_rust`
Took an avg of 1.11ms per iteration (500 iterations) 268.07x speedup
```

以上的過程不僅證明使用 Rust 確實可以提升效能，同時也提供偵測效能瓶頸的方法以及改善的方式，非常值得研究。另外，【PyO3 使用指引】的 Introduction 也列舉許多使用 PyO3 的專案，也值得一探究竟，以下為部分截圖。

> **Examples**
>
> - autopy *A simple, cross-platform GUI automation library for Python and Rust.*
>   - Contains an example of building wheels on TravisCI and appveyor using cibuildwheel
> - ballista-python *A Python library that binds to Apache Arrow distributed query engine Ballista.*
> - bed-reader *Read and write the PLINK BED format, simply and efficiently.*
>   - Shows Rayon/ndarray::parallel (including capturing errors, controlling thread num), Python types to Rust generics, Github Actions
> - cryptography *Python cryptography library with some functionality in Rust.*
> - css-inline *CSS inlining for Python implemented in Rust.*
> - datafusion-python *A Python library that binds to Apache Arrow in-memory query engine DataFusion.*
> - deltalake-python *Native Delta Lake Python binding based on delta-rs with Pandas integration.*
> - fastbloom *A fast bloom filter | counting bloom filter implemented by Rust for Rust and Python!*
> - fastuuid *Python bindings to Rust's UUID library.*
> - feos *Lightning fast thermodynamic modeling in Rust with fully developed Python interface.*
> - forust *A lightweight gradient boosted decision tree library written in Rust.*
> - greptimedb *Support Python scripting in the database*
> - haem *A Python library for working on Bioinformatics problems.*
> - html-py-ever *Using html5ever through kuchiki to speed up html parsing and css-selecting.*
> - hyperjson *A hyper-fast Python module for reading/writing JSON data using Rust's serde-json.*

16-4 本章小結

這一章介紹 Rust 與其他程式語言整合，包括 C/C++、C#、Python 等，同時也實作許多範例，讀者可以審視手邊的案子，是否有需要改善效能的必要性，可以實驗看看。下一章我們會研究 Rust 在資料科學、機器學習及深度學習的應用，這也是另一種與 Python 整合的方式，在實驗階段採用 Python 開發，包括資料探索、訓練模型，在正式環境採用 Rust 開發，提給模型給使用者進行推論。

參考資料 (References)

[1] The Rust Programming Language 的 Unsafe Rust (https://doc.rust-lang.org/book/ch19-01-unsafe-rust.html?highlight=FFI#calling-an-unsafe-function-or-method)

[2] vanjacosic, rust-ffi-to-c (https://github.com/vanjacosic/rust-ffi-to-c/tree/main)

[3] cc crate (https://crates.io/crates/cc)

[4] Rust By Example 的 20.8 Foreign Function Interface (https://doc.rust-lang.org/ rust-by-example/std_misc/ffi.html)

[5] Effective Rust 的 Item 34: Control what crosses FFI boundaries (https:// effective-rust.com/ffi.html)

[6] Rust FFI 程式設計 - libc crate (https://rustcc.cn/article?id=3a87a6b8-2f1c-4ac9-b962-5d9578eb5b1a)

[6] libc GitHub (https://github.com/rust-lang/libc)

[7] Jeremy Mill, Calling Rust from C# (https://dev.to/living_syn/calling-rust-from-c-6hk)

[8] The Python Rust-aissance (https://baincapitalventures.com/insight/why-more-python-developers-are-using-rust-for-building-libraries/)

[9] PyO3 套件 (https://github.com/PyO3/pyo3)

[10] PyO3 使用指引 (https://pyo3.rs/v0.21.1)

[11] PyO3 使用指引, Executing existing Python code (https://pyo3.rs/v0.21.0/python-from-rust/calling-existing-code)

[12] Making Python 100x faster with less than 100 lines of Rust (https://ohadravid.github.io/posts/2023-03-rusty-python/)

[13] ohadravid, poly-match GitHub (https://github.com/ohadravid/poly-match)

深度學習
(Deep learning)

近年來 AI 發展如火如荼,尤其是深度學習 (Deep learning)、大型語言模型 (Large language model, 簡稱 LLM) 及以文生圖 (Text to image) 的應用功能不斷增強,生成式 AI 已開始影響每一個人的生活與工作,企業也開始正視 AI 的影響力。大多數模型訓練是以 Python 開發的,但因 Python 屬直譯器 (Intepreter),效能不彰,無法編譯成二進位執行檔,許多系統開發者因而改用其他程式語言進行研發,例如 Mojo、Rust、Jax…等,其中 Rust 除了能克服 Python 的缺點,還支援並行處理 (Cocurrency)、記憶體安全 (Memory safety)…,非常適合正式環境 (Production environment) 的佈署。

本章會討論 Rust 相關套件的實作，也包括神經網路、影像模型、自然語言處理、LLM、Text to image 等議題。

17-1 深度學習基本概念

我們常聽到一堆人工智慧的專業術語，包括人工智慧 (AI)、資料科學 (Data science)、機器學習 (Machine learning, ML)、深度學習 (Deep learning, DL)、大型語言模型 (Large language model, LLM)，他們的的的關係如下圖：

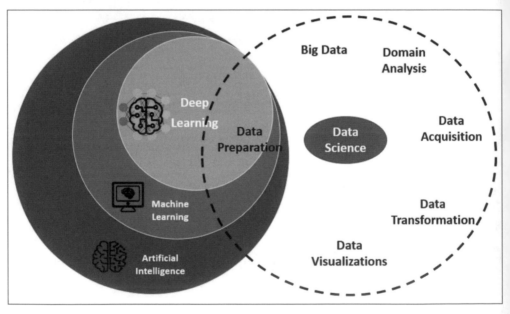

▲ 圖一　AI、ML、DL、DS 的範疇與關係，圖片來源：Artificial Intelligence vs Robotics vs Machine Learning vs Deep Learning vs Data Science[1]

機器學習是人工智慧 (AI) 的一環，而深度學習又是機器學習的一環，而資料科學是機器學習與深度學習的養分來源，負責資料的收集、清理、探索、轉換…等工作，一般機器學習 / 深度學習的開發流程可分為 10 個步驟：

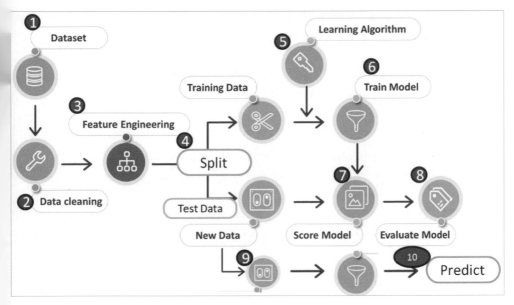

▲ 圖二 機器學習 / 深度學習的開發流程

1. 蒐集資料,彙整為資料集 (Dataset)。

2. 資料清理 (Data Cleaning)、資料探索與分析 (Exploratory Data Analysis, EDA):EDA 通常透過描述統計量及統計圖來觀察資料的分佈,瞭解資料的特性、極端值 (Outlier)、變數之間的關聯性。

3. 特徵工程 (Feature Engineering):原始蒐集的資料未必是影響預測目標的關鍵因素,有時候需要進行資料轉換,才得以找到關鍵的變數 / 特徵。

4. 資料切割 (Data Split):切割為訓練資料 (Training Data) 及測試資料 (Test Data),一份資料提供模型訓練之用,另一份資料則用在衡量模型效能,例如準確度,切割的主要原因是確保測試資料不會參與訓練,以維持模型測試的公正性,即 Out-of-Sample Test。

5. 選擇演算法 (Learning Algorithms):依據問題的類型選擇適合的演算法。

6. 模型訓練 (Model Training):以演算法及訓練資料,進行訓練產出模型。

7. 模型計分 (Score Model):計算準確度等效能指標,評估模型的準確性。

8. 模型評估 (Evaluate Model)：比較多個參數組合、多個演算法的準確度，找出最佳參數與演算法。

9. 佈署 (Deploy)：複製最佳模型至正式環境 (Production Environment)，製作使用介面或提供 API，通常以網頁服務 (Web Services) 方式開發。

10. 提供推論 (Inference) 服務：上圖的【預測】(Predict) 已不足以說明 AI 的用途，故現在均以推論 (Inference) 取代，此階段是正式開始提供服務給用戶，用戶上傳新資料或檔案後，輸入至模型進行推論，並傳回推論結果。

大型語言模型 (Large language model, LLM)、以文生圖 (Text to image) 都是以深度學習演算法進行模型訓練，而深度學習模型結構較複雜，很難以數學推導求解，通常會採取優化 (Optimization) 方式求近似解，最重要的求解方法為梯度下降法 (Gradient descent)，架構如下：

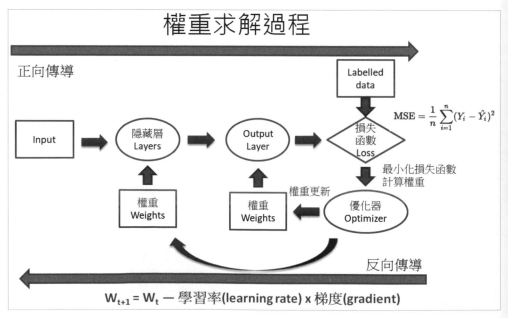

▲ 圖三 梯度下降法求解架構

梯度下降法求解過程數涉及線性代數、微積分、統計 / 機率、線性規劃…等學科，要徹底理解梯度下降法，學習路徑如下：

1. 張量運算：包括線性代數的各種向量 / 矩陣運算，張量 (Tensor) 為向量、矩陣的統稱。

2. 自動微分 (Auto Differentiation)：透過偏微分計算梯度，沿著梯度逼近，可找到最佳解。

3. 神經網路 (Neural Network) 構建：深度學習的主流為神經網路，它是模擬生物的神經傳導系統，主要是串連各種神經層 (Layers)，組合成一個多層的神經網路模型，因此，此階段要瞭解各種神經層的意義、運用及串連。

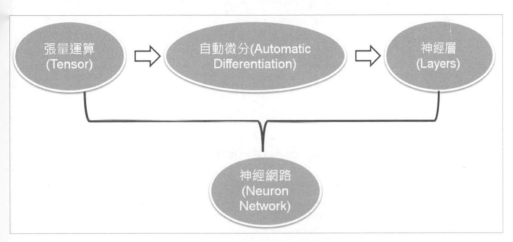

▲ 圖四 深度學習的學習路徑

基於以上說明，研究深度學習應從張量運算、偏微分、各種神經層及構建神經網路模型依序研讀，以奠定紮實的基礎，本章的內容會依序以範例介紹相關的實作。

17-2 機器學習相關套件

機器學習的 Rust 套件非常多，可以參閱【Awesome Rust-Machine Learning】[2]，包括：

1. 監督式學習 (Supervised Learning) 演算法。

Supervised Learning Model

- tomtung/omikuji - An efficient implementation of Partitioned Label Trees & its variations for extreme multi-label classification
- shadeMe/liblinear-rs - Rust language bindings for the LIBLINEAR C/C++ library.
- messense/crfsuite-rs - Rust binding to crfsuite
- ralfbiedert/ffsvm-rust - FFSVM stands for "Really Fast Support Vector Machine"
- zenoxygen/bayespam - A simple bayesian spam classifier written in Rust.
- Rui_Vieira/naive-bayesnaive-bayes - A Naive Bayes classifier written in Rust.
- Rui_Vieira/random-forests - A Rust library for Random Forests.
- sile/randomforest - A random forest implementation in Rust
- tomtung/craftml-rs - A Rust🦀 implementation of CRAFTML, an Efficient Clustering-based Random Forest for Extreme Multi-label Learning
- nkaush/naive-bayes-rs - A Rust library with homemade machine learning models to classify the MNIST dataset. Built in an attempt to get familiar with advanced Rust concepts.

---

2. 非監督式學習 (Unsupervised Learning) 演算法。

Unsupervised Learning & Clustering Model

- frjnn/bhtsne - Barnes-Hut t-SNE implementation written in Rust.
- vaaaaanquish/label-propagation-rs - Label Propagation Algorithm by Rust. Label propagation (LP) is graph-based semi-supervised learning (SSL). LGC and CAMLP have been implemented.
- nmandery/extended-isolation-forest - Rust port of the extended isolation forest algorithm for anomaly detection
- avinashshenoy97/RusticSOM - Rust library for Self Organising Maps (SOM).
- diffeo/kodama - Fast hierarchical agglomerative clustering in Rust.
- kno10/rust-kmedoids - k-Medoids clustering in Rust with the FasterPAM algorithm
- petabi/petal-clustering - DBSCAN and OPTICS clustering algorithms.
- savish/dbscan - A naive DBSCAN implementation in Rust
- gu18168/DBSCANSD - Rust implementation for DBSCANSD, a trajectory clustering algorithm.
- lazear/dbscan - Dependency free implementation of DBSCAN clustering in Rust
- whizsid/kddbscan-rs - A rust library inspired by kDDBSCAN clustering algorithm
- Sauro98/appr_dbscan_rust - Program implementing the approximate version of DBSCAN introduced by Gan and Tao
- quietlychris/density_clusters - A naive density-based clustering algorithm written in Rust
- milesgranger/gap_statistic - Dynamically get the suggested clusters in the data for unsupervised learning.
- genbattle/rkm - Generic k-means implementation written in Rust
- selforgmap/som-rust - Self Organizing Map (SOM) is a type of Artificial Neural Network (ANN) that is trained using an unsupervised, competitive learning to produce a low dimensional, discretized representation (feature map) of higher dimensional data.

---

3. 神經網路 (Neural Network)。

Deep Neural Network

`Tensorflow bindings` and `PyTorch bindings` are the most common. `tch-rs` also has torch vision, which is useful.

- tensorflow/rust - Rust language bindings for TensorFlow
- LaurentMazare/tch-rs - Rust bindings for the C++ api of PyTorch.
- VasanthakumarV/einops - Simplistic API for deep learning tensor operations
- spearow/juice - The Hacker's Machine Learning Engine
- neuronika/neuronika - Tensors and dynamic neural networks in pure Rust.
- bilal2vec/L2 - l2 is a fast, Pytorch-style Tensor+Autograd library written in Rust
- raskr/rust-autograd - Tensors and differentiable operations (like TensorFlow) in Rust
- charles-r-earp/autograph - Machine Learning Library for Rust
- patricksongzy/corgi - A neural network, and tensor dynamic automatic differentiation implementation for Rust.
- JonathanWoollett-Light/cogent - Simple neural network library for classification written in Rust.
- oliverfunk/darknet-rs - Rust bindings for darknet
- jakelee8/mxnet-rs - mxnet for Rust
- jramapuram/hal - Rust based Cross-GPU Machine Learning
- primitiv/primitiv-rust - Rust binding of primitiv
- chantera/dynet-rs - The Rust Language Bindings for DyNet
- millardjn/alumina - A deep learning library for rust
- jramapuram/hal - Rust based Cross-GPU Machine Learning
- afck/fann-rs - Rust wrapper for the Fast Artificial Neural Network library

---

4. 自然語言處理 (Natural Language Processing, NLP)。

Natural Language Processing (model)

- huggingface/tokenizers - The core of tokenizers, written in Rust. Provides an implementation of today's most used tokenizers, with a focus on performance and versatility.
- guillaume-be/rust-tokenizers - Rust-tokenizer offers high-performance tokenizers for modern language models, including WordPiece, Byte-Pair Encoding (BPE) and Unigram (SentencePiece) models
- guillaume-be/rust-bert - Rust native ready-to-use NLP pipelines and transformer-based models (BERT, DistilBERT, GPT2,...)
- sno2/bertml - Use common pre-trained ML models in Deno!
- cpcdoy/rust-sbert - Rust port of sentence-transformers (https://github.com/UKPLab/sentence-transformers)
- vongaisberg/gpt3_macro - Rust macro that uses GPT3 codex to generate code at compiletime
- proycon/deepfrog - An NLP-suite powered by deep learning
- ferristseng/rust-tfidf - Library to calculate TF-IDF
- messense/fasttext-rs - fastText Rust binding
- mklf/word2vec-rs - pure rust implementation of word2vec
- DimaKudosh/word2vec - Rust interface to word2vec.
- lloydmeta/sloword2vec-rs - A naive (read: slow) implementation of Word2Vec. Uses BLAS behind the scenes for speed.

---

huggingface/tokenizers - The core of tokenizers, written in Rust. Provides an implementation of today's mos
used tokenizers, with a focus on performance and versatility.

guillaume-be/rust-tokenizers - Rust-tokenizer offers high-performance tokenizers for modern language moc
including WordPiece, Byte-Pair Encoding (BPE) and Unigram (SentencePiece) models

guillaume-be/rust-bert - Rust native ready-to-use NLP pipelines and transformer-based models (BERT, Distill
GPT2,...)

no2/bertml - Use common pre-trained ML models in Deno!

pcdoy/rust-sbert - Rust port of sentence-transformers (https://github.com/UKPLab/sentence-transformers)

ongaisberg/gpt3_macro - Rust macro that uses GPT3 codex to generate code at compiletime

proycon/deepfrog - An NLP-suite powered by deep learning

erristseng/rust-tfidf - Library to calculate TF-IDF

nessense/fasttext-rs - fastText Rust binding

nklf/word2vec-rs - pure rust implementation of word2vec

5. 強化學習 (Reinforcement Learning)。

Reinforcement Learning

- taku-y/border - Border is a reinforcement learning library in Rust.
- NivenT/REnforce - Reinforcement learning library written in Rust
- edlanglois/relearn - Reinforcement learning with Rust
- tspooner/rsrl - A fast, safe and easy to use reinforcement learning framework in Rust.
- milanboers/rurel - Flexible, reusable reinforcement learning (Q learning) implementation in Rust
- Ragnaroek/bandit - Bandit Algorithms in Rust
- MrRobb/gym-rs - OpenAI Gym bindings for Rust

6. 推薦 (Recommendation)。

Recommendation

- PersiaML/PERSIA - High performance distributed framework for training deep learning recommendation models based on PyTorch.
- jackgerrits/vowpalwabbit-rs - 🐰🐇 Rusty VowpalWabbit
- outbrain/fwumious_wabbit - Fwumious Wabbit, fast on-line machine learning toolkit written in Rust
- hja22/rucommender - Rust implementation of user-based collaborative filtering
- maciejkula/sbr-rs - Deep recommender systems for Rust
- chrisvittal/quackin - A recommender systems framework for Rust
- snd/onmf - fast rust implementation of online nonnegative matrix factorization as laid out in the paper "detect and track latent factors with online nonnegative matrix factorization"
- rhysnewell/nymph - Non-Negative Matrix Factorization in Rust

7. 其他：包括資料科學、統計、影像處理…等等的套件。

另外也可參閱【Are we learning yet?】[3]，分為以下類別：

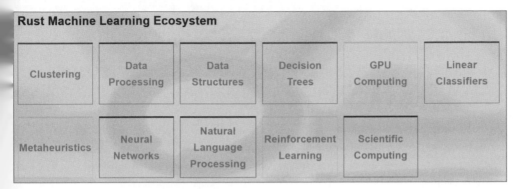

17-3 資料科學基礎套件

如果學過 Python 的讀者都知道，Python 有 3 個非常有名的資料科學基礎套件：

1. NumPy：數值分析套件，內含線性代數模組，也有很多衍生的套件，例如 Scipy、SymPy…等，提供符號運算、微積分等等的模組，透過這些套件，我們可以很輕鬆操作陣列、張量 (向量、矩陣)、優化及相關運算。

2. Pandas：它是 NumPy 衍生的套件，專注於表格分析，包括資料的新增刪、篩選、排序、統計、小計等。

3. Matplotlib：提供繪圖功能，包括各式統計圖及一般影像顯示。

透過以上套件可以很容易的完成機器學習流程的前 3 個步驟，包括資料的載入、清理、探索及特徵工程等工作。因此，也有專家以 Rust 語言開發相對應的套件，方便資料科學家使用，對應關係如下：

	Python	Rust
1	NumPy	ndarray[4]
2	Pandas	Polars[5]
3	Matplotlib	Plotters[6]
4	Scikit-learn	Linfa[7]

廣義的機器學習涵蓋深度學習，狹義的機器學習只包含經典的演算法，包括迴歸、羅吉斯迴歸、決策樹、隨機森林、支援向量機、K-means…等，Scikit-learn 套件支援以上這些演算法，在 Rust 也有許多套件支援，例如 Linfa。

以下就舉幾個範例，說明各個套件的簡單用法，為後面的深度學習實作，進行暖身。

範例 1. 使用 ndarray 套件進行張量運算，程式放在 src/ch17/tensor_operation 資料夾。

1. 建立新專案。

```
cargo new tensor_operation
```

2. 加入套件。

```
cd tensor_operation
cargo add ndarray
cargo add ndarray-inverse
```

3. 引用套件。

```
use ndarray::prelude::*;
use ndarray::{Array, Ix3, rcarr1};
use ndarray_inverse::Inverse;
```

4. 建立 ndarray 資料型別的陣列：有各種方式可以建立陣列。

```
fn array_creation() {
    println!("** array creation：");
    // 三維，值均為 0
    let a = Array::<f64, _>::zeros((3, 2, 4).f());
    println!("{:?}\n", a);

    // 三維，值均為 false，可指定為任意值，Ix3 表三維
```

```
    let a = Array::<bool, Ix3>::from_elem((3, 2, 4), false);
    println!("{:?}\n", a);

    // 0~5 區間產生 11 個值
    let a = Array::<f64, _>::linspace(0., 5., 11);
    println!("{:?}\n", a);

    // 0~3，每隔 1 產生 1 個值
    let a = Array::range(0., 4., 1.);
    println!("{:?}\n", a);

    // Vec 轉 ndarray
    let a = Array::from_vec(vec![1., 2., 3., 4.]);
    println!("{:?}\n", a);
}
```

5. 執行結果：

```
[[[0.0, 0.0, 0.0, 0.0],
  [0.0, 0.0, 0.0, 0.0]],

 [[0.0, 0.0, 0.0, 0.0],
  [0.0, 0.0, 0.0, 0.0]],

 [[0.0, 0.0, 0.0, 0.0],
  [0.0, 0.0, 0.0, 0.0]]], shape=[3, 2, 4], strides=[1, 3, 6],
    layout=Ff (0xa), const ndim=3

[[[false, false, false, false],
  [false, false, false, false]],

 [[false, false, false, false],
  [false, false, false, false]],

 [[false, false, false, false],
  [false, false, false, false]]], shape=[3, 2, 4],
    strides=[8, 4, 1], layout=Cc (0x5), const ndim=3
```

```
[0.0, 0.5, 1.0, 1.5, 2.0, 2.5, 3.0, 3.5, 4.0, 4.5, 5.0], shape=[11], strides=[1],
layout=CFcf (0xf), const ndim=1

[0.0, 1.0, 2.0, 3.0], shape=[4], strides=[1], layout=CFcf (0xf), const ndim=1

[1.0, 2.0, 3.0, 4.0], shape=[4], strides=[1], layout=CFcf (0xf), const ndim=1
```

6. 取得陣列屬性。

```
fn basic_test() {
    println!("** basic test：");
    let a = array![
            [1.,2.,3.],
            [4.,5.,6.],
        ];
    println!("{a}");
    println!("ndim：{}", a.ndim());    // 維度
    println!("len：{}", a.len());      // 元素個數
    println!("shape：{:?}", a.shape()); // 維度大小
    println!("is empty：{}\n", a.is_empty()); // 是否為空陣列
}
```

7. 執行結果：

```
[[1, 2, 3],
 [4, 5, 6]]
ndim：2
len：6
shape：[2, 3]
is empty：false
```

8. 陣列部分取值 (Slicing)。

```
fn array_slice() {
    println!("** array slice：");
        // 0~9
    let a = Array::range(0., 10., 1.);
```

```
// a ^ 3
let mut a = a.mapv(|a: f64| a.powi(3));
println!("{}\n", a);

// 取索引值 [2] 的元素
println!("{}\n", a[[2]]);
    // 取索引值 [2] 的元素，另一種寫法
println!("{}\n", a.slice(s![2]));

// 取索引值 [2~4] 的元素
println!("{}\n", a.slice(s![2..5]));

    // 取索引值 [0~5] 的元素，每隔 2 個改為 1000
a.slice_mut(s![..6;2]).fill(1000.);
println!("{}\n", a);

// 立方根
for i in a.iter() {
    print!("{}, ", i.powf(1./3.))
    }
}
```

9. 執行結果：

```
[0, 1, 8, 27, 64, 125, 216, 343, 512, 729]
8
8
[8, 27, 64]
[1000, 1, 1000, 27, 1000, 125, 216, 343, 512, 729]
...
```

10.加、減、乘、除。

```
fn arithmatic_operation() {
    println!("** arithmatic operation：");
    let a = array![
            [10.,20.,30., 40.,],
        ];
```

```
    let b = Array::range(0., 4., 1.);  // [0., 1., 2., 3, ]
    println!("{:?}\n", &a+&b);
    println!("{:?}\n", &a-&b);
    println!("{:?}\n", &a*&b);
    println!("{:?}\n", &a/&b);
}
```

11.執行結果：

```
[[10.0, 21.0, 32.0, 43.0]], shape=[1, 4], strides=[4, 1], layout=CFcf (0xf), const
ndim=2

[[10.0, 19.0, 28.0, 37.0]], shape=[1, 4], strides=[4, 1], layout=CFcf (0xf), const
ndim=2

[[0.0, 20.0, 60.0, 120.0]], shape=[1, 4], strides=[4, 1], layout=CFcf (0xf), const
ndim=2

[[inf, 20.0, 15.0, 13.333333333333334]], shape=[1, 4], strides=[4, 1],
layout=CFcf (0xf), const ndim=2
```

12.矩陣運算：包括轉置 (transpose)、反矩陣 (inverse)，ndarray 套件不支援反矩
    陣計算，需加裝 ndarray-inverse 套件或 ndarray-linalg，後者功能較多，只可
    惜建置時會出錯，應該是目前版本 (0.16.0) 未仔細測試。

```
fn matrix_calculation() {
    println!("** matrix calculation：");

    let a = Array::from_shape_vec((2, 3),
        vec![1., 2., 3., 4., 5., 6.]);
    println!("a after reshape：\n{:?}\n", &a);

    // reshape 方法 1
    let b = Array::range(0., 4., 1.);
    let b = b.into_shape([4, 1]).unwrap();
    println!("b after reshape：\n{}\n", &b);
```

```
    // reshape 方法 2
    // let b = rcarr1(&[0., 1., 2., 3.]);
    // let b = b.into_shape([2, 2]).unwrap();
    // println!("b after reshape：\n{}\n", &b);

    // 轉置 (transpose)
    println!("a after transpose：\n{}\n",
        a.clone().expect("REASON").t());

    // 反矩陣 (inverse)
    let c = Array::from_shape_vec((2, 2),
        vec![1., 1., 1., -1.]).unwrap();
    println!("c after inverse：\n{:?}\n", c.inv().unwrap());
}
```

13.執行結果：

```
a after transpose：
[[1, 4],
 [2, 5],
 [3, 6]]

c after inverse：
[[0.5, 0.5],
 [0.5, -0.5]], shape=[2, 2], strides=[2, 1], layout=Cc (0x5), const ndim=2
```

14.點積 (Dot product) 或稱內積 (inner product)：語法為 a.dot(&b)，a 的行數需等於 b 的列數，才能進行點積。

```
fn inner_product() {
    println!("** inner product：");
    let a = array![
                    [10.,20.,30., 40.,],
                ];

    // reshape b to shape [4, 1]
    let b = Array::range(0., 4., 1.);
    let b = b.into_shape((4, 1)).unwrap();
```

```
println!("b shape after reshape {:?}", &b.shape());

// [1, 4] x [4, 1] -> [1, 1]
println!("a.dot(&b)：{}\n", a.dot(&b));
// [4, 1] x [1, 4] -> [4, 4]
println!("a.t().dot(&b.t())：{}\n",
    a.t().dot(&b.t()));
}
```

15. 執行結果：

```
b shape after reshape [4, 1]
a.dot(&b)：[[200]]

a.t().dot(&b.t())：[[0, 10, 20, 30],
 [0, 20, 40, 60],
 [0, 30, 60, 90],
 [0, 40, 80, 120]]
```

16. 應用：聯立方程式 (Linear system) 求解，公式為 $Ax = b$　$x = A^{-1}b$，A/b 分別
    為等號左 / 右兩邊的係數。

```
x+y=5
x-y=1
```

　程式如下：

```
fn solve_equations() {
    println!("** solve equations：");
    let left_coef = Array::from_shape_vec((2, 2),
            vec![1., 1., 1., -1.]).unwrap();
    let right_coef = Array::from_shape_vec((2, 1),
            vec![5., 1.]).unwrap();
    println!("x+y=5\nx-y=1\n 答案：\n{}\n",
        left_coef.inv().unwrap().dot(&right_coef));
}
```

- 讀者可修改程式，試試其他聯立方程式求解。

17. 執行結果：x=3, y=2。

範例 2. 使用 Polars 讀取 csv 檔案，並進行相關操作，程式放在 src/ch17/polars_test 資料夾。

1. 建立新專案。

```
cargo new polars_test
```

2. 加入套件。

```
cd polars_test
cargo add polars -F lazy
cargo add polars -F ndarray
```

3. 引用套件。

```
use std::path::Path;
use polars::prelude::*;
```

4. 定義讀取 CSV 檔案的函數。

```
fn read_csv(file_path: &str)  ->
    Result<DataFrame, Box<dyn std::error::Error>> {

    let df = CsvReader::from_path(file_path)?
    .infer_schema(None)
    .has_header(true)
    .finish()?;
    Ok(df)
}
```

5. 測試。

```
const FILE_PATH: &str = "./BostonHousing.csv";
let df = read_csv(FILE_PATH).unwrap();
println!("DataFrame：{}\n", df);
```

6. 執行結果：

```
DataFrame：shape: (506, 14)
 crim      zn      indus   chas   …   ptratio   b        lstat   medv
 ---       ---     ---     ---        ---       ---      ---     ---
 f64       f64     f64     i64        f64       f64      f64     f64

 0.00632   18.0    2.31    0      …   15.3      396.9    4.98    24.0
 0.02731   0.0     7.07    0      …   17.8      396.9    9.14    21.6
 0.02729   0.0     7.07    0      …   17.8      392.83   4.03    34.7
 0.03237   0.0     2.18    0      …   18.7      394.63   2.94    33.4
 0.06905   0.0     2.18    0      …   18.7      396.9    5.33    36.2
 …         …       …       …      …   …         …        …       …
 0.06263   0.0     11.93   0      …   21.0      391.99   9.67    22.4
 0.04527   0.0     11.93   0      …   21.0      396.9    9.08    20.6
 0.06076   0.0     11.93   0      …   21.0      396.9    5.64    23.9
 0.10959   0.0     11.93   0      …   21.0      393.45   6.48    22.0
 0.04741   0.0     11.93   0      …   21.0      396.9    7.88    11.9
```

7. 顯示前 5 筆、後 5 筆。

```
println!("head：{}\n", df.head(Some(5)));
println!("tail：{}\n", df.tail(Some(5)));
```

8. 執行結果：

```
head：shape: (5, 14)
 crim      zn      indus   chas   …   ptratio   b        lstat   medv
 ---       ---     ---     ---        ---       ---      ---     ---
 f64       f64     f64     i64        f64       f64      f64     f64

 0.00632   18.0    2.31    0      …   15.3      396.9    4.98    24.0
 0.02731   0.0     7.07    0      …   17.8      396.9    9.14    21.6
 0.02729   0.0     7.07    0      …   17.8      392.83   4.03    34.7
 0.03237   0.0     2.18    0      …   18.7      394.63   2.94    33.4
 0.06905   0.0     2.18    0      …   18.7      396.9    5.33    36.2
```

9. 選擇特定欄位。

```
let col_medv = &df["medv"]; // or df.column(medv)
println!("column medv：{}\n", col_medv.head(Some(5)));
```

10.執行結果：

```
column medv：shape: (5,)
Series: 'medv' [f64]
[
        24.0
        21.6
        34.7
        33.4
        36.2
]
```

11.選擇多個欄位。

```
let multi_col = df.select(["zn", "medv"]).unwrap();
println!("multi_col：{}\n", multi_col.head(Some(5)));
```

12.執行結果：

```
multi_col：shape: (5, 2)
┌──────┬──────┐
│ zn   │ medv │
│ ---  │ ---  │
│ f64  │ f64  │
╞══════╪══════╡
│ 18.0 │ 24.0 │
│ 0.0  │ 21.6 │
│ 0.0  │ 34.7 │
│ 0.0  │ 33.4 │
│ 0.0  │ 36.2 │
└──────┴──────┘
```

13.選擇多列。

```
// row selection, 自第 2 筆起, 讀取 5 筆
let rows = df.slice(2, 5);
println!("rows：{}\n", rows);
```

14.執行結果：

```
rows：shape: (5, 14)
┌─────────┬──────┬───────┬──────┬─────┬─────────┬────────┬───────┬──────┐
│ crim    │ zn   │ indus │ chas │ ... │ ptratio │ b      │ lstat │ medv │
│ ---     │ ---  │ ---   │ ---  │     │ ---     │ ---    │ ---   │ ---  │
│ f64     │ f64  │ f64   │ i64  │     │ f64     │ f64    │ f64   │ f64  │
╞═════════╪══════╪═══════╪══════╪═════╪═════════╪════════╪═══════╪══════╡
│ 0.02729 │ 0.0  │ 7.07  │ 0    │ ... │ 17.8    │ 392.83 │ 4.03  │ 34.7 │
│ 0.03237 │ 0.0  │ 2.18  │ 0    │ ... │ 18.7    │ 394.63 │ 2.94  │ 33.4 │
│ 0.06905 │ 0.0  │ 2.18  │ 0    │ ... │ 18.7    │ 396.9  │ 5.33  │ 36.2 │
│ 0.02985 │ 0.0  │ 2.18  │ 0    │ ... │ 18.7    │ 394.12 │ 5.21  │ 28.7 │
│ 0.08829 │ 12.5 │ 7.87  │ 0    │ ... │ 15.2    │ 395.6  │ 12.43 │ 22.9 │
└─────────┴──────┴───────┴──────┴─────┴─────────┴────────┴───────┴──────┘
```

15.檢查 missing data 筆數。

```
println!("null count：{}\n", df.null_count());
```

16.執行結果：

```
null count：shape: (1, 14)
```

crim	zn	indus	chas	...	ptratio	b	lstat	medv
u32	u32	u32	u32		u32	u32	u32	u32
0	0	0	0	...	0	0	0	0

17.計算描述統計量：平均數、中位數、標準差及變異數。

```
println!("平均數：{:?}\n", col_medv.mean());
println!("中位數：{:?}\n", col_medv.median());
println!("標準差：{:?}\n", col_medv.std(1));
println!("變異數：{:?}\n", col_medv.var(1));
```

18.執行結果：

```
平均數：Some(22.532806324110677)
中位數：Some(21.2)
標準差：Some(9.197104087379817)
變異數：Some(84.58672359409854)
```

19.篩選：找出 <=12 的資料。

```
let mask1 = col_medv.lt_eq(12.0).unwrap();
let out = df
    .clone()
    .filter(&mask1).unwrap();
println!("filter：{:?}", out);
```

20. 執行結果：

```
filter：shape: (44, 14)
```

crim	zn	indus	chas	…	ptratio	b	lstat	medv
---	---	---	---		---	---	---	---
f64	f64	f64	i64		f64	f64	f64	f64
2.77974	0.0	19.58	0	…	14.7	396.9	29.29	11.8
17.8667	0.0	18.1	0	…	20.2	393.74	21.78	10.2
88.9762	0.0	18.1	0	…	20.2	396.9	17.21	10.4
15.8744	0.0	18.1	0	…	20.2	396.9	21.08	10.9
9.18702	0.0	18.1	0	…	20.2	396.9	23.6	11.3
…	…	…	…	…	…	…	…	…
10.6718	0.0	18.1	0	…	20.2	43.06	23.98	11.8
15.0234	0.0	18.1	0	…	20.2	349.48	24.91	12.0
0.18337	0.0	27.74	0	…	20.1	344.05	23.97	7.0
0.20746	0.0	27.74	0	…	20.1	318.43	29.68	8.1
0.04741	0.0	11.93	0	…	21.0	396.9	7.88	11.9

21. 複合篩選：找出 <=12 且 >=20 的資料，使用延遲 (lazy) 執行較具效率，記得最後要加 collect，才會執行篩選。

```
let out = df
    .clone().lazy()
    .filter(col("medv").lt_eq(12.0).and(col("medv").gt_eq(10.0))
            ).collect().unwrap();
println!("filter：{:?}", out);
```

22. 執行結果：

```
filter：shape: (20, 14)
```

crim	zn	indus	chas	…	ptratio	b	lstat	medv
f64	f64	f64	i64		f64	f64	f64	f64
2.77974	0.0	19.58	0	…	14.7	396.9	29.29	11.8
17.8667	0.0	18.1	0	…	20.2	393.74	21.78	10.2
88.9762	0.0	18.1	0	…	20.2	396.9	17.21	10.4
15.8744	0.0	18.1	0	…	20.2	396.9	21.08	10.9
9.18702	0.0	18.1	0	…	20.2	396.9	23.6	11.3
…	…	…	…	…	…	…	…	…
22.0511	0.0	18.1	0	…	20.2	391.45	22.11	10.5
12.8023	0.0	18.1	0	…	20.2	240.52	23.79	10.8
10.6718	0.0	18.1	0	…	20.2	43.06	23.98	11.8
15.0234	0.0	18.1	0	…	20.2	349.48	24.91	12.0
0.04741	0.0	11.93	0	…	21.0	396.9	7.88	11.9

23. 小計：以 chas 欄位為群組，小計 medv 的平均數。

```
let out = df.clone().lazy()
    .group_by(["chas"])
```

```
    .agg([mean("medv")]).collect().unwrap();
println!("group_by：{:?}", out);
```

24.執行結果：

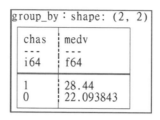

```
group_by：shape: (2, 2)
┌──────┬───────────┐
│ chas ┆ medv      │
│ ---  ┆ ---       │
│ i64  ┆ f64       │
╞══════╪═══════════╡
│ 1    ┆ 28.44     │
│ 0    ┆ 22.093843 │
└──────┴───────────┘
```

25.DataFrame 轉成 ndarray：會將字串欄位也轉成 Float64，如不能轉，會變成 None。

```
let out = df.to_ndarray::<Float64Type>(IndexOrder::Fortran);
println!("ndarray：{:?}", out);
```

26.執行結果：

```
ndarray：Ok([[0.00632, 18.0, 2.31, 0.0, 0.538, ..., 296.0, 15.3, 396.9, 4.98, 24.0],
 [0.02731, 0.0, 7.07, 0.0, 0.469, ..., 242.0, 17.8, 396.9, 9.14, 21.6],
 [0.02729, 0.0, 7.07, 0.0, 0.469, ..., 242.0, 17.8, 392.83, 4.03, 34.7],
 [0.03237, 0.0, 2.18, 0.0, 0.458, ..., 222.0, 18.7, 394.63, 2.94, 33.4],
 [0.06905, 0.0, 2.18, 0.0, 0.458, ..., 222.0, 18.7, 396.9, 5.33, 36.2],
 ...,
 [0.06263, 0.0, 11.93, 0.0, 0.573, ..., 273.0, 21.0, 391.99, 9.67, 22.4],
 [0.04527, 0.0, 11.93, 0.0, 0.573, ..., 273.0, 21.0, 396.9, 9.08, 20.6],
 [0.06076, 0.0, 11.93, 0.0, 0.573, ..., 273.0, 21.0, 396.9, 5.64, 23.9],
 [0.10959, 0.0, 11.93, 0.0, 0.573, ..., 273.0, 21.0, 393.45, 6.48, 22.0],
 [0.04741, 0.0, 11.93, 0.0, 0.573, ..., 273.0, 21.0, 396.9, 7.88, 11.9]], shape=[506, 14]
```

範例 3. 使用 plotters 繪製統計圖，程式放在 src/ch17/plotters_test 資料夾。

1. 建立新專案。

```
cargo new plotters_test
```

2. 加入套件：plotters 用於統計圖繪製，image 及 show-image 用於顯示圖檔，因 plotters 只會將統計圖存檔，不支援顯示，要使用 show-image 套件顯示圖檔。

```
cd plotters_test
cargo add plotters
```

```
cargo add image
cargo add show-image
```

3. 引用套件。

```
use plotters::prelude::*;
use show_image::{create_window, ImageView, ImageInfo, event};
use image::io::Reader;
```

4. 要使用 show-image 用於顯示圖檔,必須在 main() 加註解。

```
#[show_image::main]
fn main() {…}
```

5. 在 main() 中撰寫程式碼,定義輸出規格。

```
// 定義輸出的圖檔名稱
let image_path: &str = "./image.png";
// 定義解析度
let root_drawing_area =
    BitMapBackend::new(image_path, (1024, 768))
    .into_drawing_area();

// 定義白色背景
root_drawing_area.fill(&WHITE).unwrap();
```

6. 繪製線圖:程式輸出的統計圖會存入檔案。

```
// 定義座標軸範圍
let mut chart = ChartBuilder::on(&root_drawing_area)
    .build_cartesian_2d(-3.14..3.14, -1.2..1.2)
    .unwrap();

// 繪製線圖
chart.draw_series(LineSeries::new(
    (-314..314).map(|x| x as f64 / 100.0).map(|x| (x, x.sin())),
    &RED
)).unwrap();
```

- build_cartesian_2d：定義 X/Y 座標軸上下限。

- LineSeries：繪製線圖。

- map(|x| (x, x.sin()))：繪製三角函數 sin。

7. 顯示圖檔。

```
display_image(image_path);
```

8. 定義 display_image 函數。

```
fn display_image(image_path: &str) -> Result<(), Box<dyn std::error::Error>> {
    // 開啟檔案
    let rgb = Reader::open(image_path)?.decode()?.into_rgb8();
    // 取得圖檔寬度及高度
    let (width, height) = Reader::open(image_path)?.into_dimensions()?;
    // 轉換為 ImageView 格式
    let image = ImageView::new(ImageInfo::rgb8(width, height), &rgb);
    // 建立視窗
    let window = create_window("image", Default::default())?;
    // 視窗內顯示圖像
    window.set_image("image-001", image);

    // 按 Escape，視窗會關閉
    for event in window.event_channel().unwrap() {
        if let event::WindowEvent::KeyboardInput(event) = event {
            if event.input.key_code ==
                            Some(event::VirtualKeyCode::Escape)
                && event.input.state.is_pressed() {
                break;
                }
            }
        }
    }
    Ok(())
}
```

. 執行結果：

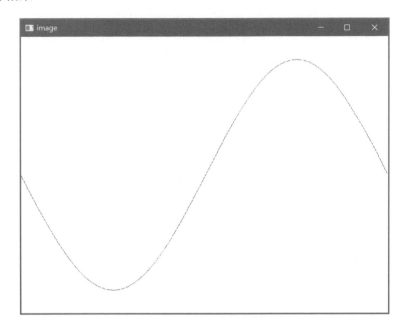

10.可以參閱【Plotters Gallery】[8] 的程式碼，瞭解如何設定標題、座標軸標籤 /
刻度、格線、圖例…等。

在資料探索的過程中，常常需要反覆調整程式碼，挖掘隱藏在資料中的特性，
若每次修改，都須重新建置程式，才能知道調整的結果，非常不方便，因此
Rust 也支援 Jupyter Notebook，可在其環境中測試。首先，必須確定已安裝
Jupyter Notebook，通常安裝 Anaconda[9] 時，Jupyter Notebook 就會一併安裝，若
單純安裝 Python，也可另外使用 pip install jupyter notebook，進行安裝，Jupyter
Notebook 要支援 Rust 還要額外執行下列指令：

1. cargo install evcxr_jupyter。

2. evcxr_jupyter --install。

之後執行 jupyter notebook，就可以新增或開啟 Rust 檔案了。

範例 4. 使用 Jupyter Notebook 進行資料探索，範例程式為 src/ch17/plotters_
with_jupyter.ipynb。

1. 在 DOS/ 終端機中執行 jupyter notebook。

2. 建立新檔案：在畫面右上方，點選【New】>【Rust】。

3. 加入 plotters 套件：直接以【:dep】開頭設定套件。

```
1  :dep plotters = { version = "^0.3.5", default_features = false, features = ["evcxr", "all_series"] }
```

4. 引用套件：額外使用【extern crate plotters】。

```
1  extern crate plotters;
2  use plotters::prelude::*;
```

5. 使用 let figure = evcxr_figure((640, 480), |root| {…} 包覆繪圖程式碼，最後再加上【figure】，就可以在 Notebook 內顯示圖形。

```
1  let figure = evcxr_figure((640, 480), |root| {
2      root.fill(&WHITE)?;
3      let mut chart = ChartBuilder::on(&root)
4          .caption("y=x^2", ("Arial", 50).into_font())
5          .margin(5)
6          .x_label_area_size(30)
7          .y_label_area_size(30)
8          .build_cartesian_2d(-1f32..1f32, -0.1f32..1f32)?;
9
10     chart.configure_mesh().draw()?;
11
12     chart.draw_series(LineSeries::new(
13         (-50..=50).map(|x| x as f32 / 50.0).map(|x| (x, x * x)),
14         &RED,
15     )).unwrap()
16         .label("y = x^2")
17         .legend(|(x,y)| PathElement::new(vec![(x,y), (x + 20,y)], &RED));
18
19     chart.configure_series_labels()
20         .background_style(&WHITE.mix(0.8))
21         .border_style(&BLACK)
22         .draw()?;
23     Ok(())
24 });
25 figure
```

．執行結果：

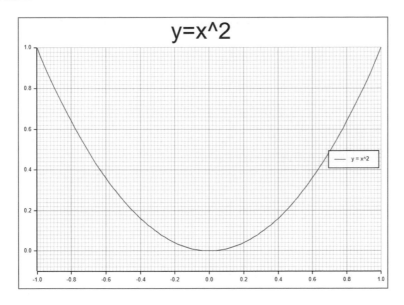

7. 再利用梯度下降法，求 x^2 的最小值。

```rust
1  // X ^ 2
2  fn f(x: f32) -> f32 {
3      2.0 * x.powi(2)
4  }
5
6  // 導數
7  fn derivative(x: f32) -> f32 {
8      2.0 * x
9  }
10
11 let start_point: f32 = 5.0;      // 起始點
12 let learning_date: f32 = 0.1;    // 學習率
13 let epoch: i32 = 20;             // 執行週期
14
15 // 梯度下降
16 let mut points: Vec<f32> = vec![start_point];
17 let mut x = start_point;
18 let mut x_list = vec![];
19 let mut y_list = vec![];
20 x_list.push(x);
21 y_list.push(x*x);
22 for _ in 0..epoch {
23     // 權重的更新：X_new = X – learning_rate * gradient
24     x -= learning_date * derivative(x);
25     x_list.push(x);
26     y_list.push(x*x);
27 }
28
29 let points: Vec<(f32, f32)> = x_list.into_iter().zip(y_list).collect();
30 println!("{:?}", points);
```

- 第 1~9 行：f(x)= x^2，一階導數 =2x，即梯度。

- 第 11~13 行：為超參數 (Hypermeters)，可控制求解的速度及精密度。

- 第 22~27 行：梯度下降法，進行權重的更新，公式為：新 X = 原 X - 學習率 * 梯度。

8. 執行結果：為梯度下降法逐漸逼近最佳解的過程，觀察每對數字的第 1 個數字 (x)，從起始點一直下降趨近 0，第 2 個數字 (x^2) 也下降趨近 0，表最佳解約為 0，如果加大執行週期，會更接近 0。

```
[(5.0, 25.0), (4.0, 16.0), (3.2, 10.240001), (2.56, 6.5536), (2.0479999, 4.1943035), (1.6383998, 2.684354), (1.3107198, 1.71798
65), (1.0485759, 1.0995114), (0.8388607, 0.70368725), (0.6710886, 0.45035988), (0.53687084, 0.2882303), (0.42949668, 0.1844673
9), (0.34359735, 0.11805914), (0.27487788, 0.07555785), (0.2199023, 0.048357025), (0.17592184, 0.030948495), (0.14073747, 0.019
807037), (0.11258998, 0.0126765035), (0.09007198, 0.008112962), (0.07205759, 0.005192296), (0.057646073, 0.0033230698)]
```

9. 繪圖。

```rust
1   let figure = evcxr_figure((640, 480), |root| {
2       root.fill(&WHITE)?;
3       let mut chart = ChartBuilder::on(&root)
4           .caption("梯度下降法", ("Arial", 30).into_font())
5           .margin(5)
6           .x_label_area_size(30)
7           .y_label_area_size(30)
8           .build_cartesian_2d(-1f32..1f32, -0.1f32..1f32)?;
9
10      chart.configure_mesh().draw()?;
11
12      chart.draw_series(LineSeries::new(
13          (-50..=50).map(|x| x as f32 / 50.0).map(|x| (x, x * x)),
14          &BLUE,
15      )).unwrap()
16          .label("y = x^2")
17          .legend(|(x,y)| PathElement::new(vec![(x,y), (x + 20,y)], &BLUE));
18
19      chart.draw_series(
20          points.iter().map(|(x, y)| Circle::new((*x, *y), 5, RED.filled())))
21      ).unwrap();
22
23      chart.configure_series_labels()
24          .background_style(&WHITE.mix(0.8))
25          .border_style(&BLACK)
26          .draw()?;
27      Ok(())
28  });
29  figure
```

• 第 19~21 行：繪製梯度下降法的點，其他程式碼與步驟 5 相同。

10.執行結果：紅色的點由起始點 (5) 逐漸逼近最佳解

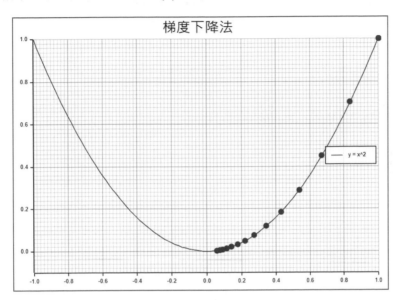

11.讀者可以改變超參數，實驗梯度下降法是否依然有效，例如起始點改為 -5，
最佳解是否仍為 0，也可以變更 f(x)，記得導數也要一併修改。

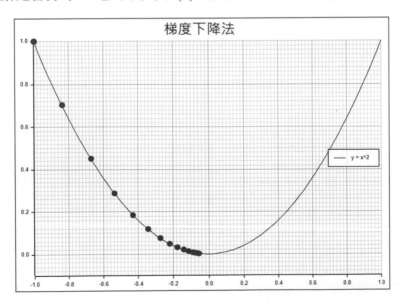

範例 5. 整合 polars、ndarray 及 plotters 套件，建構線性迴歸模型，並使用 Linf. 套件驗證，範例程式為 src/ch17/regression_test 資料夾，不使用 Jupyter Noteboo 的原因是 polars 依賴的套件過多，自 Jupyter Notebook 載入常會失敗。

1. 建立新專案。

```
cargo new regression_test
```

2. 加入 polars、ndarray 及 plotters 套件。

```
cd regression_test
cargo add plotters
cargo add ndarray
cargo add polars -F lazy
cargo add polars -F ndarray
cargo add linfa
cargo add linfa-linear
```

3. 引用套件。

```
use plotters::prelude::*;
use std::path::Path;
use polars::prelude::*;
use ndarray::prelude::*;
use ndarray::{array, Array, Array1, Array2, Array3,
    ShapeBuilder, concatenate, Axis};
use ndarray_inverse::Inverse;
use linfa::traits::Fit;
use linfa::prelude::*;
use linfa_linear::LinearRegression;
```

4. 定義讀取 CSV 檔案的函數。

```
fn read_csv(file_path: &str) ->
    Result<DataFrame, Box<dyn std::error::Error>> {

    let df = CsvReader::from_path(file_path)?
    .infer_schema(None)
```

```
    .has_header(true)
    .finish()?;
    Ok(df)
}
```

5. 以下為 main() {…} 的程式碼。首先讀取 BostonHousing.csv 檔案，它是關於
   房價預測的檔案，輸出為 DataFrame 格式，前 13 個欄位是特徵 (X)，最後 1
   個欄位是預測目標 (Y)，即房價。

```
// 讀取資料檔
const FILE_PATH: &str = "./BostonHousing.csv";
let df = read_csv(FILE_PATH).unwrap();
println!("head：{}\n", df.head(Some(5)));
```

6. 將 DataFrame 轉換為 ndarray。

```
let mut x = df.to_ndarray::<Float64Type>(IndexOrder::Fortran).unwrap();
// 分離 X、Y
let y = x.slice(s![.., x.shape()[1]-1..]);
let y2 = x.slice(s![.., x.shape()[1]-1]);;
let x = x.slice(s![.., 0..x.shape()[1]-1]);
```

7. 以線性代數計算線性迴歸模型 (y=wx+b) 的權重 (w) 與偏差 (b)。公式為：

$$(X'X)^{-1}X'Y$$

```
// y = wx + b*1, 合併 [w, b]，故變數為 [x, 1]
let ones = Array2::<f64>::ones((x.shape()[0], 1));
let x2 = concatenate(Axis(1), &[ones.view(), x.view()]).unwrap();
// y=wx+b，計算權重 (w) 與偏差 (b)
let w = (x2.t().dot(&x2)).inv().unwrap().dot(&x2.t()).dot(&y);
println!("w：{:?}\n", w);
```

【註】以最小平方法 (OLS) 可推導出以上公式。

對 SSE 偏微分，一階導數 =0 有最小值：

$$SSE = \sum \varepsilon^2 = (y-\hat{y})^2 = (y-wx)^2 = yy' - 2wxy + w'x'xw$$

$$\frac{dSSE}{dw} = -2xy + 2wx'x = 0$$

→ 移項、整理

$(xx') \, w = xy$

→ 移項

$w = (xx')^{-1} \, xy$

其中 x' 為 x 的轉置矩陣 (Transpose)，x^{-1} 為 x 的反矩陣 (Inverse)。

8. 執行結果：第一個值為偏差 (bias)，或稱截距 (intercept)。

```
w：[[36.45948838506923],
   [-0.10801135783679647],
   [0.04642045836677289],
   [0.02055862636722719],
   [2.686733819344255],
   [-17.766611228311373],
   [3.8098652068126935],
   [0.000692224640393771],
   [-1.4755668456000834],
   [0.3060494789852166],
   [-0.012334593916575641],
   [-0.9527472317071932],
   [0.009311683273798072],
   [-0.5247583778552314]],
```

9. 以 Linfa 套件的線性迴歸模組驗證。

```
let dataset = Dataset::new(x.to_owned(), y2.to_owned());
let model = LinearRegression::default().fit(&dataset).unwrap();
println!("model：{:?}\n", model);
```

10. 執行結果：與線性代數計算結果非常相近。

```
model：FittedLinearRegression { intercept: 36.45948838508989, params: [-0.10801135783679695, 0.046420458366880954, 0.0205586263
6707111, 2.686733819344871, -17.766611228300096, 3.8098652068092163, 0.000692224640344431, -1.4755668456002529, 0.3060494789851
7354, -0.01233459391657443, -0.9527472317072896, 0.00931168327379386, -0.5247583778554892], shape=[13], strides=[1], layout=CFc
f (0xf), const ndim=1 }
```

筆者試圖使用以梯度下降法計算，但並未成功，主要是因使用 ndarray 需要轉換正確的資料型別，運算才會正確，若使用錯誤的資料型別，建置可能不會出現錯誤訊息，但執行結果會有錯誤，這是較嚴重的問題。筆者使用一個特徵測試沒有問題，損失 (Loss) 會隨著訓練逐漸降低，但使用兩個特徵以上時，損失會隨著訓練暴增，顯然計算梯度時發生了問題。

以上針對數值分析、表格分析及繪圖套件做了粗淺的介紹與實作，希望讀者對 Rust 數值資料處理有基本的認識，接下來在深度學習的實驗中能夠很容易的駕馭這些技巧。

17-4 深度學習套件

以下介紹兩個深度學習套件包括 tch-rs[10] 及 Candle[11] 套件，tch-rs 主要是透過 FFI 呼叫 PyTorch 的 C/C++ 函數庫，而 Candle 則是由 Hugging Face 公司純粹以 Rust 開發的函數庫，截至 2024/4，Hugging Face 官網 Hub 包含 40 多萬個深度學習模型，可以使用 Python 或 Candle 載入，也提供在雲端直接測試，因此，我們可以利用 Candle 套件，直接載入這些模型，進行推論 (Inference) 或微調 (Fine tuning)，進而建構應用系統或 API。另外，網路上還有針對呼叫 TensorFlow 的 TensorFlow Rust[12] 以及強調效能的 burn 套件[13] 等等。

17-4-1 tch-rs 套件

使用 tch-rs 套件必須先安裝 PyTorch 的 C/C++ 函數庫，安裝程序如下：

1. 至 PyTorch 官網[14]，依提供的選單設定開發環境，下方會出現下載網址。

- 在 Windows 作業系統下建立神經網路模型時，會發生【exit code: 0xc0000005, STATUS_ACCESS_VIOLATION】錯誤，經查可能是 C/C++ Segmentation fault，應該是 tch-rs 套件未充分測試的緣故，故先改用 WSL 測試，應該也可以使用 Mac/Linux 作業系統。

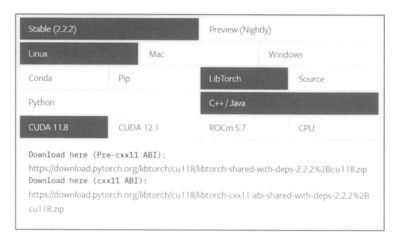

- WSL：使用 Linux 選單設定，要選擇【cxx11 ABI】的網址。

- 筆者擁有 NVidia 顯卡，故以上選單設定 CUDA 11.8，若讀者 PC 不含 NVidia 顯卡，則選擇 CPU，下載的網址會有差異。

2. 下載並解壓縮。

wget https://download.pytorch.org/libtorch/cu118/libtorch-cxx11-abi-shared-with-deps-2.2.2%2Bcu118.zip

unzip libtorch-cxx11-abi-shared-with-deps-2.2.2+cu118.zip

3. 設定環境變數，可修改開機設定檔 (~/.bashrc)，筆者不想永久設定，故每次登入後均需設定環境變數，故將相關設定存檔為 src/ch17/tch-rs/set_env_linux.sh，注意，該檔案的 libtorch 路徑需配合安裝環境修改，之後在開啟終端機後均需執行該檔案內容。注意，LIBTORCH_INCLUDE、LIBTORCH_LIB 均指到 libtorch 根目錄，而非 include、lib 子目錄。

```
export LIBTORCH=/mnt/c/Users/mikec/libtorch
export LIBTORCH_INCLUDE=/mnt/c/Users/mikec/libtorch/
export LIBTORCH_LIB=/mnt/c/Users/mikec/libtorch/
export LIBTORCH_BYPASS_VERSION_CHECK=1
export PATH="/mnt/c/Users/mikec/libtorch:$PATH"
export LD_LIBRARY_PATH=$LD_LIBRARY_PATH:"/mnt/c/Users/mikec/libtorch/lib
:$LD_LIBRARY_PATH"
```

安裝完成後，就可以開發深度學習的應用程式了。

範例 1. 手寫阿拉伯數字 (MNIST) 辨識，程式放在 src/ch17/tch-rs/torch_test 資料夾。注意，以下範例均在 WSL 環境開發與測試。

1. 建立新專案。

```
cargo new torch_test
```

2. 加入套件。

```
cd torch_test
cargo add tch
cargo add anyhow
```

3. 引用套件。

```
use tch::Tensor;
use anyhow::Result;
use tch::{kind, nn, nn::Module, nn::OptimizerConfig, Device};
```

4. 設定參數：設定輸入、模型規格。

```
const IMAGE_DIM: i64 = 784; // 輸入圖像的尺寸：28x28
const HIDDEN_NODES: i64 = 128;  // 隱藏層的輸出神經元個數
const LABELS: i64 = 10; // 標籤種類 0~9 共 10 個
```

5. 一般神經網路：只含完全連接層 (Full-connected layer)。

```
fn net(vs: &nn::Path) -> impl Module {
    nn::seq()
        .add(nn::linear(     // 完全連接層
            vs / "layer1",
            IMAGE_DIM,
            HIDDEN_NODES,
            Default::default(),
                ))
        .add_fn(|xs| xs.relu()) // ReLU activation function
        .add(nn::linear(vs, HIDDEN_NODES, LABELS, Default::default()))
}
```

6. 模型訓練。

```
fn run_net() -> Result<()> {
    let m = tch::vision::mnist::load_dir("data")?; // 載入 MNIST 資料集
    // let vs = nn::VarStore::new(Device::Cpu);
    let vs = nn::VarStore::new(Device::cuda_if_available());
    let net = net(&vs.root());  // 建立模型物件
    let mut opt = nn::Adam::default().build(&vs, 1e-3)?; // 指定優化器

    for epoch in 1..21 {// 依設定的執行週期數 (20) 訓練模型
        let loss = net
            .forward(&m.train_images.to_device(vs.device()))
            .cross_entropy_for_logits(&m.train_labels
                .to_device(vs.device())); // 設定損失函數 (Loss)
        opt.backward_step(&loss);     // 反向傳導
        let test_accuracy = net // 以測試資料驗證模型準確度
            .forward(&m.test_images.to_device(vs.device()))
            .accuracy_for_logits(&m.test_labels.to_device(vs.device()));
        println!(     // 顯示損失及模型準確度
```

```
            "epoch: {:4} train loss: {:8.5} test acc: {:5.2}%",
            epoch, loss.double_value(&[]),
            100. * test_accuracy.double_value(&[]));
        }
    Ok(())
}
```

- tch::vision::mnist::load_dir("data")：自 data 資料夾載入 MNIST 資料集，相關檔案可自 Kaggle[15] 下載。

  - train-images-idx3-ubyte：訓練資料的特徵 (X)。

  - train-labels-idx1-ubyte：訓練資料的目標 (Y)。

  - t10k-images-idx3-ubyte：測試資料的特徵 (X)。

  - t10k-labels-idx1-ubyte：測試資料的目標 (Y)。

- nn::VarStore::new(Device::cuda_if_availablc())：若有 NVidia GPU，將載入的資料放入 GPU 記憶體，反之，放入 CPU 記憶體 (DRAM)。若一律放入 CPU 記憶體則使用 nn::VarStore::new(Device::Cpu)。

- nn::Adam::default().build(&vs, 1e-3)：指定 Adam 優化器，初始學習率為 10^{-3}。

- cross_entropy_for_logits：設定損失函數 (Loss) 為交叉熵 (Cross entropy)。

- opt.backward_step(&loss)：依梯度下降法反向傳導，更新權重 (Weight、Bias)。

- accuracy_for_logits：以測試資料驗證模型準確度。

- 注意，模型輸出的資料與輸入資料必須一致放入 GPU 或 CPU 記憶體，不可混用。

7. 執行結果：執行 20 個週期，模型準確度達 84.51%。執行指令如下。

```
cargo run net
```

```
epoch:   1 train loss:  2.35506 test acc: 19.80%
epoch:   2 train loss:  2.19731 test acc: 33.71%
epoch:   3 train loss:  2.05725 test acc: 47.41%
epoch:   4 train loss:  1.92598 test acc: 58.09%
epoch:   5 train loss:  1.79996 test acc: 64.39%
epoch:   6 train loss:  1.67823 test acc: 68.55%
epoch:   7 train loss:  1.56098 test acc: 71.68%
epoch:   8 train loss:  1.44909 test acc: 74.07%
epoch:   9 train loss:  1.34363 test acc: 76.41%
epoch:  10 train loss:  1.24563 test acc: 78.21%
epoch:  11 train loss:  1.15582 test acc: 79.41%
epoch:  12 train loss:  1.07436 test acc: 80.73%
epoch:  13 train loss:  1.00106 test acc: 81.71%
epoch:  14 train loss:  0.93539 test acc: 82.24%
epoch:  15 train loss:  0.87674 test acc: 82.88%
epoch:  16 train loss:  0.82452 test acc: 83.16%
epoch:  17 train loss:  0.77810 test acc: 83.55%
epoch:  18 train loss:  0.73686 test acc: 84.10%
epoch:  19 train loss:  0.70016 test acc: 84.51%
```

範例 2. 改用卷積神經網路 (CNN) 進行手寫阿拉伯數字 (MNIST) 辨識，程式同樣放在 src/ch17/tch-rs/torch_test 資料夾。

1. 建立卷積神經網路 (CNN) 模型。

```rust
#[derive(Debug)]
struct CNN {
    conv1: nn::Conv2D,
    conv2: nn::Conv2D,
    fc1: nn::Linear,
    fc2: nn::Linear,
}

impl CNN {
    fn new(vs: &nn::Path) -> CNN {
        let conv1 = nn::conv2d(vs, 1, 32, 5, Default::default());
        let conv2 = nn::conv2d(vs, 32, 64, 5, Default::default());
        let fc1 = nn::linear(vs, 1024, 1024, Default::default());
        let fc2 = nn::linear(vs, 1024, 10, Default::default());
        CNN { conv1, conv2, fc1, fc2 }
    }

    fn forward(&self, xs: &Tensor, train: bool) -> Tensor {
        xs.view([-1, 1, 28, 28])
            .apply(&self.conv1)
            .max_pool2d_default(2)
            .apply(&self.conv2)
```

```
            .max_pool2d_default(2)
            .view([-1, 1024])
            .apply(&self.fc1)
            .relu()
            .dropout(0.5, train)
            .apply(&self.fc2)
    }
}
```

- nn::conv2d：二維卷積 (Convolution) 神經層。

- max_pool2d：二維池化 (Pooling) 神經層。

- dropout：矯正過度擬合的神經層，訓練時需要此神經層，測試時不需要此神經層，故加一參數 train: bool 控制是否使用此神經層。

2. 訓練卷積神經網路 (CNN) 模型：因為以全部資料投入訓練，在筆者電腦會造成 GPU 記憶體 (4GB) 不足 (Overflow)，故改採分批訓練，每批設定為 600 筆，比範例 1 多一個迴圈。

```
fn run_cnn() -> Result<()> {
    let m = tch::vision::mnist::load_dir("data")?; // 載入 MNIST 資料集
    let vs = nn::VarStore::new(Device::cuda_if_available());
    let net = CNN::new(&vs.root());   // 建立模型物件
    let mut opt = nn::Adam::default().build(&vs, 1e-3)?; // 指定優化器

    const BATCH_SIZE: i64 = 600;
    const TRAIN_SIZE: i64 = 60000;
    let step_count = TRAIN_SIZE / BATCH_SIZE;

    for epoch in 1..21 {      // 依設定的執行週期數 (20) 訓練模型
        for i in 0..step_count {     // 分批訓練模型
                // 隨機抽樣
            let batch_idxs = generate_random_index(
                    TRAIN_SIZE, BATCH_SIZE);
            let loss = net   // 設定損失函數 (Loss)
                .forward(&m.train_images.index_select(0, &batch_idxs)
                    .to_device(vs.device()), true)
                .cross_entropy_for_logits(&m.train_labels
```

```
            .index_select(0, &batch_idxs)
            .to_device(vs.device()));
            opt.backward_step(&loss);    // 反向傳導
            }
    let test_accuracy = net      // 以測試資料驗證模型準確度
    .forward(&m.test_images.to_device(vs.device()), false)
    .accuracy_for_logits(&m.test_labels.to_device(vs.device()));
    println!(    // 顯示模型準確度
        "epoch: {:4} test acc: {:5.2}%",
        epoch, 100. * test_accuracy.double_value(&[]));
    }
  Ok(())
}
```

3. 執行結果：執行 20 個週期，模型準確度達 99.07%，比範例 1 高很多，但訓練時間也就久，執行指令如下。

```
cargo run
```

```
epoch:    1 test acc: 97.72%
epoch:    2 test acc: 98.31%
epoch:    3 test acc: 98.42%
epoch:    4 test acc: 98.85%
epoch:    5 test acc: 98.87%
epoch:    6 test acc: 99.00%
epoch:    7 test acc: 99.05%
epoch:    8 test acc: 99.02%
epoch:    9 test acc: 98.91%
epoch:   10 test acc: 99.01%
epoch:   11 test acc: 99.13%
epoch:   12 test acc: 98.98%
epoch:   13 test acc: 99.05%
epoch:   14 test acc: 99.02%
epoch:   15 test acc: 99.05%
epoch:   16 test acc: 99.09%
epoch:   17 test acc: 99.02%
epoch:   18 test acc: 99.09%
epoch:   19 test acc: 99.07%
```

範例 3. 使用預先訓練的模型 (Pretrained model)，程式放在 src/ch17/tch-rs/ pretrained_model_test 資料夾。

1. 建立新專案。

```
cargo new pretrained_model_test
```

2. 加入套件。

```
cd pretrained_model_test
cargo add tch
cargo add anyhow
```

3. 引用套件。

```
use tch::Tensor;
use anyhow::Result;
use tch::{nn, nn::ModuleT, Device};
use std::env;
use tch::vision::{imagenet, resnet};
```

4. 主程式：

```
fn main() -> Result<()> {
    // 取得參數：要辨識的圖檔
    let args: Vec<String> = env::args().collect();
    let image_file = &args[1];

    // 縮放解析度為 224x224
    let image = imagenet::load_image_and_resize224(image_file)?;

    // 使用 CPU
    let mut vs = tch::nn::VarStore::new(tch::Device::Cpu);

    // 載入預先訓練的模型 (Pretrained model)：resnet18
    let resnet18 = resnet::resnet18(&vs.root(), imagenet::CLASS_COUNT);
    // 載入 resnet18 權重檔
    // 下載：
    https://github.com/LaurentMazare/tch-rs/releases/download/mw/resnet18.ot
    let weight_file: &str = "./resnet18.ot";
    vs.load(weight_file)?;
```

```
    // 預測 ( 辨識 )
    let output = resnet18
        .forward_t(&image.unsqueeze(0), /*train=*/ false)
        .softmax(-1, tch::Kind::Float);

    // 顯示前 5 名的預測類別及機率
    for (probability, class) in imagenet::top(&output, 5).iter() {
    println!("{:50} {:5.2}%", class, 100.0 * probability)
    };
  Ok(())
}
```

- tch.rs 支援的預先訓練的模型包括 resnet18.ot、resnet34.ot、densenet121. ot、vgg13.ot、vgg16.ot、vgg19.ot、squeezenet1_0.ot、squeezenet1_1.ot、 alexnet.ot、inception-v3.ot、mobilenet-v2.ot、efficientnet-b0~4.safetensors、 convmixer1536_20.ot、convmixer1024_20.ot 等，大部分的模型都用於影像分 類，下圖是各種模型的推論速度與準確度的比較。

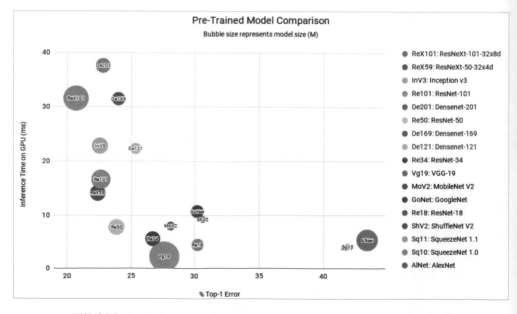

圖片來源：Pre Trained Models for Image Classification – PyTorch for Beginners[16]

5. 測試指令如下：

```
cargo run Tiger.jpg
```

6. 執行結果：判斷無誤，推論是老虎的機率為 61.70%。

```
tiger, Panthera tigris                          61.70%
tiger cat                                       38.13%
tabby, tabby cat                                 0.05%
jaguar, panther, Panthera onca, Felis onca       0.04%
lynx, catamount                                  0.04%
```

範例 4. 使用 YOLO 模型進行物件偵測 (Object detection)，程式放在 src/ch17/tch-rs/yolo_test 資料夾。物件偵測除了可辨識物件類別以外，還可以偵測物件所在位置，目前 YOLO 演算法已經創新至第十版 (v10)，而 tch.rs 的 GitHub 提供的範例還停留在第三版 (v3)。

1. 建立新專案。

```
cargo new yolo_test
```

2. 加入套件。

```
cd yolo_test
cargo add tch
cargo add anyhow
```

3. 由於程式較龐大，請直接參閱範例，筆者不在此多作解釋，僅說明測試方式。

4. 自下列網址下載 **yolo-v3.ot** 權重檔。

   https://github.com/LaurentMazare/ocaml-torch/releases/download/v0.1-unstable/yolo-v3.ot

5. 測試指令如下，最後 2 個參數為測試圖檔，讀者可指定任意數量的圖檔，
yolo 模型使用 COCO 資料集訓練，預設可辨識 80 種物件，可參閱 ms_coco_
classnames.txt[17]，索引值 0 為背景 (background)，不屬於 80 種物件類別。

```
cargo run yolo-v3.ot dog.jpg horses.jpg
```

6. 執行結果：顯示每個物件的類別、位置及信賴度 (confidence)，且輸出檔案為
output-XXXXX.jpg。

```
bicycle: Bbox { xmin: 61.4779052734375, ymin: 93.31687927246094, xmax: 310.95721435546875, ymax: 311.2105255126953, conf
idence: 0.9914862513542175 }
truck: Bbox { xmin: 254.87508392333984, ymin: 62.99716377258301, xmax: 374.9278335571289, ymax: 119.96505546569824, conf
idence: 0.9987045526504517 }
dog: Bbox { xmin: 66.13856887817383, ymin: 162.35651397705078, xmax: 174.36816024780273, ymax: 390.64086151123047, confi
dence: 0.9999037981033325 }
Converted 0
載入horses.jpg完成
horse: Bbox { xmin: 2.8643646240234375, ymin: 160.5349884033203, xmax: 169.05201721191406, ymax: 335.27955627441406, con
fidence: 0.9988447427749634 }
horse: Bbox { xmin: 233.98036193847656, ymin: 174.92475509643555, xmax: 324.4999237060547, ymax: 282.4262580871582, conf
idence: 0.9963303208351135 }
horse: Bbox { xmin: 128.1046905517578, ymin: 147.06026458740234, xmax: 240.9827117919922, ymax: 282.02481842041016, conf
idence: 0.9435285925865173 }
horse: Bbox { xmin: 1.4853019714355469, ymin: 151.28958129882813, xmax: 82.66571426391602, ymax: 284.86590576171875, con
fidence: 0.8557372093200684 }
Converted 1
```

tch.rs 的 GitHub 還提供許多範例，包括以文生圖的 Stable diffusion、強化學習 (Reinforcement learning)、風格轉換 (Neural style transfer)、自然語言處理 (NLP).. 等，有興趣的讀者可以試試看，不過，需要比較大的 GPU 記憶體，執行才會比較順暢。

17-4-2 Candle 套件

Candle 則是由 Hugging Face 公司純粹以 Rust 開發的極簡式 (Minimalist) 函數庫，與 tch-rs 套件對比，Candle 不透過 FFI 與 C/C++ 函數庫溝通，使用相對比較單純。截至 2024/4，Hugging Face 官網 Hub 收納 40 多萬個深度學習模型，也提供在雲端直接測試，理論上我們可以利用 Candle 套件直接載入這些模型，進行推論 (Inference) 或微調 (Fine tuning)，並建構應用系統。Candle GitHub 提供許多範例，包括最新的 LLM、語音辨識 (Whisper)、語義分割 (Semantic segmentation) 及 Stable Diffusion…等，非常令人興奮。

但 Candle 套件可能還不夠穩定，因此套件還未註冊至官網，安裝不可以使用 cargo add candle-core，必須直接連結至 Candle GitHub：

1. 使用 GPU：要先安裝 CUDA toolkit，再執行以下指令。

```
cargo add --git https://github.com/huggingface/candle.git candle-core --features
"cuda"
```

2. 不使用 GPU：執行以下指令。

```
cargo add --git https://github.com/huggingface/candle.git candle-core
```

筆者在 Windows 作業系統上測試 GPU 版的安裝均失敗，不管是 GTX 或 RTX 顯卡，都出現 Cuda 程式 (*.cu) 錯誤，經上網查詢，目前只能在 WSL 或 Linux 才可以順利安裝。以下就先進行一些簡單的測試。

範例 1. 使用 Candle 測試張量基本運算，程式放在 src/ch17/candle/tensor_operation 資料夾。

1. 建立新專案。

```
cargo new tensor_operation
```

2. 加入套件。

```
cd tensor_operation
cargo add --git https://github.com/huggingface/candle.git candle-core
```

3. 引用套件。

```
use candle_core::{Device, Tensor};
```

4. 使用 CPU。

```
let device = Device::Cpu;
// let device = Device::new_cuda(0).unwrap(); // GPU
```

5. 張量宣告與加法運算。

```
fn random_tensor_test(device: &Device) ->
    Result<(), Box<dyn std::error::Error>> {

    let a = Tensor::randn(0f32, 1., (2, 3), &device)?;
    let b = Tensor::randn(0f32, 1., (3, 4), &device)?;
```

```
    let c = a.add(&b)?;
    println!("a+b={c}");

    Ok(())
}
```

6. 執行結果：兩個隨機產生的矩陣相加。

```
a+b=[[ 2.9461, -1.0781,  0.3130], [ 1.5186, -0.1300, -0.9943]]
```

7. 內積 (matmul)、轉置 (transpose)。

```
fn tensor_method_test(device: &Device) ->
    Result<(), Box<dyn std::error::Error>> {

    let x = [1f32,2.,3.,4.,5.,6.];
    let tensor1 = Tensor::new(&x, &device)?
        .reshape((2,3))?;
    println!("tensor1：\n{}\n", tensor1);

    let tensor2 = Tensor::arange::<f32>(1., 7., &device)?
        .reshape((3,2))?;
    println!("tensor2：\n{}\n", tensor2);

    // 內積
    let mul = tensor2.matmul(&tensor1)?;
    println!(" 內積：\n{}\n", mul);

    // 轉置
    println!("tensor2 轉置矩陣：\n{}\n", tensor2.transpose(0, 1)?);

    Ok(())
}
```

8. 執行結果：

```
tensor1：
[[1., 2., 3.],
```

```
 [4., 5., 6.]]
Tensor[[2, 3], f32]

tensor2：
[[1., 2.],
 [3., 4.],
 [5., 6.]]
Tensor[[3, 2], f32]
內積：
[[ 9., 12., 15.],
 [19., 26., 33.],
 [29., 40., 51.]]
Tensor[[3, 3], f32]
tensor2 轉置矩陣：
[[1., 3., 5.],
 [2., 4., 6.]]
Tensor[[2, 3], f32]
```

9. 反矩陣：Candle 不支援反矩陣函數，以下只針對 2x2 矩陣計算反矩陣。

```
fn inverse(tensor1: &Tensor, device: &Device) ->
    Result<Tensor, Box<dyn std::error::Error>> {

    let vec: Vec<f32> = tensor1.flatten(0, 1)?.to_vec1()?;
    // let m11: f32 = vec[0];
    // println!("m11：{}\n", m11);

    let determinant = vec[0] * vec[3] - vec[2] * vec[1];

    let x: Vec<f32> = vec![vec[3]/determinant, 0.0f32-vec[1]/determinant,
        0.0f32-vec[2]/determinant, vec[0]/determinant];
    let tensor2 = Tensor::new(x, &device)?
        .reshape((2,2))?;
    Ok(tensor2)
}
```

10.執行結果：

```
[[ 0.5000,  0.5000],
 [ 0.5000, -0.5000]]
Tensor[[2, 2], f32]
```

11.聯立方程式求解，$Ax = b$　$x = A^{-1}b$。

```
fn solve_equations(device: &Device) ->
    Result<(), Box<dyn std::error::Error>> {

    // x+y=5
    // x-y=1
    let left_coef: [f32; 4] = [1.,1.,1., -1.];
    let right_coef: [f32; 2] = [5.,1.];
    let tensor1 = Tensor::new(&left_coef, &device)?
        .reshape((2,2))?;

    let tensor2 = Tensor::new(&right_coef, &device)?
        .reshape((2,1))?;

    let tensor3 = inverse(&tensor1, &device)?;
    println!(" 反矩陣：\n{}\n", tensor3);

    // output
    println!("x+y=5\nx-y=1\n 答案：\n{}",
    tensor3.matmul(&tensor2)?);

  Ok(())
}
```

12.執行結果：

```
x+y=5
x-y=1
```

答案：3, 2,

範例 2. 使用 Candle 進行 MNIST 模型訓練，程式放在 src/ch17/candle/mnist_test 資料夾，程式主要修改自 Candle examples 的 mnist-training 範例。

1. 建立新專案。

```
cargo new mnist_test
```

2. 加入套件。

```
cd mnist_test
cargo add --git https://github.com/huggingface/candle.git candle-core
cargo add --git https://github.com/huggingface/candle.git candle-datasets
cargo add --git https://github.com/huggingface/candle.git candle-nn
cargo add anyhow
cargo add clap
cargo add rand
```

3. 引用套件。

```
#[cfg(feature = "mkl")]
extern crate intel_mkl_src;

#[cfg(feature = "accelerate")]
extern crate accelerate_src;

use std::time::{Duration, Instant};

use clap::{Parser, ValueEnum};
use rand::prelude::*;
use candle_core::{Device, DType, Result, Tensor, D};
use candle_nn::{loss, ops, Conv2d, Linear, Module,
    ModuleT, Optimizer, VarBuilder, VarMap};
```

4. 建構卷積神經網路 (CNN)：模仿 PyTorch 模型結構，類別 (Class) 主要定義兩個方法，init 定義神經層，forward 串聯神經層，構成神經網路。

```
const IMAGE_DIM: usize = 784;
const LABELS: usize = 10;
```

```
struct TrainingArgs {
    learning_rate: f64,
    load: Option<String>,
    save: Option<String>,
    epochs: usize,
}

#[derive(Debug)]
struct ConvNet {
    conv1: Conv2d,
    conv2: Conv2d,
    fc1: Linear,
    fc2: Linear,
    dropout: candle_nn::Dropout,
}

impl ConvNet {
    fn new(vs: VarBuilder) -> Result<Self> {
    let conv1 = candle_nn::conv2d(1, 32, 5,
                Default::default(), vs.pp("c1"))?;
    let conv2 = candle_nn::conv2d(32, 64, 5,
                Default::default(), vs.pp("c2"))?;
    let fc1 = candle_nn::linear(1024, 1024, vs.pp("fc1"))?;
    let fc2 = candle_nn::linear(1024, LABELS, vs.pp("fc2"))?;
    let dropout = candle_nn::Dropout::new(0.5);
    Ok(Self {
        conv1,
        conv2,
        fc1,
        fc2,
        dropout,
            })
    }

fn forward(&self, xs: &Tensor, train: bool) -> Result<Tensor> {
    let (b_sz, _img_dim) = xs.dims2()?;
    let xs = xs
        .reshape((b_sz, 1, 28, 28))?
```

```
        .apply(&self.conv1)?
        .max_pool2d(2)?
        .apply(&self.conv2)?
        .max_pool2d(2)?
        .flatten_from(1)?
        .apply(&self.fc1)?
        .relu()?;
    self.dropout.forward_t(&xs, train)?.apply(&self.fc2)
    }
}
```

5. 模型訓練：依照梯度下降法，計算預測值、損失、梯度，進行反向傳導，更
   新權重。

```
fn train_model(
    m: candle_datasets::vision::Dataset,
    args: &TrainingArgs,
) -> anyhow::Result<()> {
    const BSIZE: usize = 2000;

    let dev = Device::Cpu;

    let train_labels = m.train_labels;
    let train_images = m.train_images;
    let train_labels = train_labels.to_dtype(DType::U32)?;

    let mut varmap = VarMap::new();
    let vs = VarBuilder::from_varmap(&varmap, DType::F32, &dev);
    let model = ConvNet::new(vs.clone())?;

    if let Some(load) = &args.load {
        println!("loading weights from {load}");
        varmap.load(load)?
        }

    let adamw_params = candle_nn::ParamsAdamW {
        lr: args.learning_rate,
        ..Default::default()
```

```
    };
let mut opt = candle_nn::AdamW::new(varmap.all_vars(), adamw_params)?;
let test_images = m.test_images.to_device(&dev)?;
let test_labels = m.test_labels.to_dtype(DType::U32)?;
let n_batches = train_images.dim(0)? / BSIZE;
let mut batch_idxs = (0..n_batches).collect::<Vec<usize>>();
for epoch in 1..args.epochs {
    let mut sum_loss = 0f32;
    batch_idxs.shuffle(&mut thread_rng());
    for batch_idx in batch_idxs.iter() {
        let train_images = train_images.narrow(0,
                            batch_idx * BSIZE, BSIZE)?;
        let train_labels = train_labels.narrow(0,
                            batch_idx * BSIZE, BSIZE)?;
        let logits = model.forward(&train_images, true)?;
        let log_sm = ops::log_softmax(&logits, D::Minus1)?;
        let loss = loss::nll(&log_sm, &train_labels)?;
        opt.backward_step(&loss)?;
        sum_loss += loss.to_vec0::<f32>()?;
            }
    let avg_loss = sum_loss / n_batches as f32;

    let test_logits = model.forward(&test_images, false)?;
    let sum_ok = test_logits
        .argmax(D::Minus1)?
        .eq(&test_labels)?
        .to_dtype(DType::F32)?
        .sum_all()?
        .to_scalar::<f32>()?;
    let test_accuracy = sum_ok / test_labels.dims1()? as f32;
    println!(
        "{epoch:4} train loss {:8.5} test acc: {:5.2}%",
        avg_loss,
        100. * test_accuracy
        );
    }
if let Some(save) = &args.save {
    println!("saving trained weights in {save}");
    varmap.save(save)?
```

```
        }
    Ok(())
}
```

6. 主程式。

```rust
fn main() -> anyhow::Result<()> {
    // Load the dataset
    let m = candle_datasets::vision::mnist::load()?;
    println!(" 資料載入完成 .");
    println!("train-images: {:?}", m.train_images.shape());
    println!("train-labels: {:?}", m.train_labels.shape());
    println!("test-images: {:?}", m.test_images.shape());
    println!("test-labels: {:?}", m.test_labels.shape());

    let start = Instant::now();

    // 模型訓練
    let training_args = TrainingArgs {
        epochs: 5,
        learning_rate: 0.001,
        load: None,
        save: Some(String::from("mnist.model")),
    };
    train_model(m, &training_args);

    let duration = start.elapsed();
    println!(" 訓練時間 : {:?}", duration);

    Ok(())
}
```

7. 測試：

```
cargo run
```

8. 執行結果：雖然只使用 CPU，但訓練速度竟然出奇的慢，耗時好幾個小時，
看來 Candle 的矩陣運算還有待調校。

```
train-images: [60000, 784]
train-labels: [60000]
test-images: [10000, 784]
test-labels: [10000]
    1 train loss  1.10412 test acc: 91.05%
    2 train loss  0.32784 test acc: 94.13%
    3 train loss  0.26264 test acc: 94.79%
    4 train loss  0.24351 test acc: 94.35%
saving trained weights in mnist.model
訓練時間：10109.8583683s
```

範例 3. 使用 Candle 進行 YOLO 推論，程式放在 src/ch17/candle/yolo_test 資料夾，
程式主要修改白 Candle examples 的 yolo-v8 範例。

1. 建立新專案。

```
cargo new yolo_test
```

2. 加入套件。

```
cd yolo_test
cargo add --git https://github.com/huggingface/candle.git candle-core
cargo add --git https://github.com/huggingface/candle.git candle-nn
cargo add --git https://github.com/huggingface/candle.git candle-transformers
cargo add anyhow
cargo add clap
cargo add ab_glyph
cargo add hf-hub
cargo add image
cargo add imageproc
cargo add tracing
cargo add tracing-chrome
cargo add tracing-subscriber
```

3. 程式非常大,因為 Candle 從頭開發 Yolo v8 模型,而非透過 FFI 呼叫 C/C++ 的函數庫,在此就不詳細說明,src 下包含 main.rs、model.rs、coco_classes. rs。

4. 測試:

```
cargo run bike.jpg
```

5. 執行結果: 會產生 bike.pp.jpg,內含偵測到的物件類別、位置及信賴度 (Confidence),也可以使用 dog.jpg、horses.jpg 測試。

2022 年 ChatGPT 問世,從此大型語言模型 (Large language model, LLM) 如火如 荼的發展,有的模型致力於改善準確度,另外一些模型則希望縮小尺寸,讓推 論變得更快,以下我們就以較小尺寸的模型 Mistral 測試。

範例 4. 使用 Candle 進行大型語言模型 (LLM) 推論,程式放在 src/ch17/candle/ yolo_test 資料夾,程式主要修改自 Candle examples 的 yolo-v8 範例。

1. 建立新專案。

```
cargo new mistral_test
```

2. 加入套件。

```
cd mistral_test
cargo add --git https://github.com/huggingface/candle.git candle-core
cargo add --git https://github.com/huggingface/candle.git candle-datasets
cargo add --git https://github.com/huggingface/candle.git candle-nn
cargo add --git https://github.com/huggingface/candle.git candle-transformers
cargo add anyhow
cargo add clap
cargo add hf-hub
cargo add tokenizers
cargo add tracing-chrome
cargo add tracing-subscriber
```

3. 程式參考 Candle GitHub 的 candle-main\candle-examples\examples\mistral 資料夾，並將 candle-main\candle-examples\src 資料夾的其他公用程式 (token_output_stream.rs、lib.rs) 複製到目前程式資料夾，並作適度的修改。

4. 測試：先至模型首頁 (https://huggingface.co/mistralai/Mistral-7B-v0.1) 按下【agree】按鈕，再執行下列指令。

```
cargo run -- --prompt "who is the president of USA?"
```

5. 執行結果：載入的模型很大 (近 14GB)，電腦須具備較多的記憶體及儲存空間，筆者使用 CPU，記憶體 16GB，只能勉強執行，若讀者有 GPU 且顯卡記憶體夠大，可將程式 main.rs 的第 320 行改為【let device = Device::new_cuda(0)?;】，並在安裝 candle-core 套件時加上 cuda 或 cudnn feature。

```
avx: false, neon: false, simd128: false, f16c: false
temp: 0.00 repeat-penalty: 1.10 repeat-last-n: 64
tokenizer.json [00:00:01] [                    ]            1.71 MiB/1.71 MiB 1.60 MiB/s (0s)m
model.safetensors.index.json [00:00:00] [      ]           24.54 KiB/24.54 KiB 99.11 KiB/s (0s).
..del-00002-of-00002.safetensors [00:06:44] [   ]          4.23 GiB/4.23 GiB 10.71 MiB/s (0s).
..del-00001-of-00002.safetensors [00:15:01] [   ]          9.26 GiB/9.26 GiB 10.52 MiB/s (0s)r
etrieved the files in 1310.0475585s
config.json [00:00:00] [                    ]                571 B/571 B 2.28 KiB/s (0s)l
oaded the model in 173.8908245s
```

- 輸入【who are you?】，得到【I am a 20-something year old】。

- 輸入【who is the president of USA?】，得到【The President of the United States (POTUS) is the head of state and head of government of the United States】，有點一本正經的胡說八道。

6. 不使用 GPU 時，執行速度很慢，請耐心等待。

17-5 本章小結

本章介紹資料科學的基礎套件、梯度下降法、迴歸及深度學習等內容，囿於篇幅不能介紹套件的所有範例，但至少開啟一扇門，讓我們可以在後續階段進一步開發更多的應用程式，在撰寫範例過程中遇到許多的問題，有時候是經過一夜的思考推敲，才找到原因，不可諱言，Rust 深度學習的套件穩定性及成熟度還遠不及 Python，反過來說，這也是一個機會，及早投入，也許可以成為 Rust 的開路先鋒。

參考資料 (References)

[1] Artificial Intelligence vs Robotics vs Machine Learning vs Deep Learning vs Data Science (https://medium.datadriveninvestor.com/artificial-intelligence-vs-robotics-vs-machine-learning-vs-deep-learning-vs-data-science-70ff828cdf39)

[2] Awesome Rust-Machine Learning (https://github.com/vaaaaanquish/Awesome-Rust-MachineLearning)

[3] Are we learning yet? (https://www.arewelearningyet.com/)

[4] ndarray (https://github.com/rust-ndarray/ndarray)

[5] Polars (https://pola.rs/)

[6] Plotters (https://github.com/plotters-rs/plotters)

[7] Linfa (https://github.com/rust-ml/linfa)

[8] Plotters Gallery (https://github.com/plotters-rs/plotters/tree/master?tab=readme-ov-file#gallery)

[9] Anaconda (https://www.anaconda.com/download)

[10] tch-rs 套件 (https://github.com/LaurentMazare/tch-rs)

[11] Candle 套件 (https://github.com/huggingface/candle)

[12] TensorFlow Rust (https://github.com/tensorflow/rust)

[13] burn 套件 (https://github.com/tracel-ai/burn)

[14] PyTorch 官網 (https://pytorch.org/)

[15] Kaggle MNIST Dataset (https://www.kaggle.com/datasets/hojjatk/mnist-dataset)

[16] Pre Trained Models for Image Classification–PyTorch for Beginners (https://learnopencv.com/pytorch-for-beginners-image-classification-using-pre-trained-models/)

[17] ms_coco_classnames.txt (https://gist.github.com/AruniRC/7b3dadd004da04c80198557db5da4bda)

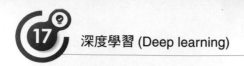
MEMO

區塊鏈 (Blockchain)

近年來虛擬貨幣發展方興未艾，例如比特幣 (Bitcoin)、乙太幣 (Ether)、狗狗幣、泰達幣…，而區塊鏈 (Blockchain) 是構建虛擬貨幣的基礎技術，包括去中心化 (Decentralized) 的點對點網路 (Peer-to-peer network)、記錄交易的區塊鏈、超級帳本 (Hyperledger)，區塊鏈強調安全性、計算要迅速、準確，剛好與 Rust 的優點不謀而合，透過並行處理 (Cocurrency)、記憶體安全 (Memory safety)，非常適合區塊鏈的開發，例如 Gavin Wood 等人在 2015 年使用 Rust 開發了以太坊 (Ethereum) 客戶端程式 Parity。

有關區塊鏈的 Rust 套件非常多，可參閱【awesome-blockchain-rust】[1]、【List of Top Blockchains Using The Rust Programming Language】[2]、【Building a Blockchain in Rust】[3] 等文章，本書僅著重在 Rust 技術開發，並不會觸及這些套件的運用，而會著重在區塊鏈的基礎技術，希望透過實作瞭解背後的原理。

18-1　區塊鏈基本概念

區塊鏈顧名思義就是由很多的區塊 (blocks) 鏈結在一起，每個區塊記錄一筆交易 (Transaction)，交易內容具有高度安全性，無法被竄改，另一特點是去中心化 (Decentralized)，區塊鏈不希望被任何一個機構所控制，因此，沒有專屬的伺服器進行資料處理及儲存，而是由點對點網路 (Peer-to-peer network) 協同運算，所以並行處理 (Cocurrency)、安全性就非常重要，也由於資料無法被竄改，除了記錄虛擬幣的交易，也很適合建構【智慧合約】(Smart contract)，可擴展至金融業、能源交易、媒體 / 娛樂業 / 出版業 / 藝術品的著作權 / 專利授權…等，或者簡單的應用例如個人學歷的記載、資金的往來…等。

18-2　區塊鏈實作

Mario Zupan[4] 撰寫一系列關於區塊鏈實作的文章，以下就依據【How to build a blockchain in Rust】[5] 實作基本的區塊鏈，我們可以藉由程式邏輯瞭解區塊鏈的組成與運作。

範例. 建構區塊鏈程式，程式放在 src/ch18/rust-blockchain-example-main 資料夾，筆者並未修改原程式碼，僅添加註解。

1. 專案含 2 個程式。

- src/main.rs：區塊鏈的結構與實作、挖礦 (Mining)。
- src/p2p.rs：點對點網路 (Peer-to-peer network) 實作，呼叫 libp2p 函數庫。

2. 加入的套件非常多，請參閱 Cargo.toml，注意，libp2p 版本很巨大，很多函數命名空間及用法都有改變，故不要變動 Cargo.toml 內定義的版本。

3. 引用套件：含 tokio 套件，以非同步方式執行，可加快處理速度。

```
use chrono::prelude::*;
use libp2p::{
    core::upgrade,
    futures::StreamExt,
    mplex,
    noise::{Keypair, NoiseConfig, X25519Spec},
    swarm::{Swarm, SwarmBuilder},
    tcp::TokioTcpConfig,
    Transport,
};
use log::{error, info, warn};
use serde::{Deserialize, Serialize};
use sha2::{Digest, Sha256};
use std::time::Duration;
use tokio::{
    io::{stdin, AsyncBufReadExt, BufReader},
    select, spawn,
    sync::mpsc,
    time::sleep,
};
```

4. 挖礦 (Mining) 透過工作量證明（Proof of work, POW）可取得虛擬幣，工作內容是為區塊鏈增加區塊，區塊除了記錄交易日期、數量等資訊外，還需與上一區塊鏈結在一起，而且利用雜湊值 (Hash) 產生不可篡改的機制，虛擬幣定義【難度值】，即產生的雜湊值前面必須含有幾個 0 才算正確的區塊，比特幣、以太幣都是使用動態調整的值，而非固定值，剛開始設定條件比較鬆，鼓勵使用者參與挖礦，越到後面，難度值會越來越高，才不會產生太多的虛擬幣。範例設為簡易的固定值，以下定義正確的區塊雜湊值前面至少要含兩個 0。

```
const DIFFICULTY_PREFIX: &str = "00";
```

5. 定義區塊鏈：內含區塊陣列。

```
// 區塊鏈
pub struct App {
    pub blocks: Vec<Block>,
}
```

6. 定義區塊。

```
#[derive(Serialize, Deserialize, Debug, Clone)]
pub struct Block {
    pub id: u64,// 區塊代號
    pub hash: String,    // 雜湊值
    pub previous_hash: String, // 前一區塊雜湊值
    pub timestamp: i64, // 區塊創建日期/時間
    pub data: String,    // 內容
    pub nonce: u64, // 一次性的驗證碼
}
```

- 每個區塊有一獨有的代號 (id)。

- 雜湊值 (hash)：將資料利用 sha256 加密法產生雜湊值，sha256 是不對稱的加密法。即無法由雜湊值還原回資料。

- 前一區塊雜湊值 (previous_hash)：串連的前一區塊雜湊值。

- 區塊創建日期/時間戳記 (timestamp)。

- 區塊紀錄的資料內容 (data)。

- 一次性的驗證碼 (nonce)：在後面的挖礦會詳細說明。

7. 區塊實作：含新增區塊的挖礦實作。

```
impl Block {
    // 新增區塊
    pub fn new(id: u64, previous_hash: String, data: String) -> Self {
        let now = Utc::now();
        let (nonce, hash) = mine_block(id, now.timestamp(),
            &previous_hash, &data);
        Self {
```

```
            id,
            hash,
            timestamp: now.timestamp(),
            previous_hash,
            data,
            nonce,
            }
        }
    }
```

8. 計算雜湊值：呼叫 Sha256，將區塊所有欄位轉換為雜湊值。

```
fn calculate_hash(id: u64, timestamp: i64, previous_hash: &str,
        data: &str, nonce: u64) -> Vec<u8> {
    let data = serde_json::json!({
        "id": id,
        "previous_hash": previous_hash,
        "data": data,
        "timestamp": timestamp,
        "nonce": nonce
        });
    let mut hasher = Sha256::new();
    hasher.update(data.to_string().as_bytes());
    hasher.finalize().as_slice().to_owned()
}
```

9. 挖礦 (Mining)：nonce 是 64 位元，從 0 開始測試，逐步遞增，直到雜湊值 16 進位表示法的前置 0 個數大於或等於難度值，隨著資料不同，挖到礦的時間也不固定。

```
fn mine_block(id: u64, timestamp: i64, previous_hash: &str,
        data: &str) -> (u64, String) {
    info!("mining block...");
    let mut nonce = 0;

    loop {
        if nonce % 100000 == 0 {
            info!("nonce: {}", nonce);
```

```
        }
        let hash = calculate_hash(id, timestamp, previous_hash, data, nonce);
        let binary_hash = hash_to_binary_representation(&hash);
        if binary_hash.starts_with(DIFFICULTY_PREFIX) {
            info!(
                "mined! nonce: {}, hash: {}, binary hash: {}",
                nonce,
                hex::encode(&hash),
                binary_hash
            );
            return (nonce, hex::encode(hash));
        }
        nonce += 1;
    }
}
```

10. 定義函數將雜湊值轉換為十六進位表示法的字串。

```
fn hash_to_binary_representation(hash: &[u8]) -> String {
    let mut res: String = String::default();
    for c in hash {
        res.push_str(&format!("{:b}", c));
    }
    res
}
```

11. 區塊鏈實作：impl App {…}，內含多個方法如下。

12. 產生區塊鏈物件。

```
fn new() -> Self {
    Self { blocks: vec![] }
}
```

13. 產生第一個區塊，即根節點。

```
fn genesis(&mut self) {
let genesis_block = Block {
    id: 0,
```

```
        timestamp: Utc::now().timestamp(),
        previous_hash: String::from("genesis"),
        data: String::from("genesis!"),
        nonce: 2836,
        hash:
                "0000f816a87f806bb0073dcf026a64fb40c946b5abee2573702828694d5b4c43"
                .to_string(),
    };
    self.blocks.push(genesis_block);
}
```

14. 增加區塊：驗證新區塊是否正確，如果正確就加入區塊鏈。

```
fn try_add_block(&mut self, block: Block) {
    let latest_block = self.blocks.last().expect("there is at least one block");
    if self.is_block_valid(&block, latest_block) {
        self.blocks.push(block);
    } else {
        error!("could not add block - invalid");
    }
}
```

15. 定義驗證區塊正確性的函數：檢查前一個區塊雜湊值是否相符，id 是否接續
    與前一個區塊，因為，同一時間可能有許多人在挖礦，可能會產生競相增加
    區塊的情況，因此，必須驗證順序性。

```
    fn is_block_valid(&self, block: &Block, previous_block: &Block) -> bool {
        if block.previous_hash != previous_block.hash {
            warn!("block with id: {} has wrong previous hash", block.id);
            return false;
        } else if !hash_to_binary_representation(
            &hex::decode(&block.hash).expect("can decode from hex"),
        )
        .starts_with(DIFFICULTY_PREFIX)
        {
            warn!("block with id: {} has invalid difficulty", block.id);
            return false;
        } else if block.id != previous_block.id + 1 {
```

```
    warn!(
        "block with id: {} is not the next block after the latest: {}",
        block.id, previous_block.id
    );
    return false;
} else if hex::encode(calculate_hash(
    block.id,
    block.timestamp,
    &block.previous_hash,
    &block.data,
    block.nonce,
)) != block.hash
{
    warn!("block with id: {} has invalid hash", block.id);
    return false;
}
true
}
```

16. 驗證部分區塊鏈正確性：也可以驗證整個區塊鏈的串連是否正確。

```
fn is_chain_valid(&self, chain: &[Block]) -> bool {
    for i in 0..chain.len() {
        if i == 0 {
            continue;
        }
        let first = chain.get(i - 1).expect("has to exist");
        let second = chain.get(i).expect("has to exist");
        if !self.is_block_valid(second, first) {
            return false;
        }
    }
    true
}
```

17. 選擇最後一個正確的區塊：確認本機 (Local) 與遠端 (Remote) 區塊鏈，何者較長，依據較長的區塊鏈選擇最後一個正確的區塊作為要串連的對象。

```
    fn choose_chain(&mut self, local: Vec<Block>,
remote: Vec<Block>) -> Vec<Block> {
        let is_local_valid = self.is_chain_valid(&local);
        let is_remote_valid = self.is_chain_valid(&remote);

        if is_local_valid && is_remote_valid {
            if local.len() >= remote.len() {
                local
            } else {
                remote
            }
        } else if is_remote_valid && !is_local_valid {
            remote
        } else if !is_remote_valid && is_local_valid {
            local
        } else {
            panic!("local and remote chains are both invalid");
        }
    }
```

18. 以上就是區塊鏈主要的內容，接著討論點對點網路的設計，即 src/p2p.rs，主要是呼叫 libp2p 函數庫，libp2p 是廣播 (Broadcast) 方式的網路，可詳閱【libp2p tutorial: Build a peer-to-peer app in Rust】[6]，運作方式如下：

- 每一則訊息每個節點都可以收到，藉由主題 (topic) 的訂閱篩選訊息。
- 若有查詢請求，可以主動發布訊息，請其他節點回應。
- 若有新增區塊，可以主動發布訊息，告知其他節點同步更新。
- 若有新客戶端上線，網路會指定客戶端代碼，並更新網路節點資訊。

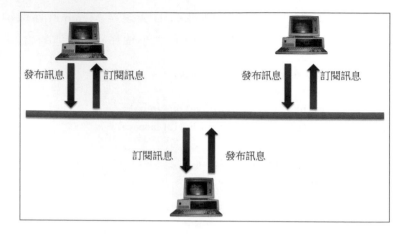

19. 從 SHA256 的 ED25519 key fingerprint 產生客戶端代碼 (Peer Id)，指派給在網路上的每一個新節點，以利識別。

```
pub static KEYS: Lazy<identity::Keypair> =
Lazy::new(identity::Keypair::generate_ed25519);
pub static PEER_ID: Lazy<PeerId> = Lazy::new(||
PeerId::from(KEYS.public()));
```

20. 使用發布 / 訂閱 (Publish/subscribe) 模式的 FloodSub 通訊協定，並定義兩個主題 (Topics)：chains、blocks。

```
pub static CHAIN_TOPIC: Lazy<Topic> = Lazy::new(|| Topic::new("chains"));
pub static BLOCK_TOPIC: Lazy<Topic> = Lazy::new(|| Topic::new("blocks"));
```

21. 收送區塊陣列的資料結構。

```
#[derive(Debug, Serialize, Deserialize)]
pub struct ChainResponse {
    pub blocks: Vec<Block>, // 區塊陣列
    pub receiver: String,    // 接收者
}
```

22. 收送區塊鏈請求 (Request) 的資料結構。

```
#[derive(Debug, Serialize, Deserialize)]
pub struct LocalChainRequest {
```

```
    pub from_peer_id: String, // 來源節點
}
```

23. 定義事件類別。

```
pub enum EventType {
    LocalChainResponse(ChainResponse), // 網路的回應
    Input(String),   // 鍵盤輸入的命令
    Init,            // 初始化事件
}
```

24. 之後就是各種發布 / 訂閱訊息的處理實作，請參閱範例程式。

25. 接著再回到主程式 main() {…}，主程式流程如下，詳細實作請參閱範例。

- pretty_env_logger::init()：初始化工作日誌，以較美觀、彩色的訊息呈現在螢幕上。

- 加入網路。

- 取得驗證碼，產生客戶端代碼。

- 定義訊息的處理程序。

- 使用通訊協定，多工處理各種訊息。

- 監聽鍵盤及網路。

- 回應鍵盤指令及網路訊息。

26. 測試：設定工作日誌訊息等級為 trace，會顯示最詳盡的訊息內容。

```
set RUST_LOG=trace
cargo run
```

```
TRACE async_io::reactor      > process_timers: 0 ready wakers
TRACE polling                > Poller::wait(_, Some(249.9324563s))
TRACE polling::iocp          > wait: handle=IoCompletionPort { handle: 0000000158 }, timeout=Some(249.9324563s)
TRACE polling::iocp          > new events: handle=IoCompletionPort { handle: 0000000158 }, len=1
TRACE async_io::reactor      > react: 1 ready wakers
TRACE async_io::driver       > main_loop: waiting on I/O
TRACE async_io::reactor      > process_timers: 0 ready wakers
TRACE polling                > Poller::wait(_, Some(249.9142362s))
TRACE polling::iocp          > wait: handle=IoCompletionPort { handle: 0000000158 }, timeout=Some(249.9142362s)
TRACE polling::iocp          > modify: handle=IoCompletionPort { handle: 0000000158 }, sock=348, ev=Event { key:
}, readable: false, writable: true }
```

27.再次測試：按 CTRL+C 結束程式，改設定工作日誌訊息等級為 info，會顯示
   較少的訊息內容。

```
set RUST_LOG=info
cargo run
```

```
INFO  rust_blockchain_example > Peer Id: 12D3KooWMPGJjMc9nro18m4uPxA7qdMXtuv3ptMU2NANWkDU5Pi6
INFO  rust_blockchain_example > Unhandled Swarm Event: NewListenAddr { listener_id: ListenerId(1), address: "/ip4/127.
0.1/tcp/50785" }
INFO  rust_blockchain_example > Unhandled Swarm Event: NewListenAddr { listener_id: ListenerId(1), address: "/ip4/192.
68.1.107/tcp/50785" }
INFO  rust_blockchain_example > sending init event
INFO  rust_blockchain_example::p2p > Discovered Peers:
INFO  rust_blockchain_example        > connected nodes: 0
```

- 可以看到 Peer Id，若在其他電腦啟動程式，會得到另一個 Peer Id。

- 輸入【ls p】：可以再次顯示網路所有節點的資訊。

- 輸入【ls c】：顯示區塊鏈資訊。

```
ls c
INFO   rust_blockchain_example::p2p > Local Blockchain:
INFO   rust_blockchain_example::p2p > [
  {
    "id": 0,
    "hash": "0000f816a87f806bb0073dcf026a64fb40c946b5abee2573702828694d5b4c43",
    "previous_hash": "genesis",
    "timestamp": 1714307235,
    "data": "genesis!",
    "nonce": 2836
  }
]
```

- 輸入【create b】：挖礦，即建立一個新的區塊。

```
create b
INFO   rust_blockchain_example        > mining block...
INFO   rust_blockchain_example        > nonce: 0
INFO   rust_blockchain_example        > mined! nonce: 60210, hash: 000074fd8e023513aeee1210e80f1f3c2f95fc91d628ee08114fe4
61631114e, binary hash: 0011101001111101000111010101010011010111011101110100101000011101000111111111111111100101111110
10101111111001001000111010110101000111011101000100010011111110010010010110101101100011000110011110
INFO   rust_blockchain_example::p2p > broadcasting new block
```

- 再輸入【ls c】：顯示區塊鏈資訊，多了一個區塊。

```
.s c
INFO   rust_blockchain_example::p2p > Local Blockchain:
INFO   rust_blockchain_example::p2p > [
  {
    "id": 0,
    "hash": "0000f816a87f806bb0073dcf026a64fb40c946b5abee2573702828694d5b4c43",
    "previous_hash": "genesis",
    "timestamp": 1714307235,
    "data": "genesis!",
    "nonce": 2836
  },
  {
    "id": 1,
    "hash": "000074fd8e023513aeee1210e80f1f3c2f95fc91d628ee08114fe4961631114e",
    "previous_hash": "0000f816a87f806bb0073dcf026a64fb40c946b5abee2573702828694d5b4c43",
    "timestamp": 1714307605,
    "data": "",
    "nonce": 60210
  }
]
```

28. 可以多使用幾部電腦，可以看到區塊鏈同步的狀況，甚至使用程式大量挖礦，同步增加區塊，測試網路是否會崩潰。

18-3 本章小結

本章藉由簡單的實作，介紹區塊鏈的基礎原理，讀者如果有興趣，可依參考資料研究各種區塊鏈套件，進行更複雜的實驗，畢竟虛擬幣目前還很夯，相關工作職缺薪資也很吸引人，也許是不錯的職涯選擇，只是不要誤入詐騙集團。

本書至此也暫告一段落，從 Rust 的基礎知識介紹，到各種使用介面，包括終端機應用、圖形使用介面、網頁程式，再到各種應用，例如檔案、資料庫、並行處理、WebAssembly、AI、區塊鏈…等等，最終還是希望讀者在閱讀本書後，能對 Rust 應用自如，避免筆者踩過的坑，以最快捷的學習路徑熟悉 Rust，當然本書還是無法涵蓋所有的課題，讀者可以參閱【awesome-rust】[7]，朝向有興趣的方向深入研究，或者綜合各章節的主題，開發出高效能、安全的應用系統，例如深度學習 +WebAssembly+ 並行處理，佈署最多人使用的推論服務，最終期望 Rust 因為你我的共同努力，生態環境 (Ecosystem) 更加茁壯、完善，吸引更多開發者加入。

參考資料 (References)

[1] awesome-blockchain-rust (https://github.com/rust-in-blockchain/awesome-blockchain-rust)

[2] List of Top Blockchains Using The Rust Programming Language (https://101blockchains.com/top-blockchains-using-rust-programming-language/)

[3] Building a Blockchain in Rust (https://casper.network/en-us/web3/web3-development/building-a-blockchain-in-rust/)

[4] Mario Zupan Blog (https://blog.logrocket.com/author/mariozupan/)

[5] How to build a blockchain in Rust (https://blog.logrocket.com/how-to-build-a-blockchain-in-rust/)

[6] libp2p tutorial: Build a peer-to-peer app in Rust (https://blog.logrocket.com/libp2p-tutorial-build-a-peer-to-peer-app-in-rust/)

[7] awesome-rust (https://github.com/rust-unofficial/awesome-rust)